U0166149

GOVERNING

新经济

曾铮 王磊 等 著

数据

THE DATA MARKET

THE THEORY AND POLICY OF FUNDAMENTAL INSTITUTIONS

市场

构建基础性制度的
理论与政策 | 治理

社会科学文献出版社
SOCIAL SCIENCES ACADEMIC PRESS (CHINA)

序　言

　　数据是新型生产要素，既是传统农业经济、工业经济和服务经济转型升级的赋能要素，又是新兴数字经济培育发展的内核要素，已经与土地、劳动力、资本、技术共同成为人类社会重要的生产要素。随着全球进入数字经济时代，数据要素的重要性相当于工业经济时代的石油，既是重要的生产要素，又是重要的战略资源，未来将成为国家之间、企业之间和个人之间竞争与合作的关键性要素。

　　正是由于这样的原因，近年来，世界主要国家都将发展数字经济和优化数据治理作为重要的国家战略加以实施，世界贸易组织（WTO）、二十国集团（G20）、亚洲太平洋经济合作组织（APEC）、经济合作与发展组织（OECD）等国际组织也在各国数字经济发展指导与数据市场规则引导方面做了大量统筹工作。

　　数据市场是数字要素流通交易、场景对接和价值实现的重要媒介和场所，数据只有进入市场领域，通过数据技术的赋能，形成可供投入生产的数据要素，才能真正被纳入社会生产过程，从而成为数字经济发展的核心生产要素。根据相关统计资料，2020年全球数据市场交易规模达到663亿美元，近几年增速逐年加快；预计2030年前，全球数据市场交易规模将超过1000亿美元。2020年我国数据总量的全球占比将达20%；到2025年，预计我国数据总量的全球占比有望达到27%以上，跃居世界第一，成为名副其实的数据大国。

　　如此庞大的数据市场，给世界主要国家的市场治理提出了全新课题和更高要求。然而，从全球看，虽然各国都在致力于加快完善本国数据市场管理和监管规则，并推进协调国际规则对接，但是由于各国政府对数据市场的治理刚刚起步，缺乏借鉴、缺少经验、缺失工具，规则依然不完备，国际协同也不完善，基础制度构建和数据市场治理还处于初始阶段。

近几年，随着我国数据市场的蓬勃发展，政府对数据市场治理的重视程度也越来越高。《中共中央　国务院关于构建更加完善的要素市场化配置体制机制的意见》明确要求，探索建立统一规范的数据管理制度，研究根据数据性质完善产权性质，制定数据隐私保护制度和安全审查制度，推动完善适用于大数据环境下的数据分类分级安全保护制度。《中共中央关于制定国民经济和社会发展第十四个五年规划和二〇三五年远景目标的建议》也提出，建立数据资源产权、交易流通、跨境传输和安全保护等基础制度和标准规范，推动数据资源开发利用。与此同时，《个人信息保护法》和《数据安全法》等数据市场的基础性法律法规也进入审议阶段并加快出台。但是，我国数据市场的基础性制度建设和现代化治理尚处于初步阶段，需要更多深入的研究探讨和实践探索。

我们对数据市场基础性制度的关注始于 2019 年底，当时在与国家发改委数字经济相关主管部门的领导交流过程中，发现数据市场亟须构建基础性制度框架，规范我国数据市场运行和数字经济发展，尽快争取国际规则话语权。此后，在国家发改委创新和高技术发展司与体制改革综合司相关领导的鼓励和支持下，我们主持了国家发改委宏观经济研究院 2020 年度重点课题"构建和完善我国数据市场基础性制度研究"，同时主持了一项国家发改委重大课题和一项司局课题，三项与数据市场基础性制度相关的课题成果汇总成本书的主体部分。我们在研究的过程中发现，数据市场基础性制度是一项交叉学科的研究，需要微观经济学、产业经济学、技术经济学、规制与反垄断经济学、法学等学科的支撑，因此，杨娟、刘志成、张铭慎、何波、侯利阳、刘方、梁俊、王丹、郭琎、张于喆、魏巍、贺斯迈等不同专业背景的同志参与了课题研究，并合作撰写报告。此外，在研究过程中，王一鸣、林兆木、祝丹涛、何帆、朱宁、陈龙、臧跃茹、汪鸣、高国力、费洪平、刘泉红、张铠麟、张璐琴、徐奇渊等领导和朋友也通过不同方式对课题研究和书稿撰写提供了重要帮助，在此表示诚挚的谢意。

本书的内容反映了我们研究团队对数据市场基础性制度的初步思考，也提出了我国政策研究界对数据市场基础性制度研究的前沿问题。但是，正如之前指出的那样，数据市场的治理不论对于我国还是全球各国而言，都是全新的命题，大家都是"摸着石头过河"，因此我们的研究还有很大的改进和提升空间，这也为未来我们团队继续研究提出了新的方向。我们团队也将继续联合作战，为我国数据市场基础性制度构建贡献智慧，为我国实现国家治理体系和治理能力现代化贡献力量。

2021 年 1 月于北京木樨地国宏大厦

目　录

数据治理：制度的"四梁八柱"

制度体系：全周期的治理框架

治理探索：国内外研究与实践

数据治理：制度的"四梁八柱"

构建和完善我国数据市场基础性制度

数据要素具有独特的技术、经济特征和市场属性，数据市场是一种特殊的要素市场，其基础性制度包括数据要素产权制度、安全管理制度、采集应用标准、开放共享制度、流通交易制度、市场治理制度、收益分配制度、技术支撑体系等内容。成熟市场经济国家在数据产权归属、数据安全管理、要素收益分配、数据市场治理等基础性制度构建方面，进行了积极探索，并积累了有益经验。近年来，我国数据市场发展速度很快，相应的基础性制度构建也在不断推进中，但依然存在制度体系化、治理法治化、管理落地化程度不高等问题。针对这些问题，应该结合制度体系现状、制度重要次序、制度制定难易程度以及制度动态调整等设计时间表和路线图，逐步确立数据要素产权制度、完善数据安全管理制度、健全数据流通交易制度、夯实数据市场治理制度、建设数据设施规制制度、建立数据要素收入分配制度，促进制度体系法治化和制度实施法治化，实现数据要素价格市场决定、流动自主有序、配置高效公平，为建设高标准数据市场体系、构建现代化数字经济体系、推动数字经济高质量发展打下坚实的制度基础。

数据是新的生产要素，加快培育发展数据市场，夯实数字经济发展的市场基础，得到了党和国家的高度重视。2015 年 10 月，党的十八届五中全会正式将"实施国家大数据战略"写入公报。2017 年 12 月，习近平总书记在中共中央政治局第二次集体会议学习时强调，"要构建以数据为关键要素的数字经济"；并指出，"要制定数据资源确权、开放、流通、交易相关制度，完善数据产权保护制度"。党的十九届四中全会首次将数据与劳动、土地、知识、技术和管理并列作为重要的生产要素。2020年，《中共中央 国务院关于构建更加完善的要素市场化配置体制机制的意见》和《中共中央 国务院关于新时代加快完善社会主义市场经济体制的意见》均强调要"培育和发展数据市场"。《中共中央关于制定国民经济和社会发展第十四个五年规划和二〇三五年远景目标的建议》明确提出，要建立数据资源产权、交易流通、跨境传输和安全保护等基础制度和标准规范，推动数据资源开发利用。这些文件和讲话为我国数字经济治理指明了方向，特别是对于数据市场体系和制度建设与管理提出了更高要求。作为驱动国家发展重要的基础性和战略性资源，数据要素是数字经济时代经济高质量发展的创新引擎和国家治理现代化的核心动力。为了全面落实党中央、国务院提出的各项战略任务，进一步发挥数据要素的基础资源作用和创新引擎功能，更好地服务我国经济社会高质量发展和国家治理现代化，培育壮大我国数据市场，促进数字经济高质量发展，需要从顶层设计的角度加快完善市场政策体系，优化市场管理规则，推进基本制度建设，形成体系完备、规则合意、执行有效的数据市场制度框架，为我国夯实数字经济发展基础与打造"网络强国"和"数字中国"提供重要的制度性条件。

一 数据市场基础性制度的基本理论框架

数据要素具有独特的技术、经济特征和市场属性。这些特征给数据市场建设提出了更高的要求，必须从顶层设计的角度，加快完善数据市场基础性制度框架和支撑体系。

（一）数据要素具有独特的技术、经济特征及市场属性

所谓数据要素，是指生产和服务过程中作为生产性资源投入，创造经济价值的数字化信息、数据和知识的集合。数据只有进入市场领域，通过数据

技术的赋能，形成可供投入生产的数据要素，才能真正被纳入社会生产过程，从而成为数字经济发展的核心生产要素。

表1 数据要素及相关概念辨析

概念	内涵实质	关系
数据	记录事物的原始资料，是数字化的资源和信息，包括符号、文字、数字、语音、图像、视频等	数据既可以是终端产品，也可以是转化为数据要素前的原始性资源
数据要素	生产和服务过程中作为生产性资源投入，创造经济价值的数字化信息、数据和知识的集合	数据要素是数据经数字技术采集和处理后，转化成的生产性投入，是数字经济时代的关键生产要素
数字技术	数字经济时代涌现出的一批发挥关键性、赋能性作用的通用技术，包括5G、大数据、云计算、人工智能、物联网、区块链等技术	数字技术是采集和处理数据、发挥数据效能，驱动数字经济成长的关键手段
数字经济	与全球新一轮信息科技革命和产业变革相适应，以数据要素为关键生产要素，以数字技术为核心驱动力，以数字产业化为基础、产业数字化为主体的新兴经济形态	与农业经济、工业经济相对应的新兴经济形态

资料来源：课题组根据相关文献总结。

理解数据要素的内涵，需要注意两点：其一，数据要素是一种生产性资源。只有投入生产服务过程中，用于产品生产和服务提供，数据资源才能转化成新的生产要素。数据要素是支撑数字经济发展的一种关键性生产要素，它既不同于信息技术领域和统计学上通常所说的数据和信息，也不同于日常生活中大家口耳相传的数据，还有别于作为最终产品的数据，这几类数据和信息并不能发挥生产要素作用和生产性功能，因而，不能称为生产要素。其二，数据要素要按价值贡献参与收入分配。作为生产要素，数据要素所有者和使用者要按照要素贡献参与收入分配，而作为最终产品形态的数据，其所有者和使用者不能参与收入分配。

不同于土地、资本、劳动等传统生产要素，数据要素本身新颖且独具特色，其作为生产要素既有传统生产要素的一般性特征，如要素需求的引致性和相互依赖性，还具有独特的技术特性、经济特征和市场属性。

图1 数据—数据要素—数字经济"倒金字塔"模型

资料来源：课题组绘制。

1. 以"大数据"为存在形态

人类文明诞生以来，数据就伴随着人类社会发展。然而，其真正成为新的生产要素还是近期的事情，也是信息化发展到大数据阶段的必然结果，以"大数据"为基本存在形态，具有规模海量（Volume）、类型多样（Variety）、流转快速（Velocity）、价值巨大（Value）的"4V"特点。正如2017年12月8日，习近平同志在主持中共中央政治局第二次集体学习时指出，"大数据是信息化发展的新阶段"。20世纪70年代以来，以计算机、互联网、大数据、云计算等为代表的现代信息技术加速演进，信息基础设施持续完善和智能联网设备大规模普及，人人成为数据生产者，使得人类数据采集规模、数据处理技术、数据价值创造能力均实现爆发式增长，推动着数据（信息）成为新的战略性资源和生产性要素，人类进入大数据时代。国际数据公司（IDC）发布的《数据时代2025》（Data Age 2025）报告显示，2018年，全球数据资源总量达到33泽字节，我国为7.6泽字节，预计到2025年，全球达到175泽字节，我国将达到48.6泽字节，在全球数据资源总量中的比重将从23.0%增长至27.8%。

2. 高度依赖网络设施载体

随着互联网、移动互联网、物联网、工业互联网、5G等信息技术的突破和信息基础设施的完善，云网端一体化程度不断提升，数据采集、存储和处理能力也得以不断突破，网络空间成为继物理世界之后人类新的重要活动空间。数据要素则成为连接物理世界和网络空间的关键纽带，网络基础设施则是海量数据生产、传输及存储及交叉应用的主要通道和载体，提升物与物、

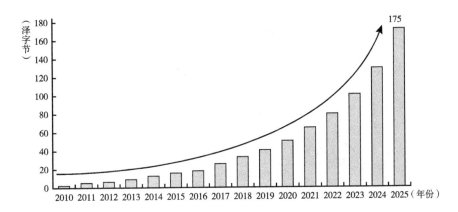

图 2　全球数据资源规模增长

资料来源：IDC，"Data Age 2025，" 2018。

人和物、人同人之间实时数据交换和通信，促进数据资源的高速流动和高效汇聚，提升了数据资源采集、积累和配置效能，为人、机等联网主体成为数据生产者提供技术和物质支撑，使得数据要素生成、存储、流转、交易、使用、管理实现高度网络化互联。华为《全球产业展望 GIV2025》白皮书指出，2018～2025 年，预计全球互联网用户数将从 43.9 亿增长至 62 亿，所有联网设备总数将从 340 亿增长至 1000 亿。网络基础设施不断完善，联网用户和联网规模快速增长，带动全球数据资源总量和数据流量迅速增长。

表 2　全球数据流量规模增长

单位：EB/月

年份	IP 数据流量	固网宽带流量	管理 IP 流量	移动数据流量
2014	59.9	39.6	17.9	2.4
2015	73.7	49.6	20.3	3.8
2016	96.0	65.9	22.9	7.2
2017	122.0	83.3	27.1	11.2
2018	151.0	103.0	31.3	17.0
2019E	186.0	127.0	35.2	24.2
2020E	228.0	155.1	38.9	35.0
2021E	278.1	187.4	42.5	48.3

资料来源：Cicso，VNI White Papers，2018。

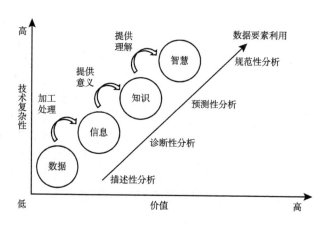

图 3　DIKW 系统、数据要素利用及价值创造

资料来源：课题组绘制。

3. 以拓展聚合为利用方式

数据具有来源渠道多样、类型层次复杂的特点，既有传统的、结构化的数据，还包括记录和量化的文字、图像、音频、方位、沟通、行为、感知、流量、传感器数据等原始的、半结构化或非结构化的数据。数据这种多源、多维、复杂的特性，在保留了数据中所蕴含信息存在的异质性的同时，有效降低了数据要素之间的可替代性，但在很大程度上也提升了数据要素应用的拓展性，为满足定制化和个性化的需求提供了可能，也对聚合利用提出了更高的要求。与土地、劳动力和资本等传统生产要素的拓展性相对有限不同的是数据要素具有更强的拓展性。依托大数据、云计算、人工智能等高度可拓展的技术架构，在大数据、云计算、超大型数据中心和服务器、人工智能、物联网等信息基础设施的支持下，可以对人类活动所产生的几乎所有的结构化和非结构化的数据，实现大规模数字化编码、存储、加工、处理、深度分析和聚合应用，转变为生产性资源，增进人类社会的知识积累和认知能力，降低生产和交易成本，提升生产和流通效率，并创造更高的经济社会价值。

4. 呈现公共品的经济特性

数据具有独特的生产成本结构，即初始生产的固定成本高、此后以复制和优化为主要技术手段的再生产成本非常低，且数据质量不易损耗的特点，一旦数据资源的规模突破临界容量，数据要素达到一定的密度水平，量变引起质变，特别是以高质量的大数据形态出现以后，这种成本结构就会产生巨大的规模经济、范围经济和网络效应。[①] 同时，数据生产和成本方面的这种特性，具有很强的公共品经济特征。一方面，数据要素利用的非竞争性。数据要素的非竞争性体现为能够被不同企业或用户同时利用，且能够被无限利用，而不产生数据要素量和质的损耗，某企业或用户对数据要素本身的利用，并不会减少该数据要素对其他潜在企业或用户的供应，[②] 数据要素利用者增加的边际成本为零。另一方面，数据要素利用具有非排他性。理论上，某企业或用户对数据要素的利用，很难阻止或影响其他企业或用户收集和利用相同的数据，排他性几乎不可能或者成本相对较高。

表3　公共品与私人品的类型界定

	物品类型	
项目	竞争性	非竞争性
排他性	纯私人品	俱乐部商品
非排他性	普通物品	公共（或局部公共）品

资料来源：课题组整理。

5. 以平台为主要组织方式

以数据为关键要素的数字经济，是一种以数字平台为关键组织方式的新型经济形态，数据要素的高效配置也离不开平台。在互联网、金融、电信、交通出行、电子商务、社交网络等众多数据密集型行业，数字平台企业依托技术、计算、数据、用户规模、治理等优势，在数据生成、采集、管理、组织、流转、交易、应用等整个数据生命周期发挥的作用越来越显著。集中式的大数据交易所、数据中介商、数据经纪服务平台、政府、产业联盟、消费

[①] 王磊、马源：《新兴数字平台的"设施"属性及其监管取向》，《宏观经济管理》2019年第10期。

[②] Jones, C. I. and C. Tonetti, "Nonrivalry and the Economics of Data," NBER Working Paper, No. 26260, 2020.

互联网平台、工业互联网平台等都是连接数据供需各方，促进数据供需各方精准匹配，推动数据要素价值实现的重要组织形式。这些平台的存在能极大地降低数据供求各方匹配的搜集、甄别、交易、信任等各类成本，在促进供需双方互动过程，进一步加速海量数据向其汇聚。而随着平台直接或者间接掌握数据资源的增长，平台逐步成为整个数字经济生态系统的关键环节，是数据要素配置过程中最重要的行为主体和组织方式。拥有海量数据的平台有更大的可能成为数字经济时代的赢家，部分数字平台企业如 GAFAA（即谷歌、苹果、脸书、亚马逊、微软、阿里巴巴、腾讯等）等甚至成长为富可敌国的数字经济体。[①]

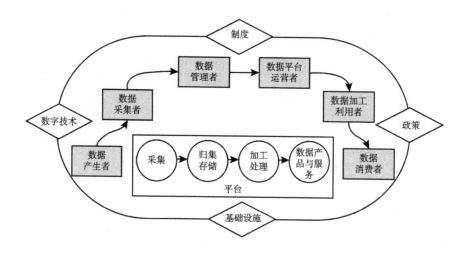

图 4　数据全生命周期、主要参与者及平台功能

资料来源：课题组绘制。

6. 数据配置方式多渠道性

从数据要素全生命周期来看，包括从原始的数据对象，到经拓展和加工处理后的衍生信息集，再到模型化的预测数据、智能化的数据产品以及服务等在内的知识和智慧，数据的内在价值呈现出多层次性和多维度性以及配置

---

① 〔法〕让·梯若尔：《共同利益经济学》，张昕竹、马源等译，商务印书馆，2020。

图5 2008~2019年全球市值TOP10企业中平台企业数及其市值占比

数据来源：中国信息通信研究院。

过程参与主体的多元性。各类参与数据要素配置的主体利益和价值诉求不同，在很大程度上决定了数据要素配置方式也呈现出多渠道特性，既有集中式的大数据交易，也有分散式的数据交易，还有免费或者低价的数据共享，使得数据要素价值实现方式各有不同。例如，对于政府而言，它们可以通过促进公共数据在部门间共享，向社会开放，促进政企数据协同，提升公共数据配置效率；对企业等社会主体而言，它们则既可以通过企业与企业之间彼此共享、交易等分散方式实现数据要素高效配置，也可以进入集中式的大数据交易所，开展数据交易，实现数据流转；对于个体而言，可以在隐私和安全得到有效保障的前提下，向政府、企业等数据收集主体进行授权，以便各方利用其数据和信息来更好地服务自己乃至社会大众。

（二）数据市场基础性制度的内涵及构成内容

制度是指由人们制定的、约束经济和社会交往过程中各类主体行为、解决社会协调和合作的规则集合，是引导人们行为、维持秩序的重要手段。人类社会在发展过程中，制定了包括产权、信用、交易、安全、监管等在内的各种各样的制度，这些制度大体可划分为非正式制度和正式制度。前者主要包括习俗、惯例、礼貌、社会规范等，后者则主要包括各类法律法规、规章、政策等。

数据市场基础性制度则是指激励和约束数据市场主体行为、保障数据市场高效运行的必不可少的彼此协调、相互支撑的规则集合，主要包括政策制定者设计出来的各类法律法规、标准规范、治理规则等正式制度，以及支撑市场高效运行的基础设施、应用场景等技术条件。从构成内容来看，数据市场基础性制度主要包括数据要素产权制度、安全管理制度、采集应用标准、开放共享制度、流通交易制度、市场治理制度、收益分配制度、技术支撑体系等。

一是数据要素产权制度，是针对不同来源的数据，厘清各数据主体之间关系，以明确产权归属及产权结构的规则。从数据生成主体来看，包括个人、企业和政府，数据类型则可划分为个人数据、企业数据和公共数据等，数据产权制度就是在数据采集、加工、处理、流转、交易等过程中，确立各类行为主体权利的制度。完善的数据产权制度可以使得产权得以清晰界定，这是打造强大数据市场的基础。

二是数据安全管理制度，是保护数据收集、存储、传输、加工、处理、流转、交易等活动，防范境内外的数据安全风险和威胁，保护数据免受泄露、窃取、篡改、毁损、非法使用等相关制度。数据安全是数据要素流动和高效配置的底线，是参与数据要素配置过程中各类行为主体最低的要求。确保数据安全是打造强大数据市场的前提。

三是数据采集应用标准，是对采集和应用的数据进行标准化，确保数据在内外部使用和交换上的一致性、准确性和互通性，提高数据结构开放性和意义自洽性的一系列规范性约束。数据采集应用标准是开展数据标准化、统一数据认知工作的主要参考和依据。构建一套完整的数据标准体系是开展数据标准管理工作的良好基础，有利于提升数据底层的互通性，提升数据的可用性。

四是数据开放共享制度，是促进政府间、政企间、各类市场主体间，通过有偿或者免费等方式，共享和开放数据，拓展数据要素配置的范围和边界、深度的相关规则集合。从数据生成和收集主体来看，政府和企业是全社会最大部分数据资源的采集者和管理者。完善数据开放共享制度，有助于打破"数据孤岛"，促进数据"聚通用"，更大范围释放数据要素的潜在价值。

五是数据流通交易制度，是组织数据要素流通交易，保障数据供需各方按照数据市场供求机制和竞争机制开展交易，最终确定交易价值和均衡价格的相关规则。完善的数据要素交易规则，是引导各类行为主体参与数据市场的重要保障，是促进数据要素多渠道配置、扩大数据要素交易规模、打造强大数据市场的重要制度性安排。

六是数据市场治理制度，是维护数据市场竞争秩序，保护各类主体合法权益，促进政府、平台、行业、企业等各类主体参与市场协同治理的相关规则。完善以《反垄断法》《反不正当竞争法》《电子商务法》《消费者权益保护法》等为核心的市场秩序治理规则，规范数据生产、利用中的行为，防范数据滥用和不当使用，可以更好地保障市场公平竞争和健康运行。

七是数据收益分配制度，是针对数据生产、采集、加工处理、交易等活动中的参与主体根据其在数据价值创造和实现过程所做的贡献进行收益分配，保障数据收益权的相关规则。完善数据收益分配制度，是更好地发挥市场决定分配功能，同时发挥政府调节收入分配职能，平衡公平和效率，充分保障各类数据主体收益权，让各类主体有更强的激励参与数据要素配置，促进数据创造和实现的重要手段。

八是数字技术支撑体系，是支撑数据生产、采集、加工处理、交易、服务等活动，保障数据市场高效有序运行的基础设施条件和数字技术架构，包括数据中心、物联网等数字基础设施和大数据、云计算、人工智能等先进技术的数字技术支撑体系，是提高数据资源总量，增强数据资源管理能力，进一步提高数据在整个网络和市场中无障碍高效配置的物质基础和技术支撑。

（三）构建和完善数据市场基础性制度的主要目标

数据要素的价值本质上为人类提供了一种认识和理解复杂系统的全新思维方式，为人类探索自然和社会发展的客观规律、改造自然和社会提供了新手段。海量汇聚的数据要素，持续创新的平台模式，健康发展的数字经济，推动着人类社会生产生活方式发生深刻变革，加速迈向万物智联的数字经济新时代。构建和完善数据市场基础性制度的主要目标可以归为以下三个方面。

一是发挥产权、安全、标准、交易、治理等制度的功能，在保障数据安全的前提下，培育和发展数据市场，促进数据要素高效配置，充分释放数据要素生产要素效能，提升经济社会运行效率，增强国家数字经济竞争力，促进经济高质量发展。

二是促进数据合理有效利用，发挥数据赋能作用，缩小"数字鸿沟"，打破"信息茧房"，促进数字包容普惠，增进社会福祉。

三是优化国家和社会治理体制，创新国家和社会治理模式和手段，提升国家和社会治理水平，助推国家治理体系和治理能力现代化。

二　数据市场基础性制度构建的国际实践

成熟市场经济国家都是从本国实际情况、发展需要、法律传统、文化制度传统出发，在借鉴国际经验的基础上，完善本国数据市场基础性制度。它们在数据产权归属、数据安全管理、要素收益分配、市场治理等方面积累了一些较好的经验，充分吸收其成功做法，可以为健全我国数据市场基础性制度体系提供有益借鉴。

（一）分类明确数据产权，促进数据开放共享

一是突出政府数据公共性，促进政府数据开放流通。政府掌握了大量有价值的数据资源，这些数据资源具有公共资源属性。通过梳理这些资源，建立国家数据资产名录，明确各类数据的开放属性，建立数据开放的目录，加强数据开放、流通和共享，可以促进沉淀的政府数据资源实现更高效配置，不断提升政府公共服务和治理能力，因此，世界主要国家对数据资源的开发管理都走向开放共享。2011年9月20日，美国、英国、巴西、印度尼西亚、墨西哥、挪威、菲律宾、南非等八国联合签署《开放数据宣言》，成立

分类明确数据产权，促进数据开放共享
- 突出政府数据公共性，促进政府数据开放流通
- 明确企业数据产权归属，鼓励企业数据共享利用
- 严格个人隐私和数据保护，平衡保护和利用的关系

创新数据配置模式，扩大数据配置规模
- 积极创新数据要素配置模式
- 注重数据跨境流动机制建设

平衡公平效率关系，完善收益分配机制
- 当前数据要素收益分配都偏向于提供数据服务的企业或平台
- 通过数据银行等方式提升数据主体在数据收益分配中的地位

注重数据安全立法，推进标准体系建设
- 重视完善数据安全管理规则
- 着力健全数据要素标准规范

完善市场治理规则，加强市场监管执法
- 完善市场治理制度
- 强化市场监管执法

优化数字基础设施，强化市场基础支撑
- 加快建设高速宽带网络和新一代数字基础设施，超前研发和部署5G、物联网、工业互联网、人工智能等基础设施

图 6　数据市场基础性制度构建的国际实践

资料来源：课题组绘制。

开放政府合作伙伴（Open Government Partnership，OGP）。截至 2020 年 8 月，全球已有 79 个 OGP 参与国和 20 个国家以下各级政府加入 OGP，并作出了 3100 多项承诺，使其政府更加开放和负责，并向公民和企业等提供方便易用的高价值的数据集。欧盟、经济合作与发展组织（OECD）、联合国（UN）、世界银行（WB）等国际组织也加入了开放数据运动，建立了数据开放门户网站。

二是明确企业数据产权归属，鼓励企业数据共享利用。企业生成或采集加工后的产业数据资源和经过不可识别化处理后的个人数据，多属于商业数据，通常具有私人品性质，产权归属比较明确，允许流通共享和自由交易。近年来，欧洲各国采取了各种政策举措和立法来促进企业之间、企业与政府之间的数据共享、交易和再利用。政策方面，欧盟委员会先后制定了《欧洲单一数据市场战略》《建立欧洲数据经济》《迈向共同的欧洲数据空间》等政策文件，推动单一数据市场建设，鼓励发展大数据公私合作伙伴关系（PPP），打造数字生态社区，促进企业之间建立信任、供需对接的伙伴关系，简化共享机制和明确法律政策框架，通过数据货币化、数据市场、行业数据平台、技术支持者和开放数据策略等形式，加强企业之间、企业与政府之间数据资源的获取和共享。法律层面，欧盟相继制定了《关于数据库法律保护的指令》、《通用数据保护条例》（GDPR）和《隐私与电子通讯条例》，旨在加强欧洲个人数据保护的同时，确保包括电信运营商在内的企业可以更多地利用匿名化和脱敏性的数据，实现数据资源在更大范围内的自由流动和广泛共享。

三是严格个人隐私和数据保护，平衡保护和利用的关系。对个人可识别数据进行保护，其规则的建立需要在促进数据高效利用和个人权益保护之间寻求平衡，避免个人信息保护绝对化。严格而适当的个人数据保护机制可以给个人、企业、社会带来更大的信任感和安全感。在此基础上，数据资源的流动、共享、处置、交易才能获得更广泛和更深入的数据主体授权与民意支持。无论是普通法系国家还是大陆法系国家，个人数据的保护均旨在保护人格尊严和人格自由，同时承认个人数据的财产价值。近年来，欧盟委员会一直致力于通过修订关于电子通信中数据和隐私保护的政策，审查基于数据的权利，以个人数据保护权为起点，在《通用数据保护条例》中创设了访问权（Right of Data Access）、可移植权（Right of Data Portability）和被遗忘权（Right to Be Forgotten），构建了以数据访问权、可移植权和被遗忘权为中心的隐私和数据保护制度框架，在个人数据保护方面，明确界定了数据主体、数据控制者、数据处置者的权利和责任关系，为个人数据经过不可识别化、匿名化、脱敏性处理后的利用、流转、交易、处置等商业化操作提供了法律依据。日本拟修订的《个人信息保护法》就借鉴了欧盟《通用数据保护条例》。

（二）注重数据安全立法，推进标准体系建设

一是重视完善数据安全管理规则。各国普遍加强了数据保护和安全管理相关立法工作。成熟市场经济国家中，美国虽没有专门的数据保护法，但在《隐私法》《国家网络安全法》《电子通信隐私法》《爱国者法》《儿童在线

隐私保护法》《公平信用报告法》《澄清域外合法使用数据法》（即 CLOUD 法）等相关法律法规中对数据保护和安全管理做出了规定，并与英国签订了《美英反严重犯罪电子数据访问协议》。2018 年 6 月，加州通过了《2018 加州消费者隐私法案》，旨在加强消费者隐私权和数据安全保护。欧盟在《通用数据保护条例》基础上还制定了《非个人数据自由流通条例》和一系列指南，强化数据安全管理和保护。德国、新加坡、英国分别于 2009 年、2012 年和 2018 年出台了数据保护法。针对公共部门数据安全，韩国制定了《通信秘密法》《电信事业法》《医疗服务法》等法律，针对私营部门和个人数据安全保护，则出台了《电子商务交易消费者保护法》《信用信息的利用与保护法》《金融实名交易与秘密保障法》《个人信息保护法》《信息通信网络的利用促进与信息保护等相关法》《位置信息的保护与利用等相关法》《云计算发展与用户保护法》等系列法律。日本则出台了《高度情报通信网络社会形成基本法》《个人信息保护法》等法律。发展中国家中，越南制定了《网络安全法》，印度出台了《2019 年印度个人数据保护法案》，俄罗斯则制定了《信息、信息技术和信息保护法》《联邦个人数据法》《联邦大众传媒法》《联邦安全局法》《联邦外国投资法》等涉数据保护和安全管理的法律。

二是着力健全数据要素标准规范。数据标准是数据要素交易和流动的技术支撑，是现代数据市场体系发展的技术性基础设施。针对来源渠道庞杂、高度异质性、价值不确定性等特点制约数据要素自由流动和交易定价的问题，国际标准化组织（ISO/IEC JTC1/SC32 数据管理和交换分技术委员会）、国际电信联盟（ITU－T）、国际电气与电子工程师学会大数据治理和元数据管理组织（IEEE BDGMM）等国际组织以及美国、英国等发达国家纷纷在大数据标准和计量方面发力，着力推动大数据标准制定，强化数据分级管理，为加强数据质量管理、推进数据资产估值及交易定价奠定基础。

（三）创新数据配置模式，扩大数据配置规模

一是积极创新数据要素配置模式。英美在数据要素交易上普遍采取第三方组织模式，包括"数据市场"、"数据经纪商"、"数据银行"乃至"数据公约"等形式。其中，美国主要采取数据经纪商模式（Data Broker），数据经纪商通过数据平台 C2B 分销、B2B 集中销售、B2B2C 分销集销混合三种方式来开展数据资产交易，代表性数据经纪商有微软 Azure、Datamarket、Factual、Infochimps、Acxiom、Corelogic、Datalogix、eBureau、ID Analytics、Intelius、PeekYou、Rapleaf、Recorded Future 等。这些数据经纪商普遍不是直接从用户处收集数据，而是主要通过政府来源、商业来源和其他公开可用来源这三个途径收集数据，并将这些数据汇集整理起来，用于向需求方提供定制化、标准化的数据营销产品。英国第三方数据资产交易组织者主要包括信贷参考代理、欺诈预防代理、人口建模机构、数据经纪商、数据调查公司、公共机构、比价网站、转换服务商等类型。这些第三方数据资产交易组织者主要与初始数据生成企业和其他第三方数据资产交易组织者进行数据交易和共享。

二是注重数据跨境流动机制建设。主要发达国家尽管在数据隐私权保护的严格程度上存在差异，但都致力于推动数据跨境流动。美国方面，作为数字经济强国，美国在政策取向上鼓励数据跨境流动。2000 年 12 月，美国商业部与欧盟签订《安全港协议》，确立了美国和欧盟之间个人数据跨境流动框架。随着《安全港协议》的失效，欧美开启新一轮谈判，并于2016 年达成《隐私盾协议》，确保欧美个人数据跨境流动新框架。双多边协定方面，最先由美国主导的跨太平洋战略经济伙伴关系协议，美国、墨西哥和加拿大《美墨加协定》以及 2019 年底美国和日本签署的《数字贸易双边协定》等都包含了高水平的跨境数据流动条款。欧洲方面，GDPR在成员国层面直接适用，消除成员国数据保护规则的差异性，实现了个人数据在欧盟范围内的自由流动。《非个人数据在欧盟境内自由流动框架条例》则致力于消除各成员国的数据本地化要求，保障专业用户能够自由迁移数据。日本方面，日本是 APEC 主导的跨境隐私规则体系（CBPR）的成员国，通过建立认证制度，为本国企业遵循 CBPR 规则与其他成员国企业实施跨境数据传输提供保障；日本积极对接欧盟的数据保护规则，制定补充规则（Supplementary Rules）以弥合欧盟和日本在数据保护规则上的差异，2019年1月23日，欧盟通过了对日本的数据保护充分性认定，实现了日欧之间双向互认。

表4　欧盟数据跨境流动的主要方式

通过方式	适用情形	相关要求
白名单机制	一般情况	通过审查确认进口方所属国达到欧盟数据保护要求
采用标准合同	如果进口方所属国未达到欧盟数据保护要求	采用欧盟颁布的标准合同文本
制定具有约束力的企业规章制度	企业内数据的跨国流动	通过欧盟数据监管机构的审核
为保护公共利益、个人合法权益等	例外情况	例外情形受到严格限制
经批准的认证机制、封印或标识	公共机构之间的数据转移活动	相关机制获得批准
成员国对某些特殊情况的另行规定	特殊情况	包括数据主体已给予明确同意,而数据传送又是偶尔为之,且对于合同或法律索偿来说是必要的,涉及公共利益的重要理由要求进行数据传送等

（四）完善市场治理规则，加强市场监管执法

一是完善市场治理制度。全球主要国家普遍制定了有关数据产权和交易、数据跨境自由流动、网络安全、数据/隐私保护、数据开放共享等方面规则，以便利数据要素交易。欧盟出台了《建立欧盟数据经济》《通用数据保护条例》《非个人数据自由流动条例》等一系列规定。英国监管部门等纷纷出台了有关数据采集、数据安全、数据交易、隐私保护等相关规则，促进本国数据交易良性运转。美国政府主要依托《公平信用报告法》（FCRA）、《金融隐私权法案》和《联邦贸易委员会法》（FTC Act）来解决由消费者信息的收集、转让和销售所带来的隐私问题。针对大数据交易过程中日渐频出的损害消费者行为，美国联邦贸易委员会2014年还发布了《数据经纪商：

呼吁透明度与责任》，对数据经纪商组织和参与数据要素交易提出了明确的透明度和责任要求，推动数据经纪商强化市场自律。日本公正交易委员会竞争政策研究中心则于 2017 年 11 月发布了《数据与竞争政策研究报告书》，明确运用竞争法对"数据相关的市场垄断"行为进行规制的主要原则和判断标准。

二是强化市场监管执法。各国反垄断和反不正当竞争机构普遍加强对互联网企业和数据交易主体的行为监管。在美国，1970 年《公平信用报告法》颁布以来，联邦贸易委员会已根据 FCRA 采取了 100 多项执法行动。2018年，因剑桥数据分析公司违规滥用其获得的脸书 5000 万用户数据，Facebook 受到了美国参众两院的质询和联邦贸易委员会的调查。近年来，针对不受 FCRA 条例约束的某些数据经纪人违法行为，联邦贸易委员会更多依靠《联邦贸易委员会法》第 5 条来加强对数据经纪商的审查和监管力度。在欧洲，2016 年，欧盟竞争委员会对 Facebook 违反其收购短信服务商WhatsApp 所做出的数据共享和隐私保护承诺，罚款 1.1 亿欧元；英国信息专员办公室、法国隐私保护部门（CNIL）和德国联邦卡特尔局也都对Facebook 违反数据/隐私保护法律的行为进行了处罚。此外，在美国、欧盟和日本等地区，竞争执法机构对企业通过并购实现数据整合的趋势高度重视，在进行并购审查时，亦会普遍考虑数据集中因素。

（五）平衡公平效率关系，完善收益分配机制

一是当前数据要素收益分配都偏向于提供数据服务的企业或平台。目前，欧洲、美国、日本和韩国等国家和地区对于数据主体拥有保护数据的支配权达成了共识，但对数据主体是否拥有受保护数据的所有权和收益权、收益分配应按照什么机制进行，依旧缺少明确规定或尚未达成共识。由于信息不对称以及缺少相关制度安排，数据主体很难参与数据增值收益的分配。从实践层面看，尽管数据主体对数据价值做出了贡献，但数据主体对价格的影响力很小，很难获得收益，数据要素收益分配都偏向于提供数据服务的企业或平台。为此，法国、英国及印度等国已经开始探索"数字税"，即使用数

据的公司向政府缴纳"数据税",政府再把这笔税收投入信息基础建设,进而让每个公民都分享到这笔收益。

二是通过数据银行等方式提升数据主体在数据收益分配中的地位。从国外实践来看,数据银行是数据主体更多参与数据收益分配的有效方式。用户可以将个人数据存入数据银行,数据银行在获得用户同意的情况下,将其数据提供给有数据需要的公司,以创造价值,并将获得的部分收益分配给数据提供者。以 Alre 数据银行为例,它会首先要求用户将数据存入数据银行,然后帮助用户最大化其数据价值。当数据需求方访问数据银行的用户数据时,需要支付代币。这些代币可以给用户激励,同时,Alre 也可以获取其中的部分价值。为了激励用户输入更多高质量信息,该数据银行会根据用户输入数据的质量和被使用的频次,给予不同数量的代币奖励。数据质量越高,数据主体获得的收益相应也会越多。这种商业模式让数据主体的数据资源实现了资产化,并为数据主体直接参与数据收益分配提供了条件。

(六)优化数字基础设施,强化市场基础支撑

世界主要国家均将宽带、5G、物联网、工业互联网、数据中心和人工智能等数字基础设施作为优先发展的方向,通过市场和政府"双轮驱动",加快建设高速宽带网络和新一代数字基础设施,为数据市场发展和经济社会数字化、网络化与智能化转型奠定坚实的基础。截至 2019 年,全球 159 个国家发布了宽带战略或行动计划,绝大部分国家发布了大数据、人工智能、区块链等数字经济相关领域的发展战略或规划,包括美国、欧盟、英国、德国、日本、中国在内的众多国家或地区均在超前研发和部署 5G、物联网、工业互联网、人工智能等基础设施,加速 5G 商用步伐。根据全球移动通信协会(GSMA)编写的《5G 时代——无限连接和智能自动化时代》预测,未来几年商用 5G 网络将获得大规模部署,到 2025 年将覆盖全球近三分之一的人口。届时,5G 连接数量将超过 11 亿,约占全球移动连接数的 1/8。高速、移动、安全、泛在的新一代信息基础设施,可以促进各国、各地区网

络基础设施互联互通，提升跨区域甚至全球范围数据交互的效率和水平，推动统一开放、竞争有序的数据市场加速形成。

三 我国数据市场发展现状及制度建设情况

大数据是信息化发展的新阶段，我国数据市场发展速度很快，相应的基础性制度构建也在不断推进中，支撑数据市场及以数据为关键生产要素的数字经济迅速发展。

（一）我国数据市场发展现状

1. 基础设施支撑能力持续提升

近年来，我国以宽带互联网、移动互联网、物联网、数据中心等为代表的网络基础设施和数据基础设施建设不断提速，为数据市场加快发展提供了强有力的技术支撑。网络基础设施方面，云网端一体化部署步伐加快，4G 覆盖率不断提升，5G 加速商用，推动数据市场发展的网络基础设施核心支撑能力显著提升。截至 2019 年底，全国光缆线路总长度达 4750 万公里，互联网宽带接入端口"光进铜退"趋势明显，互联网宽带接入端口数量达到 9.16 亿个，比 2014 年末净增 5.1 亿个。同期，光纤接入（FTTH/0）端口净增 6.73 亿个，占互联网接入端口的比重由 40.4% 提升至 91.3%；4G 基站总数则由 85 万个增长至 544 万个，占全部移动基站的比例由 24.21% 增至 64.68%；IPv6 地址数量净增 29519 块/32；国际出口带宽数则由 4118663Mbps 增至 8827751Mbps，净增 4709088Mbps。数据中心方面，截至 2019 年底，我国数据中心数量大约有 7.4 万个，约占全球数据中心总量的 23%，其中，超大型、大型数据中心数量 0.94 万个，占全部数据中心比重为 12.7%；数据中心机架数量达到 227 万架，在用 IDC 数据中心数量 2213 个；规划在建数据中心 320 个，其中超大型、大型数据中心数量占比达到 36.1%。

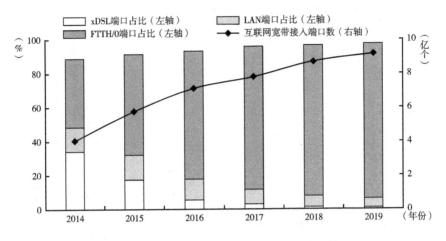

图7 2014～2019年互联网宽带接入端口发展情况

资料来源：工信部。

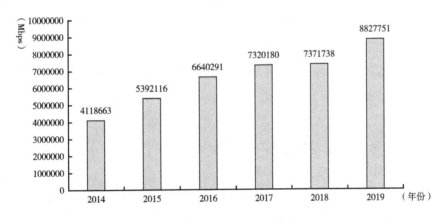

图8 2014～2019年国际出口带宽数增长情况

资料来源：CNNIC。

2. 数据流量和资源总量高速扩张

持续完善的网络基础设施，日益普及的智能终端，庞大的网民规模，极大地推动了我国网络应用和在线经济的发展，即时通信、电子商务、网络视频、在线直播、远程教育等应用大范围降低了用户使用门槛，使得数量流量增长迅猛，数据资源规模快速扩张，数据市场发展潜能也不断释放。截至

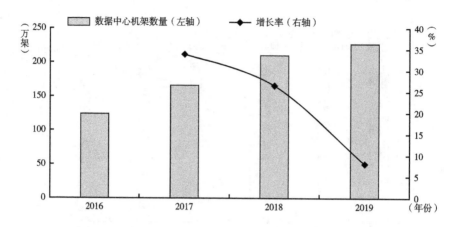

图9　2016～2019年中国数据中心可用机架数量及增长情况

资料来源：工信部。

2020年3月，我国互联网网民规模达到9.04亿人，较2014年新增互联网网民2.55亿人；互联网普及率达64.5%，较2014年提升16.6个百分点。同期，移动互联网网民规模达到8.97亿人，较2014年新增互联网网民3.4亿人；移动互联网普及率达99.3%，较2014年提升13.5个百分点（见图10）。此外，到2019年底，我国国内市场上监测到的App在架数量达到367万款，第三方应用商店在架应用分发数量达到9502亿次；移动互联网接入流量消费达1220亿GB，是2014年的59.23倍；手机上网流量达到1210亿GB，比上年增长72.4%，在总流量中占99.2%；移动互联网月户均流量（DOU）达7.82GB，是2014年的39.1倍（见表6）。到2020年，我国数据资源总量将达到8.6ZB，是2016年的1.6ZB的5.38倍。

3. 数据交易组织和平台加快发展

自大数据、数字中国上升为国家战略以来，我国出现了一批数据交易平台，各地方政府也成立了数据交易机构，包括贵阳大数据交易所、长江大数据交易中心、上海数据交易中心等十几家集中式的大数据交易平台，互联网、电信、金融、交通等数据密集型行业企业纷纷探索数据要素配置新机制，针对行业洞察、营销支持、舆情分析、引擎推荐、API数据市场等数据服务。在市场建设过程中，目前形成三种基本的数据要素交易模式。一是数

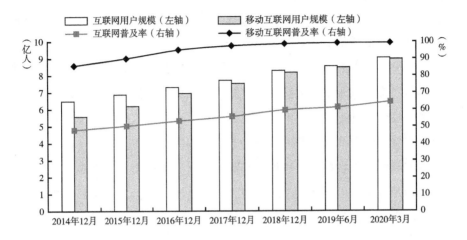

图10　2014年12月至2020年3月中国互联网及移动互联网普及情况

资料来源：CNNIC。

表5　2018年12月至2020年3月互联网接入设备情况

单位：%

项目	2018年12月	2020年3月
台式电脑	48.0	42.7
笔记本电脑	35.9	35.1
手机	98.6	99.3
电视	31.1	32.0
平板电脑	29.8	29.0

资料来源：CNNIC。

表6　2014～2019年移动互联网流量及月户均流量增长情况

年份	移动互联网接入流量 （亿GB）	增速 （%）	移动互联网月户均流量（DOU） （GB）	增速 （%）
2014	20.6	—	0.20	—
2015	41.9	103.4	0.38	90.0
2016	93.8	123.9	0.76	100.0
2017	245.9	162.2	1.73	127.6
2018	711.1	189.2	4.64	168.2
2019	1220.0	71.6	7.82	68.5

资料来源：工信部。

据转售模式。在这种模式下，中心化数据持有平台，先把数据买过来，再通过卖给下家赚取差价。二是数据撮合交易模式。类似传统的商品集市，这种模式又被称为"数据集市"，很多交易所或交易中心在发展初期采用这种模式。在这种交易模式下，数据交易机构以交易粗加工的原始数据为主，不对数据进行任何预处理或深度的信息挖掘分析，仅经过收集和整合数据资源后便直接出售，赚取佣金和差价。三是数据增值服务模式。这是一种比较成熟的数据交易模式。数据交易机构不是简单地将买方和卖方进行撮合，而是根据不同用户需求，围绕大数据基础资源进行清洗、分析、建模、可视化等操作，形成定制化的数据产品，然后再提供给需求方。

表7 全国主要大数据交易中心

数据交易中心	简介
贵阳大数据交易所	涵盖三十多个领域，成为综合类、全品类数据交易平台
西咸新区大数据交易所	全面运营大秦大数据银行线上服务平台和陕西省社会数据服务大厅线下服务平台
东湖大数据交易中心	业务涵盖数据交易与流通、数据分析、数据应用和数据产品开发等，聚焦"大数据＋"产业链
华东江苏大数据交易平台	是在实施"国家大数据战略"大背景下，经国家批准的华东地区首个领先的跨区域、标准化、权威性省级国有大数据资产交易与流通平台
哈尔滨数据交易中心	由黑龙江省政府办公厅组织发起并协调省金融办、省发改委、省工信委等部门批准设立。结合政府数据资源、企业数据资源，打造成为立足东三省、辐射全国的大数据交易市场，构建围绕数据的生态系统支撑平台
上海数据交易中心	是经上海市人民政府批准，上海市经济和信息化委员会、上海市商务委员会联合批复成立的国有控股混合所有制企业，上海数据交易中心承担着促进商业数据流通、跨区域的机构合作和数据互联、政府数据与商业数据融合应用等工作职能
华中大数据交易所	是经湖北省政府批准，由北京东华软件股份公司等3家IT企业注资1亿元成立的全国首个跨区域、标准化、综合性的大数据交易平台
重庆大数据交易市场	是由北京数海集团和重庆大数据交易市场共同出资成立的，致力于建设重庆大数据交易市场

数据交易中心	简介
浙江大数据交易中心	浙江大数据交易中心将遵循国有控股、政府指导、市场化运营的指导方针，致力于打造具有公信力、开放、客观、独立的全国第三方数据交易中心
青岛大数据交易中心	由山东地方金融监督管理局批准设立的省内唯一大数据交易中心，是立足青岛、辐射全国的创新型数据交易场所
成都大数据股份有限公司	是成都市大数据资产运营商，协助政府汇聚数据资源，通过专业化的市场运营，积极推动各行各业依托大数据资源，创新商业模式，实现融合发展，作为智慧城市投资、建设、运营服务商，深度参与新一代通信、数据处理和信息管理基础设施建设，运营基于大数据与人工智能的新型城市智慧中心

资料来源：课题组整理。

4. 数据市场体量及效能持续增大

2014 年以来，我国数据市场规模呈现逐年增长的趋势。2019 年，大数据市场规模达到 436 亿美元；互联网数据服务（含数据中心和云计算业务等）实现收入 116.2 亿元，同比增长 25.6%，增速高于互联网业务收入 4.2 个百分点。据 IDC 最新预测，2020 年中国数据相关市场的总体收益将较 2019 年同比增长 16.0%，增幅领跑全球大数据市场。其中，数据硬件在中国整体大数据相关收益中将继续占主导地位，占比高达 41.0%；数据软件和大数据服务收入比例分别为 25.4% 和 33.6%。与此同时，数据与制造业、金融、商务、交通、健康等实体经济融合程度持续增强，产业数字化转型步伐持续加快，推动数字经济规模持续增长，形成了以数据为关键要素、数字产业化为基础、产业数字化为主体的数字经济体系。中国信息通信研究院数据显示，2019 年，我国数字经济规模达到 35.8 万亿元，其中数字产业化和产业数字化部分分别占比 20% 和 80%。

（二）我国数据市场基础性制度构建进展

1. 顶层制度设计持续推进

为促进大数据发展，中央和各级地方政府分别制定出台了一系列政策，

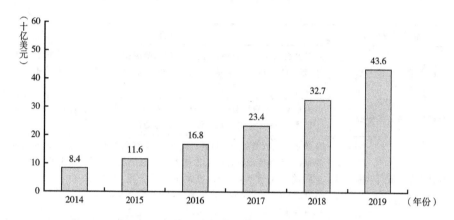

图 11　2014～2019 年中国大数据市场规模

资料来源：艾媒数据中心（data. iimedia. cn）。

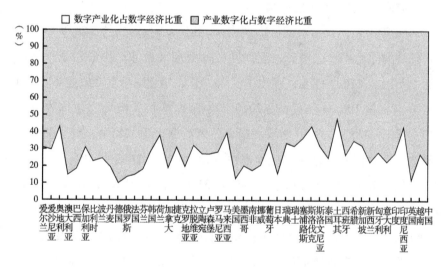

图 12　2019 年中国及典型国家数字经济内部构成情况

资料来源：中国信息通信研究院。

形成了由国家战略、行动纲要、发展规划、指导意见、实施方案等构成的比较完备的顶层制度设计体系。早在 2014 年 3 月，大数据就引起中央的关注，并被正式写入国务院政府工作报告。2015 年 8 月，中央开始加强对大数据发展进行顶层设计和战略部署，出台了《促进大数据发展行动纲要》（国发

〔2015〕50 号）。2016 年，《中华人民共和国国民经济和社会发展第十三个五年规划纲要》正式提出实施国家大数据战略，同年 12 月，工信部发布《大数据产业发展规划（2016～2020 年)》，对数据市场建设和产业发展做了整体谋划。2017 年 12 月，中央政治局就实施国家大数据战略进行了集体学习，提出要加快建设数字中国，更好地服务我国经济社会发展和人民生活改善。2020 年，中共中央、国务院相继颁布《关于构建更加完善的要素市场化配置体制机制的意见》和《关于新时代加快完善社会主义市场经济体制的意见》，强调要培育和发展数据市场，推进数据市场化配置，为数字经济发展夯实市场基础。

表 8 国家制定的支持大数据及数据市场发展代表性政策文件

颁布时间	发布者	政策文件	涉及对象
2004 年 12 月	中办、国办	《关于加强信息资源开发利用工作的若干意见》	信息、数据
2006 年 3 月	国信	《国家电子政务总体框架》	政务数据
2015 年 7 月	国务院	《关于积极推进"互联网＋"行动的指导意见》	大数据
2015 年 7 月	国办	《关于运用大数据加强对市场主体服务和监管的若干意见》	市场监管
2015 年 8 月	国务院	《促进大数据发展行动纲要》	大数据产业生态
2016 年 3 月	国务院	《中华人民共和国国民经济和社会发展第十三个五年规划纲要》	大数据产业
2016 年 8 月	国务院	《"十三五"国家科技创新规划》	大数据科技研发与应用
2016 年 9 月	国务院	《关于印发政务信息资源共享管理暂行办法的通知》	政务信息
2016 年 12 月	国务院	《关于印发"十三五"国家信息化规划的通知》	数据、信息化
2016 年 6 月	国办	《关于促进和规范健康医疗大数据应用发展的指导意见》	健康医疗大数据
2016 年 3 月	环保部办公厅	《生态环境大数据建设总体方案》	生态环境大数据
2016 年 7 月	国土资源部	《促进国土资源大数据应用发展实施意见》	国土资源大数据
2016 年 9 月	交通运输部办公厅	《关于推进交通运输行业数据资源开放共享的实施意见》	交通大数据
2017 年 5 月	水利部	《关于推进水利大数据发展的指导意见》	水利大数据

续表

颁布时间	发布者	政策文件	涉及对象
2017 年 9 月	公安部	《关于深入开展"大数据 + 网上督察"工作的意见》	安防大数据
2017 年 9 月	国家测绘地理信息局办公室	《智慧城市时空大数据与云平台建设技术大纲》	空间地理大数据
2017 年 12 月	中国气象局等部门	《气象大数据行动计划（2017～2020 年）》	气象大数据
2018 年 1 月	中央网信办、国家发改委、工信部	《公共信息资源开放试点工作方案》	政务大数据
2018 年 3 月	国办	《关于印发科学数据管理办法的通知》	科学数据
2018 年 5 月	银保监会	《银行业金融机构数据治理指引》	金融大数据
2020 年 3 月	中共中央、国务院	《关于构建更加完善的要素市场化配置体制机制的意见》	数据市场、大数据应用等
2020 年 5 月	中共中央、国务院	《关于新时代加快完善社会主义市场经济体制的意见》	数据市场、大数据应用等
2020 年 6 月	中央深改组	《关于深化新一代信息技术与制造业融合发展的指导意见》	大数据与实体经济融合

资料来源：课题组整理。

2. 数据产权界定办法仍在探索

对于数据产权制度，全球包括我国都处于探索阶段，对数据产权、类型及结构的界定规则，仍未达成共识。总体来看，包括我国在内的各国普遍是在明确个人数据和隐私保护边界的基础上，探索数据产权界定。我国已经初步建立了与国内环境相符、与全球态势相适，以《民法典》《民法总则》《刑法》《全国人民代表大会常务委员会关于加强网络信息保护的决定》《网络安全法》《电信和互联网用户个人信息保护规定》等为主体的个人信息保护法律框架，但对于数据收集者/持有者（包括政府、企业、个人）收集和交易涉及公民个人信息的数据的产权归属方面，尚无明确的法律依据。《民法典》以"隐私权和个人信息保护"专章方式，对隐私权和个人信息定义、保护原则、法律责任、主体权利、信息处理等问题作出规定，并对其与个人信息保护的边界进行了区分。然而，对于数据类型划分及权属界定，相关法律仍未明确，还需继续探索。与此同时，深圳市运用其特区立法权发布了《深圳经济特区数据条例（征求意见稿）》，是首个明确界定各类数据产权的政策性文件。条例明确提出公共数据属于新型国有资产，其数据权归国家所有，由深圳市政府代为行使数据权。此外，该条例还强调个人隐私保护，促进公共数据开发利用，培育数据市场，是近年来我国在数据产权、数据开放、流通和交易制度建设方面比较大胆的创新推进。目前，有关条例也引起社会热议，争议点聚焦"地方是否有权界定数据权""宽泛地提出数据权概念是否可行""个人、企业数据权利究竟如何分解"等方面。

3. 数据安全管理制度不断完善

适应国内外安全形势，国家高度重视数据安全管理制度建设，将其作为国家安全治理体系的重要内容，并明确了数据安全管理"一手托发展、一手托安全"的总体思路，形成了涵盖法律、行政法规、部门规章和管理规定等相对完备的数据安全管理制度体系和执行机制。法律规定方面，形成了以《全国人民代表大会常务委员会关于加强网络信息保护的决定》《网络安全法》为引领，以《国家安全法》《密码法》《反恐怖主义法》等为支柱的事关网络安全和数据保护的基础性法律，《数据安全法》也在同步加紧制定中。工业和信息化部、公安部、网信办等部门还制定了《电信和互联网用户个人信息保护规定》《通信网络安全防护管理办法》《个人信用信息基础数据库管理暂行办法》《人口健康信息管理办法（试行）》《网络安全审查办法》《互联网个人信息安全保护指南》等配套部门规章和管理规定。此外，《民法典》《刑法》《电子商务法》《消费者权益保护法》《身份证法》等也对数据安全管理做了相关规定，进一步补充健全了我国的数据安全管理法律体系。执行机制方面，数据安全管理主要按照数据所涉及的领域来划分，由各行业主管部门负责本领域数据安全管理工作，形成了包括网络安全审查、数据安全评估、数据分级分类管理、数据跨境流动管理、企业数据提供及配合义务、数据泄露通知、应急预案以及数据监管执法等在内的具体执行机制。

4. 数据开放共享制度不断健全

我国已经在国家层面形成了以决定和意见、法律规章、规划纲要、地方法规等为主要架构的数据开放、流通和交易制度体系。决定和意见方面，党的十九届四中全会《中共中央关于坚持和完善中国特色社会主义制度 推进国家治理体系和治理能力现代化若干重大问题的决定》提出，创新行政管理和服务方式，加快推进全国一体化政务服务平台建设。法律法规方面，《电子签名法》《网络安全法》《政府信息公开条例》《网络安全等级保护条例》《个人信息和重要数据出境安全评估办法》《区块链信息服务管理规定》等法律规章，以及正在制定中的《数据安全法（草案）》，都强调要推动数据开放、共享及流通交易。规划纲要方面，《促进大数据发展行动纲要》《国家信息化发展战略纲要》都强调要推进政府数据开放共享，构建统一规范、互联互通、安全可控的国家数据开放体系。地方法规方面，贵阳、上海在推进政府数据开放法规建设方面，走在全国前列。《贵阳市政府数据共享开放条例》是全国首部推动政府数据共享开放的地方性法规，《上海市公共数据开放暂行办法》是全国首部促进公共数据共享开放的地方政府规章，并首次提出了分级分类开放模式。此外，各地成立的大数据交易中心（所）也在积极探索构建完善的数据要素交易流通制度框架，形成包括数据互联规则、个人数据保护原则、流通数据处理准则、交易标准体系、流通数据禁止清单等在内的保障数据要素流通和交易的市场规则体系。

专栏　贵阳等地积极推进公共数据资源开发利用

近年来，贵阳、上海、深圳、青岛、成都等 5 地以制定规则、搭建平台、培育主体、强化支撑等为突破口，深入推进公共数据资源开发利用。

（一）定规则，出清单，夯实公共数据配置制度保障

一方面，各地纷纷制定相关条例和办法，为促进公共数据资源开发利用提供了法律遵循。如贵阳市则出台了全国首个地方条例——《贵阳市政府数据共享开放条例》。另一方面，为推动规则落地，各地还制定了公共数据开放清单，对公共数据资源配置实施清单管理。例如，上海、贵阳、青岛、

深圳、成都等都在本市公共数据资源目录范围内，制定了公共数据开放清单、需求清单、责任清单，并建立了开放清单动态调整机制。

（二）搭平台，汇资源，做大公共数据资源规模基础

贵阳、上海、深圳等地都搭建了全市统一的公共数据开放平台，成立大数据交易机构。例如，2015 年全国首家贵阳大数据交易所成立，迄今为止，全国范围成立了将近 20 多个综合性大数据交易机构。以统一平台为开放渠道，各地公共数据资源"聚通用"迈出实质性步伐。

（三）育主体，促创新，丰富公共数据资源应用生态

一方面，各市通过政企合作，引导社会资本，加强大数据企业和人才培育。深圳市及各区政府与华为合作举办"华为云杯"开放数据应用创新大赛，开放高价值公共数据资源，吸引市场主体参赛，支持社会资本对胜出优质企业优秀项目进行投资。另一方面，5 地还通过产业政策引导、社会资本引入、应用模式创新以及优秀服务推荐、联合创新实验室等方式，推动公共数据资源"产、学、研、用"协同发展，形成了良好的数据应用创新生态和场景。

（四）筑基础，立标准，强化公共数据配置技术支撑

基础设施方面，仅 2020 年，深圳市就确立了总投资达 2452 亿元的 28 个重大数字新型基础设施建设项目，其中包括 5G、绿色数据中心、云计算设施等，从而为公共数据资源全网络、全链路、全周期配置提供物质支撑。标准规范方面，为促进公共数据和非公共数据便捷融通，各市积极推动数据开放标准体系、技术规范建设，助力公共数据资源高效配置和价值实现。例如，上海市制定了《政务信息资源共享与交换实施规范 第 1 部分：目录元数据》等地方标准。

资料来源：课题组调研整理。

5. 数据要素标准规范加快完善

近年来，国家标准化管理委员会及下属组织以及相关行业管理部门积极推进数据要素国际、国内和行业标准规范研制工作，已经发布诸多数据要素相关的标准规范。2018 年，国家标准化委员会发布了《信息技术服务治理

第5部分：数据治理规范》，提出了数据治理的整体框架，对数据资产属性、开放共享、数据安全和隐私保护进行了讨论。中国电子技术标准化研究院还提出了大数据治理标准体系，牵头研制了《数据管理能力成熟度评价模型》国家标准，还发布了《信息技术数据质量评价指标》《信息技术 数据溯源描述模型》《大数据交易区块链技术应用标准》等国家标准。其中，《数据管理能力成熟度评价模型》已经在金融、电力、通信、政府、工业等领域企业，以及北京、重庆、四川、江苏、山东、贵州等地区的100多家企业开展试点示范。此外，全国信息安全标准化技术委员会还分别成立大数据治理专题组和大数据安全标准特别工作组来推进我国大数据治理标准、安全领域相关技术和标准的研制，积极推进数据标准的宣贯和培训工作，总结和分享数据要素标准规范制定的实践经验，提升数据开放、流通、交易以及治理水平。

6. 数据市场治理规则相对完备

我国现行的市场治理制度体系主要是以《反垄断法》《反不正当竞争法》为核心，以《电子商务法》《消费者权益保护法》《价格法》等为支撑，法规、部门规章、地方性法规条例、相关司法解释和相关国际公约等为补充的市场治理法律法规体系。这些法律法规都适用于数据市场治理，在打击数据欺诈、数据垄断和各种数据不正当竞争行为，防范数据滥用和不当使用，维护数据市场公平竞争和健康运行等方面发挥了重要作用。例如，《电子商务法》第二十五条规定电子商务经营者有向有关主管部门提供有关电子商务数据信息的义务；第五十七条则规定用户应当妥善保管交易密码、电子签名数据等安全工具；第六十九条规定，国家鼓励电子商务数据开发应用，保障电子商务数据依法有序自由流动，并采取措施推动建立公共数据共享机制，促进电子商务经营者依法利用公共数据。《反垄断法修订草案（公开征求意见稿）》则提出，"认定互联网领域经营者具有市场支配地位还应当考虑网络效应、规模经济、锁定效应、掌握和处理相关数据的能力等因素"。

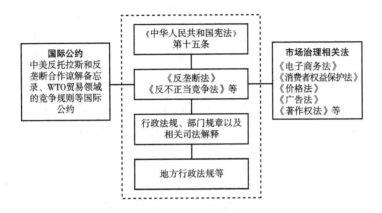

图 13 我国数据市场治理主体制度架构

资料来源：课题组整理。

四 我国数据市场制度建设的突出短板与问题

不论对于我国还是世界主要国家而言，数据市场的培育和发展尚处于起步阶段，政府对于数据市场的治理缺乏经验，因此数据市场基础性制度成熟度均不高。特别对于我国而言，传统要素的市场化配置程度还有待提升，在这样的条件下，作为新型要素的数据其市场基础性制度建设的短板更为突出，具体表现在以下几个层面。

（一）数据市场制度体系化程度不高

数据要素是新型生产要素，数据市场也是一种新兴的市场领域，我国虽然在某些层面已经制定了相关数据市场规则，但是这些规则的集成程度还不高，特别是一些关键性制度尚未完全建立或者依然存在缺失，因此难以形成完备的基础性制度体系。

第一，数字要素产权界定制度还不完备。现有部分法律对于数据要素权属的规定仍然是原则性的，数据要素产权规则不清晰，法律对数据要素所有权及相应的使用权和收益权均没有明确的界定，相关法律规章仍处于空白状态，现有的《反不正当竞争法》《反垄断法》等法律均不能明确界定数据要素产权并进行充分保护，也不能有效保障收益权利得到合理实现。

第二，数字基建市场规制制度仍然缺位。目前适应 5G 网络共建共享要求的规制制度尚未建立，共建共享交易成本高、进展慢，直接导致各利益相关方产生矛盾。首先，在电信行业内部，基础电信企业共享铁塔企业 5G 基站的租赁费用管制缺位，除铁塔等国家强制要求必须共建共享的设施外，基础电信企业共建共享积极性不高。其次，在电信行业与其他基础设施行业和公共部门之间，互利共赢、可持续的共建共享机制尚未建立，特别是与电力、铁路、高速公路等具有较好共享潜力行业的沟通合作亟须加强。最后，5G 建设站址资源需求大，但目前在选址和配套建设方面，与写字楼、居民小区之间缺乏有效合作机制，部分重点项目选址难、物业准入难（进场难）、租金高。此外，中国铁塔垄断铁塔建设，三大基础电信企业既是用户又是股东，铁塔等基础设施租赁费直接关系到用户利益，但目前对铁塔企业的规制制度缺失，如租赁费由企业协商定价且定价协议不公开等。

第三，数据交易的分级分类制度不健全。尽管上海在分级方面作出了较好示范，但由于是地方探索，在分级分类方面以引导性和指南性为主。在国家层面，数据类别和管理分级更为复杂，除了政府部门外，更多公益性领域的企事业单位也面临着数据分级分类等问题。此外，随着数据调用方式的多元化，数据类型还将进一步增多。分级分类不精细还部分导致数据开放质量下降，例如，我国数据开放中低容量数据、碎片化数据现象普遍，重复创建、格式问题、无效数据问题较多，高价值数据偏少且可视化程度低。

第四，数据泄露通知制度还需持续完善。虽然我国《网络安全法》在《全国人大常委会关于加强网络信息保护的决定》的基础上进一步强化和完善了信息泄露通知制度的相关要求，但对于哪些情形需要向用户告知，哪些情形需要向有关部门报告，以及在什么时限内、采取什么方式向用户告知、向有关部门报告等具体问题，《网络安全法》本身并没有给出具体的答案，制度适用的主体范围、泄露通知制度的触发、安全风险补救、通知和报告、罚则、实施机构等制度要素并不明晰，缺乏可操作性，从而使数据泄露通报制度的功能大打折扣。

第五，数据市场的反垄断制度尚需改善。2020 年公布的《〈反垄断法〉修订草案（公开征求意见稿）》第一次将互联网行业的垄断行为界定及其处置写入了法律，为数据市场反垄断提供了重要制度性依据。但是，对于数据市场一些特有的垄断行为，现有的反垄断相关法律条款难以覆盖。比如，对于数据市场特有的"杀熟""二选一""寡头市场共同支配"等垄断形式认定标准不清楚，且其处置的具体条款依然缺失。再如，对于经营者集中的垄断行为，现行《反垄断法》主要以销售额和营业额作为门槛标准，而对于数据公司来说可能没有营业额，或者营业额非常低，但对市场的影响力非常大，数据公司或者与数据有关的公司合并问题在现行的《反垄断法》范围内难以界定和评判。由此，针对这些数据市场特有的垄断行为及其处置的相关配套性规章、指南、规范性文件还处于不完善的状态。

（二）数据市场治理法治化程度不高

现代市场经济是法治经济，数字要素市场的管理也必然是法治化。从我国现有数字要素市场相关法律制度来看，缺乏相关顶层立法，整体法律框架不完善，且法律体系完备性不够，这些因素导致我国数据市场基础性制度的总体法治化程度不高。

第一，数据市场治理相关顶层立法缺失。截至 2019 年底，国务院及各部委共出台近 30 项综合性或专业性的与数据市场发展相关的政策，但是在上位立法和顶层制度方面缺乏统筹，完整的法律与制度框架还未形成。数据管理立法呈现出滞后于经济社会发展的状态，与行业的快速发展极不协调，现存的规制网络空间的法律、法规效力不高，缺少一部能够具有统领性管理效力的基础立法。由于数据权属的不确定，与数据管理相关的立法多是由法规和部门规章予以规定，多头管理、协调不畅、职责不清的情况常有发生，无法对网络管理行为做出统一规定。近年来，政府和企业逐步开始重视数据治理的重要性，地方各级也在探索制定符合地方实际的数据市场相关制度，但是自上而下、协调一致的全局性数据市场治理法律体系还未建立，因而国内数据市场制度在不同区域、不同行业存在差异，数据交易的便利化程度不高，且流通成本高居不下。

第二，数据市场整体法律体系层次性不够。我国已基本形成在不同层次、多个领域分布的具有多种属性的数据市场法规体系，但法律制度断层和相关政策碎片化的问题仍然突出，这其中有立法技术带来的阻碍，也有数据产业特性的问题。直接对数据进行规制的法律普遍存在层次与效力偏低的问题，也伴有立法部门众多、可操作性和系统性差的问题。顶层立法中对数据市场涉及的内容有限，法律条款过于笼统，对信息网络安全无法予以直接、全面的保障。行政法规与部门规章适用范围与力度都非常有限，且因部门利益与领域差异，存在互相冲突与矛盾之处，立法中相关部门与当事人的权利、义务和职责规定均有待衔接与整合。许多禁止性规定并没有明确行为责任，当出现纠纷时，具体义务的落实与保障，会因责任的不健全而受到影响，因此需要后续立法的进一步跟进和完善。

第三，数据市场的法律可操作性还有待强化。我国数据市场法律制度可操作性不足直接来源于数据法律制度的层次性不足和系统性缺失，在实践中主要体现在数据综合性监管体系不健全、法律监管理念和监管机构设置不能完全适应数据市场的发展要求。当前我国法律监管依然侧重于数据安全保护，规定了数据收集规则、数据泄露报告制度、数据存储制度等，却缺乏促进数据流通的监管措施。我国现行的法律监管是按照传统分业监管模式授权各监管机构在各自所涉及的领域内进行监管，在没有专业数据监管机构对整体数据行业的监管进行协调的执法中，极易出现多重监管、监管空白、监管推诿等漏洞。此外，数据市场具体领域的单行法与配套法建设也存在不足，直接导致潜在的立法冲突、执法困难等问题。

（三）数据市场管理落地化程度不高

我国已经初步建立起了一些数据市场的法律规则，但是由于制度设计缺陷或者执行机制不灵等原因，这些法律和制度仍然难以落地，数据市场监督和管理的难度加大，也给未来数据市场相关制度出台后的实施与执行造成了十分不利的影响。

第一，个人数据信息保护执行不力。从我国已有的数据市场制度体系来看，针对个人交易数据使用有严格的条件和程序限制。例如，2012 年发布的《关于加强网络信息保护的决定》较早规定了收集、使用个人电子信息应遵循"合法、正当、必要原则"。此后，《网络安全法》《民法典》等作了同样或类似的规定。此外，大型互联网企业都建立了个人信息保护的专门机构和管理机制。但需要看到的是，由于各级监管部门执法不严的问题，现实中仍然广泛存在政府向企业随意或变相索要数据、向企业索要相关数据在使用后未及时销毁等情况。

第二，数据市场事前监管需加强。当前我国数据市场监管有两个特点，即刑事打击和刑事追责非常活跃，但执法方式以专项行动为主，偏离了数据监管的主要路径。虽然刑事打击和刑事追责在应对数据市场安全方面取得了一定的成效，但长期来看，刑事追责是一种事后打击手段，虽然可以通过对违法犯罪行为的惩戒产生威慑作用，但在推动数据安全监管方面的效果和意义并不十分明显。以专项行动为主的"运动式"执法方式，虽然在短期内能够解决数据市场监管中面临的急迫问题，但具有明显的被动性和功利性，行政执法也无法满足现实需要，不是主动地、有条不紊地执行现有法律规范，而是被各种违法现象牵着鼻子走，许多明显的甚至是公开性的违法行为难以得到根治。

第三，数据侵权行为惩处力度待增大。数据保护是数据流动的前提，因此必须要有大力度惩罚以形成有效威慑。从目前情况来看，我国的处罚力度还很不足，与欧洲相比存在较大差距。以《数据安全法（草案）》中的规定为例，不履行数据安全保护义务或者未采取必要的安全措施的，处一万元以上十万元以下罚款，对直接负责的主管人员可以处五千元以上五万元以下罚款；拒不改正或者造成大量数据泄露等严重后果的，处十万元以上一百万元以下罚款，对直接负责的主管人员和其他直接责任人员处一万元以上十万元以下罚款。而欧盟《通用数据保护条例》（GDPR）中最低一档的最高处罚金额也达到一千万欧元或公司全球 2% 的营收，远远高于我国处罚的额度。

处罚力度不够、违法成本过低，从而导致数据市场相关制度的落实难以形成实效，制度约束的力度也大打折扣。

第四，数据市场监管协调难度较大。我国目前以行业主管部门负责为主的数据市场监管体制虽然能够结合行业特点进行有针对性的管理，但其分散化特征也给主管部门执法、企业创新发展、公民维权救济等都带来了一些困难，导致实践中存在诸多问题。尤其是随着跨行业的数据融合应用更加常态化，条块分割的管理体制正面临挑战，沿用行业管理体系的数据安全监管不免造成职责的交叉，产生重复监管问题。虽然《网络安全法》从法律层面确立了国家网信部门的统筹协调职责，但并未授权其作为统一或专门的数据监管或保护机构，网信部门的主要职责仍是"维护互联网安全"和"加强网络信息保护"，并没有改变我国数据市场监管体制分散化的现状。从监管效果来看，多头监管和监管空白并存，各部门监管边界不清，难以形成数据市场监管合力。

第五，数据跨境流动监管难以落实。虽然我国已经初步建立了数据跨境流动监管的基本框架，但相关具体制度规则细化程度不高，难以落实。首先，《网络安全法》只对关键信息基础设施领域的重要数据和个人信息跨境流动问题作了原则性规定，但对于重要数据的界定等并没有作进一步的规定。其次，安全评估是我国在跨境流动机制建立初期较为稳妥的选择，由于"数据出境"合法渠道过于单一，可能会对已经具有一定实力的中国企业参与数字经济全球竞争带来负面影响。最后，同我国数字经济高速发展的态势相比，跨境数据流动国际合作方面相对滞后，且与主要国家跨境数据流动政策及国际规制对接不够，现实管理中仍面临诸多挑战。

五 完善我国数据市场基础性制度的总体思路

我国数据市场基础性制度的建设，必须根据数据市场体系的特征，针对我国数据交易市场的主要问题和矛盾，借鉴国外数据市场管理经验，形成制度体系的顶层构架，设计制度构建的具体路径，并制定制度建设的重大举措。

（一）指导思想

以习近平新时代中国特色社会主义思想为指导，全面贯彻党的十九大和十九届二中、三中、四中、五中全会精神，按照新时代党中央、国务院加快完善社会主义市场经济体制的总体部署，使市场在资源配置中起决定性作用，更好地发挥政府作用，针对我国数据市场制度体系化、治理法治化、管理落地化程度不高的三个重点问题，处理好政府与市场、监管与创新、中央与地方、国内与国际四对重大关系，按照产权界定清晰化、安全管理分级化、标准规范科学化、开放共享畅通化、流通交易高效化、市场治理现代化、收益分配合理化、技术支撑稳健化八大主要路径，重点推进数字产权、安全管理、开放流通、市场治理、设施规制、收入分配六项基础性制度建设，促进制度体系法治化和制度实施法制化，实现数据要素价格市场决定、流动自主有序、配置高效公平，为建设高标准数据市场体系、构建现代化数字经济体系、推动数字经济高质量发展打下坚实的制度基础。

（二）重大导向

我国数据市场基础性制度建设是在全球经济变革的大环境和国内改革开放大背景下推进的，因此，必须契合我国国情，符合现代理念，切合国际趋势。具体而言，构建和完善我国数据市场基础性制度，应该遵循以下几个方面的重大导向。

1. 政府与市场的关系

应该更加尊重市场经济一般规律，最大限度减少政府对数据资源的直接配置和对数据要素经营主体活动的直接干预，充分发挥市场在数据要素配置中的决定性作用，更好地发挥政府作用，有效弥补市场失灵。一方面，目前我国信息数据资源80%以上掌握在各级政府部门手里，要尽快推进政府数据开放共享，加快推动各地区各部门间数据共享，研究建立促进公共数据开放和数据资源有效流动的制度规范。另一方面，要平衡好数据市场治理和数据市场运行的关系，提升政府数据市场治理能力和效能，避免政府过度干预和治理对数据市场机制造成的扭曲，保障数据市场平稳运行。

2. 中央与地方的关系

要针对数据市场独有特征，以及地方与中央两级数据市场的治理特质，构建央地两级数据治理体系。通过基础性制度的建设，确定数据市场治理过程中的央地权责关系，科学设立央地两级数据市场管理和治理的行政机构与组织体系，构建适应我国数据市场发展要求的治理和监管构架。加强央地两级各部门的治理信息共享，强化各级部门上下治理统筹，建立健全跨部门、跨区域治理联动响应和协作机制，消除数据市场治理和监管盲点。

3. 监管与创新的关系

适应数据市场新技术、新产业、新业态、新模式蓬勃发展的趋势，要改变传统"管"的观念，围绕鼓励创新、促进创业，科学设计数据市场基础性制度，探索科学高效的监管机制和方式方法，改革传统市场治理模式，实行包容式治理，推动数据市场和数字经济繁荣发展。要通过优化制度的方式提高治理效率，改变传统的无限市场治理与监管的理念，改革传统的"人盯人、普遍撒网"的烦苛治理与机械监管方式，推动数据市场的改革创新，有效促进数据市场治理法治化。

4. 国际和国内的关系

数据市场是一个开放的市场，要针对国内外数据要素流动的需求，有效处理好国内数据市场基础性制度建设与对接各国和国际数据市场制度的关系。应该加强国际交流，主动参与国际数据要素流动规则制定，提高我国在全球数据市场治理中的制度性话语权。用国际视野审视国内数据市场基础性制度构建、规则制定和治理实践，不断提升我国数据市场治理的国际化水平。通过基础性制度的建设和实施，引导数据企业完善标准体系，鼓励领先企业创建国际标准和引领组建标准联盟，参与国际数据市场标准制定，推动国内数据市场标准国际化，推动与主要数据贸易国之间加大标准互认力度。加强国际和地区间消费者数据权益保护交流与合作，加快建立跨境消费者数据权益保护机制。强化跨境数据安全监管协作，推动建立数据安全联盟。

（三）主要路径

数据市场基础性制度构建的主要路径，应该根据数据市场体系的基本架构，按照数据市场基础性制度的内容与层次，针对制度建设的总体目标，从产权、安全、标准、配置、监管、分配、技术等多个方面入手。具体而言，构建和完善我国数据市场基础性制度的"四梁八柱"，重点从以下"八化"着手。

一是产权界定清晰化。通过完善产权制度，界定个人数据、企业数据和公共数据的产权边界，明确数据要素全生命周期中各类主体的权利和义务，为自愿基础上的数据交换和配置提供激励。

二是安全管理分级化。针对不同的数据类型、不同的数据用途和数据的敏感程度等，制定相应的安全管理制度，对各类数据实现分级分类化管理，减少数据沉淀和冗余，提高数据流动性。

三是标准规范科学化。通过完善数据采集应用标准，进一步提高数据采集、存储、加工、处理以及应用等活动的效率，便于对数据规模和质量进行总体评估和评价，为数据资源估值定价和分类管理创造条件，打破数据管理"各自为政"、分散管理的状态，减少数据要素配置的成本。

四是开放共享畅通化。通过完善开放共享制度，打破部门、政企、企业等之间的数据壁垒，破解数据资源"不愿、不敢、不易、不能"等共享开放问题，促进数据高效配置。

五是流通交易高效化。通过完善数据流通交易制度，推动形成更多合格的数据市场主体，完善数据要素交易规则，健全数据资源估值定价办法，提高数据流通交易高效便捷水平，不断扩大数据要素流通交易规模。

六是市场治理现代化。通过完善数据市场治理制度，强化数据市场监管执法和用户权益保护，规范各类市场主体的数据资源利用行为，防范数据滥用和不当使用，保障数据市场公平有序运行。

七是收益分配合理化。通过完善数据收益分配制度，积极运用市场机制和再分配机制，确保参与数据要素全生命周期配置过程中的各类行为主体，能够按照其贡献，获得合理的收益，提高各主体参与市场、运用数据创造财富的积极性。

八是技术支撑稳健化。通过完善数字技术支撑体系，适应数据要素配置和市场建设对 5G、互联网、数据中心等高质量数字基础设施的需求和数字技术应用场景的创新，强化数字基础设施和数字技术对打造强大数据市场、提高数据要素配置效率、确保市场运行安全稳健具有关键性作用。

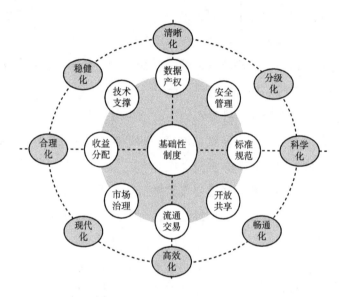

图 14　数据市场基础性制度基本构成内容及建设目标

资料来源：课题组绘制。

六　构建我国数据市场基础性制度的重大举措

我国数据市场基础性制度建设与完善，应该围绕数字产权、开放流通、市场竞争、安全监管、设施规制、收入分配六大基础性制度，以基础制度建设和治理能力提升为核心，配套体制机制改革，强化数据市场立法工作和执法实践，构建体系完备、规则合意、执行有效的制度框架，为我国数据市场发展提供重要的制度性基础条件。

（一）确立数据要素产权制度

第一，建立数据产权确立规则。在民商法关于信息、数据和隐私权利规定的基础上，加快制定出台《数据产权法》，构建具有制度约束力的数据产权制度，形成一整套完善的数据产权认定、转让、使用、保护等规则，明确数据产权归属及其使用者行为规范，为数据市场治理提供产权制度保障。结合数据收集、积累、储存、处理过程的反复性，成本构成的不确定性，经济效益的未知性以及价值转化或确认过程的风险性等因素，通过市场交易、第三方评估等方式科学确定数据资产价值，加快推动数据资产核算试点工作。建立数据资产知识产权管理制度，强化对数据资产的知识产权管理。

第二，完善个人信息授权制度。个人信息授权制度着力点应从单纯的限制转变为限制与发展并举、规范与促进并重。一方面，针对数据采集者在履行"知情同意"制度要求中普遍存在的默示许可方式，以及在告知和申请用户授权过程中表述的冗长晦涩、隐藏在多级页面之后等问题，应要求数据采集者通过单独授权、明示授权等方式切实保护用户权益。另一方面，针对现实中数据采集者普遍采用脱敏技术处理用户个人数据或者在用户个人数据基础上深入分析挖掘形成大数据应用，支持互联网企业对这部分数据自主使用、共享、开放和交易，但是同时要求数据采集者采取措施防止脱敏后的数据追溯到用户或者被复原。

第三，健全数据产权保护制度。在个人信息授权管理方面，尽快制定出台《个人信息保护法》和《儿童信息保护法》，完善个人和儿童信息保护基本制度，建立个人信息授权许可制度，平衡信息主体、信息业者、国家机关三方主体之间的利益，实现个人信息流通符合场景需要、风险可控和责任可追溯，探索构建具有中国特色、面向未来的并且覆盖个人信息收集、使用和流通等内容的个人信息保护体系。首先，应继续强调个人信息的收集、使用和流通不得侵犯信息主体的基本权利，加大对侵权违法行为的打击力度。其次，明确信息主体有权阻止他人以危害个人权益的方式过度收集、滥用和泄露个人信息，并有权获得法律上的救济。最后，积极培养和塑造尊重个人隐私的文化氛围和守法意识，加强行业自律自治，发展具有行业特点的个人信息保护规则和标准。

第四，积极运用现代技术推进数据确权。完善数据溯源体系，制定应用区块链、数字签名、隐私计算、智能合约等新一代信息技术界定数据产权的操作方法和管理办法。一方面，加强区块链等技术的基础研究投入，并且依托产学研用的自主创新平台，组建区块链等技术产业发展和应用的联合组织。另一方面，依托产业联盟在标准制定推广中的先发优势，先行先试区块链技术的联盟标准。加强区块链技术在大数据确权中的试点应用，鼓励大数据交易所作为区块链的主要节点参与数据确权的网络运营，积累一线实践经验，加速形成以点带面、点面结合的示范推广效应。

（二）完善数据安全管理制度

第一，健全数据安全管理法律。一是加快制定出台《数据安全法》《个人信息保护法》等数据安全保护法律，加强与《网络安全法》《刑法》《民法典》等法律的衔接，重点制定分行业分领域数据安全管理实施细则。二是完善信息采集和管控、敏感数据管理、数据交换、数据交易和合理利用等方面的法规规章，形成比较完备的数据安全管理法律法规体系。

第二，完善分级分类管理制度。一是进一步落实国家层面关于数据分级分类管理的要求，加强对重要数据的安全保护力度；可根据数据在经济社会发展中的重要程度，以及一旦遭到篡改、破坏、泄露或者非法获取、非法利用，对国家安全、公共利益或者公民、组织合法权益造成的危害程度，对数据实行分级分类保护，制定相应的数据保护策略，鼓励对非敏感数据的依法安全合理使用。二是在对"重要数据"进行重点管理的基础上，鼓励各地区、各行业主管部门对本领域的数据开展分级分类管理，确定本地区、本部门、本行业重要数据保护目录，对列入目录的数据进行重点保护，与其他行业主管部门建立协同监管机制；并根据企业保护能力的不同，结合用户量、信息类型、影响后果等要素，可综合采用自查自纠、审查、监督抽查、公众监督、行业自律等方式实施行业监管。

第三，建设数据泄露通知制度。一是通过《数据安全法》《个人信息保护法》或者相关立法做进一步的规定，配套以数据泄露通知标准或指南进行细化完善，对需要报告政府部门和通知用户的情形进行合理区分，明确报告通知的时限和方式，提高数据泄露通知制度的可操作性，切实加强数据安全保护。二是针对发生和可能发生网络数据泄露、损毁、丢失的情形，除了要求电信业务经营者、互联网信息服务提供者等通知主管部门外，还应同时通知可能受到影响的用户，使用户能够第一时间了解与其有关的数据安全情况以及通过自我保护减小损失。三是通过发展网络与数据安全保险市场等市场化手段，减轻数据泄露可能带来的损害。

第四，创新数据安全监管手段。一是完善数据安全保障、评估体系及安全审查制度，加紧研发和推广防泄露、防窃取、匿名化等数据保护技术，加强以人为中心的隐私和安全设计，积极运用人工智能、区块链、动态加密、隐私计算、可信硬件等技术，对数据开放共享、流动交易过程中的安全风险进行有效评估，强化数据安全技术防护和安全管理。二是加强组织建设，设立我国数据保护专门机构，明确其地位和职能，包括监督《个人信息保护法》和《数据安全法》的具体落地执行，制定数据安全保护次级规则和相关指南等。三是相关职能部门应该积极接受和处理数据安全方面的举报投诉，开展面向全社会的数据安全教育、咨询服务，向政府部门、公共机构等提供关于数据安全的建议和意见，代表中国政府在国际上处理数据安全相关事项，参与国际数据治理有关规则讨论和制定等。四是明确各类涉数利益主体分级分类安全管理主体责任，构建统一高效、协同联动的数据安全管理体系。

第五，维护国家数据主权安全。围绕数据要素资源全球高效配置和国家数据主权维护，坚持总体国家安全观，明确数据主权，完善跨境数据安全管理办法，平衡好数据本地化存储与数据跨境流动的关系，建立内外有别的跨境数据流动安全保障体系。一方面，充分利用数据体量和数字经济发展优势，加强数据开发利用技术基础研究，支持数据开发利用和数据安全等领域的技术推广和商业创新，培育、发展数据开发利用和数据安全产品与产业体系。另一方面，建立健全数据安全保护管理各项基本制度，提升国家数据安全保障能力，在数字治理国际博弈中维护我国数据主权和国家安全。

（三）健全数据流通交易制度

第一，夯实数据开放共享制度基础。一是加快建立国家数据资源目录和数据资产管理制度，推进国家数据资源价值评估和清查审计。二是积极推进政府数据开放共享。加快修订《政府信息公开条例》，制定《政府数据开放共享管理条例》，建立政府数据共享负面清单管理制度，明确各级政府数据开放共享责任清单。构建政府数据采集、质量保障和安全管理标准，完善统一的政府数据开放平台和标准体系。创新政府之间数据开放共享模式，加强政府数据开放的标准化，突破部门之间的信息壁垒和数据孤岛。三是加快完善政企数据资源共享合作制度。探索推进政府公共数据授权管理制度，推进国家经济治理基础数据库动态优化，打通政企数据库接口，稳步推进脱敏匿名化假名化公共数据社会应用。四是健全企事业单位数据开放共享制度。重点推进企事业单位、科研院所、社会大众之间数据开放共享利益分享制度建设，引导各方通过市场化行为，运用数据开放联盟、数据创新共同体等"物理分散、逻辑集中"的新模式新机制实现数据共享，在自愿互信、互利共赢的基础上开展数据资源共享合作。五是引导培育公益性数据服务机构发展，探索政府机构、企事业单位、科研院所、社会大众等既确保多方数据所有权利又实现数据整合应用的商业模式。

第二，推动建立数据市场交易制度。一是市场主体培育方面，探索建立正面引导清单、负面禁止清单和第三方机构认证评级相结合的数据市场准入管理制度，简化、规范数据市场准入管理。支持引导电信、金融、交通、信用、消费互联网、工业互联网等数据密集型行业平台和企业积极参与数据市场交易，形成一批合格的数据市场交易主体和数据服务中间商。二是交易标准建设方面，围绕数据的生产、采集、存储、加工、分析、服务，建立完善数据资源及应用分级分类标准化制度体系。加强数据标准研制、试验验证和试点示范，构建大数据标准化创新和服务生态，提升数据资源价值和数据产品质量。三是交易模式创新方面，建立分散与集中、线上与线下有机结合的数据交易组织方式，创新数据交易模式和运营机制，培育壮大一批综合性大数据交易中心和专业性大数据交易平台，开展面向场景应用的数据交易市场试点，鼓励大数据交易平台之间、产业链上下游之间进行数据交换和互联互通，最大限度激活数据资源潜在价值。四是交易规则健全方面，加快制定具有中国特色的数据交易规则，创新数据资产估值、数据交易定价以及数据成本和收益计量等方法，完善数据交易（共享）的技术保障、检测认证、风险评估、信息披露和监督审计等相关制度规范，规范数据资产交易流通行为。

第三，推动与国际数据交易规则的对接。积极参与数据跨境流通市场相关国际规则制定，完善数据跨境贸易规则，逐步扩大数据跨境贸易规模，提升全球数据资源配置规模和能力。一是设立以数据跨境自由流动为主要特色的泛大湾区数字经济创新发展试验区或数字自由贸易港，借鉴"境内关外"做法，依法暂停有关法律适用，逐步放开跨境互联网访问，加快推进分级分类跨境数据流动监管，适当收缩"关键信息基础设施"的界定范围，对接欧美数据规则。二是积极加入网络安全、数据保护、打击网络犯罪的多边双边协议，强化国际社会对我国数据保护的充分性认定。三是持续夯实世界贸易组织（WTO）、20国集团（G20）和国际标准化组织等多边机制基础，参与反对数字贸易保护主义的磋商，并通过合作促进完善全球数据流通规则。

（四）夯实数据市场治理制度

第一，加强数据反垄断和市场监管制度建设。一是加快修订完善以《反垄断法》《反不正当竞争法》《电子商务法》《消费者权益保护法》等为核心的市场竞争监管法律规则体系。重点推进《反垄断法》《数据安全法》等涉数据反垄断和监管治理法律法规完善工作，将数据、算法等相关的市场界定、垄断行为判定标准及监管举措纳入法律框架。二是积极推进数据相关垄断行为与不正当行为监管。全面提升涉数据市场秩序监管部门的数字监管能力和数字素养，强化数据要素的市场监管和反垄断执法，坚决打击数据欺诈、数据垄断和各种数据不正当竞争行为，防范数据滥用和不当使用，逐步建立国内领先的市场监管体系，确保市场公平竞争和健康运行。三是慎用"本身违法原则"和"必要设施原则"对数据相关利用行为进行监管。竞争监管机构应明确数据相关的效率抗辩条款，减少"本身违法原则"对数据利用行为的适用，慎用"必要设施原则"强制数据开放共享，避免侵犯数据产权，降低市场主体竞争自由，削弱其投资和创新激励，损害长期动态效率和社会福利。

第二，完善数据市场治理方法和工具体系。一是引入监管成本收益评估机制，探索建立可追溯、可审计的数据交易登记管理制度，构建线上线下无缝衔接的数据市场全流程全生命周期监管体系。二是创新"互联网＋监管""信用＋监管""大数据＋监管"等新型智慧监管方法，积极运用大数据、区块链、人工智能等治理科技手段和信用监管强化数据交易流程治理，形成以数治数、以技治数、以信用治数的数据市场监管方法体系，提升涉数据不当行为监管效能和灵敏度。三是探索引入预防性竞争监管工具，对数据驱动型并购进行回溯性评估和再审查，防止数据资源过度集中可能造成的潜在竞争损害。

第三，逐步完善多元共治的数据市场治理体系。一是探索推动政府、平台、行业组织、企业以及个人等多元主体参与、协同共治的新型数据市场监管机制。加强组织网络、工作机制和技术平台之间的协同，推动建立各类主体实质参与数据治理的制度化交流沟通渠道，搭建数据市场协同治理平台，以政府治理为主导，行业自律、平台治理和个人参与的立体化数据监管治理体系，更好地实现不同主体之间利益平衡和协调。二是引导社会公众、新闻媒体参与数据市场治理。充分发挥公众舆论等社会监督对各类市场主体的数据资源利用行为的规范作用，确保数据安全流通配置和高效开发利用，维护消费者的合法权益。

第四，强化数据领域竞争政策与监管政策协调。一是充分认识协同推进反数据垄断与数据市场监管工作的重要性，在规则制订、工作推进、调查研究等方面都需要加强部门协同。二是完善不同机构之间合作的工作机制，反垄断机构需要与其他执法机构合作，共同追踪有关数据收集和使用的最新发展；不同机构要共同探索确保形成一套协调的执法和监管体系，寻求解决特定问题的最合适的监管方式和手段；部门之间应通过建立日常工作交流机制、成立部际联席会议等方式加强沟通与协作。

第五，加强数据市场治理国际合作。一是通过多种方式加强与主要经济体的反数据监管国际合作，通过与国外竞争监管部门及数据市场监管部门等签署合作谅解备忘录，将数据治理议题作为双方合作交流的常设议题；就数据市场监管的规则制订、执法进展、国际协调与主要经济体反垄断机构开展政策对话，寻求数据市场治理共识，推进数据市场监管执法、培训等多个领域的合作。二是把数据市场治理作为我国参与全球经济和安全治理的重要内容，引领全球数据市场治理的建立，在金砖国家峰会、G20、APEC 等国际会议上纳入相关议题，在 RCEP 等自贸协定谈判中积极推动各国在数据市场治理方面达成共识，充分发挥数据市场治理对全球数字经济的促进作用，通过推动数据市场治理抵制数字经济领域的贸易保护主义。

（五）建设数据设施规制制度

第一，建立网络共建共享约束与激励制度。一是强化基础电信企业、铁塔企业 5G 共建共享责任和义务，加强共建共享考核指标落实，建立相关企业管理层薪酬激励机制。二是规范垄断性共建共享设施租赁费，明确租赁费制定办法，实行基于成本、与收益率挂钩的收益率机制，激励铁塔公司提高铁塔站址资源共享率，合理降低租赁费，使基础电信企业切实从租赁中受益。三是建立市场化跨行业共享机制与规制制度，鼓励电信企业加强与电力、高速公路、铁路等具有较大共享潜力的基础设施企业的沟通合作。

第二，完善网间互联互通和公平接入制度。一是制定互联协议标准文本格式，建立互联协议报批制度，避免主导运营商利用其优势地位设置不合理的互联条件。二是完善互联争议解决制度，给予互联争议方民事诉讼权，如对规制机构做出的裁决不服，可提交法院，并引入举证责任倒置制度。三是建立互联互通年度报告制度，基础电信运营商按规制机构要求的内容，报送互联协议签订、履行及争议解决等情况；规制机构组织评估并公布评估报告，提高服务和价格的透明度。

第三，创新部门间和地区间协同规制制度。一是丰富互联网数据中心等业务事中事后规制的手段，改变主要依赖日常现场检查和年检、手段单一的局面，通过大数据技术建立信息统计平台，要求服务器、机柜等硬件设备必须纳入统计平台，进行"实名制"管理，做到实际使用人和设备一一对应。二是进一步加强业务许可、网站备案、网络接入、IP地址库等全国性统一平台的建设，建立部省联动共享规制平台，实现信息共享、实时查询，解决属地之间信息割裂和规制不协同的问题。三是完善年检管理制度，联合多部门开展定期整治，对无证经营、超范围经营等违规行为予以严厉打击，将违规经营的企业纳入信誉不良名单。四是完善"双随机、一公开"市场监管制度，加大对数据基础设施重点领域重点行业的监管力度，确保数据基础设施市场高效安全运行。

第四，加强质量规制与消费者保护制度。一是在质量规制方面，利用大数据等信息手段加强服务和通信质量监测，要求电信业务经营者按规定的时间、内容和方式向规制机构报告服务质量保障情况，并向社会公布；根据《电信服务质量通告》，提高通告信息的详尽程度，补充违规企业整改落实情况。二是在电信资费等消费者保护方面，要求基础电信业务经营者在其营业场所、网站显著位置提供各类电信服务的种类、范围、资费标准和时限，为用户交费和查询提供方便；加强事中事后执法，加大对违规行为的处罚力度；在规制机构内部设立专职的消费者保护部门，负责受理消费者服务质量和资费等方面的投诉建议，跟踪监测消费者保护相关情况并定期发布报告。

第五，建立对规制机构的监督问责和绩效评估制度。一是完善规制决策的程序，包括规制机构制定规则和执行规则的程序，如重大政策出台前必须经过专家咨询，向利益相关方公开征求意见。二是提高规制的公开透明程度，完善信息公开制度，将被规制企业的必要信息公开，发布年度规制报告，公开规制决策的结果、详细依据和决策过程等。三是建立对规制机构的问责和评估审查制度，垄断企业和消费者对规制机构的决策不满时，可向规制机构及其上级机构或法院提起上诉；规制机构须向立法机构或上级行政机构（如全国人大、国务院）提交年度工作报告，报告年度预期工作目标以及完成情况，提交重大规制政策的成本—收益分析报告；立法机构或上级行政机构应对规制机构的规制框架和绩效进行定期审查（如每 5 年 1 次），评估电信条例更改或立法必要性。

（六）建立数据收益分配制度

第一，建立数据要素收益初次分配机制。一是完善数据要素市场化价格形成机制，建立市场决定数据要素分配的基本框架。强化数据的生产要素和资源资产属性，在明确产权的基础上，减少制约数据收益初次分配的非市场性制度障碍，减少数据要素价格形成机制扭曲现象，形成数据要素按市场评价贡献、按贡献决定报酬的初次分配基本框架，健全数据资产价值评估制度，分类完善数据市场化价格形成机制，健全市场评价数据要素贡献、贡献决定数据要素回报的机制，确保数据要素收益初次分配效率和公平，最大限度解决好数据功能性收益分配问题。二是创新数据要素价值市场化实现方式，用获得相应的数据要素收益向数据主体支付合理的报酬。借鉴知识产权、技术等无形资产等市场化价值实现方式，探索推进数据资产化、资本化和价值化路径，支持数据主体通过数据资源入股或由数据银行托管等市场化方式，向数据需求者许可转让数据，收取合理的许可转让费用，并将所获收益向数据主体进行分配。三是探索建立数据全生命周期各利益主体自愿谈判机制，通过自愿的双（多）方协商确定数据要素收益初次分配。鉴于数据生成主体相对分散、数据采集者/控制者/使用者相对集中，造成前者与后者议价能力失衡，使得初次分配收益向后者严重倾斜，可借鉴澳大利亚正拟定法律要求谷歌、脸书等科技公司向个体内容创作者、内容生产商等提供数字内容付费的制度，通过立法规定后者要向前者支付合理的报酬，又或者通过由政府出面或推动第三方机构（如消费者协会等）代表众多数据生成主体，与后者进行谈判，确立合理的价格，由后者向前者支付一定的费用。

第二，构建数据要素收益再分配制度。一是加快建立和完善涉数据要素的税收制度。积极探索建立数据财政制度，试点运用数字税（又称数字服务税）等财税工具，完善数据要素收入再分配和三次分配的政策体系，确保数据要素收入初次分配高效和公平，再分配和三次分配更加公平，让企业和个人有更强激励和更大空间去利用数据要素来发展经济、创造价值和增加财富。二是加强对数据密集型行业高收入调节。针对金融、电信、互联网、能源、人工智能等数据密集型领域，合理确定国有企业高管薪酬，缩减收入差距；同时，重点推进数据集中程度较高的行业内部收入分配调节机制建设，通过构建有效竞争的市场格局，使数据集中程度较高的行业的收入水平逐步向劳动力市场平均水平接轨。

第三，形成公共数据开放收益合理分享机制。一是借鉴国有矿产资源、经营性国有资产出让收益分配机制，更好地发挥市场机制在公共数据资源配置过程中的作用，可选择部分领域、部分行业的公共数据，探索运用市场化交易机制，建立反映公共数据供求关系和使用价值的价格形成机制，获得更多的公共数据市场化交易收益，并将获得收益纳入财政预算体系，按照法定程序接受监督统筹使用。同时，明确公共数据市场化交易获得收益分享领域，重点向部分数字素养亟待提升的领域和"数字鸿沟"较大的地区倾斜。二是完善公共数据非市场化转让机制，充分发挥数据正外部性，通过向数据密集型行业征收公共数据资源使用税，将获得的税收收入纳入数据收益再分配渠道。

第四，健全数据普惠机制和保障保底机制。一是引导数据密集型企业关注社会责任，针对部分涉数弱势群体，如没有触网用数的农民、老人等，加强数字普惠工作，确保数据及数字经济发展收益为全民共享。二是探索推进全民基本收入制度（Universal Basic Income）。借鉴芬兰等国经验，试点推进全民基本收入制度，以应对数据领域收入分配失衡带来的挑战，解决数字经济所产生的社会保障体系不充分等问题。三是健全社会保障制度，补齐数据公共服务供给短板，推进数据公共服务均等化，保障低收入人群数据权益，同时确保下一代的数字机会均等，削弱"数字鸿沟"的跨期跨代影响，避免"数字鸿沟"长期固化，形成数字经济时代无用阶层。

第五，建立数据收益分配联席会议制度。完善数据收益分配制度是一项系统工程，鉴于涉数收益分配管理部门众多以及数据要素价值实现方式多渠道和收益分配机制多元化，应从国家层面加强对数据收益分配制度建设和政策制定的统筹协调与利益平衡。因此，通过建立数据收益分配联席会议制度，可以更好地推进数据收益分配制度建设，促进整体政策协调，理顺收入分配秩序，完善数据收益分配调节机制。

七　我国数据市场基础性制度建设的时间表和路线图

数据市场基础性制度建设不仅对我国而言是一个新鲜事物，对于全球主要国家来说也是一个新的命题，没有一个成型模式和完整框架可以全盘借鉴。因此，其建设是一个漫长和动态的过程，既不能一蹴而就，也不能顾盼不前。基于这些考虑，应该平衡和结合制度体系现状、制度重要次序、制度制定难易程度以及制度动态调整等几个方面，设计我国数据市场基础性制度建设的时间表和路线图，做到统筹兼顾、有的放矢、因地制宜和循序渐进。为此，按照党的十九大提出的，到 2035 年，"各方面制度更加完善，国家治理体系和治理能力现代化基本实现"的要求，数据市场基础性制度建设的步骤设计分为近期、中期和长期。其中，近期为 2021 ~ 2025 年（"十四五"时期），中期为 2026 ~ 2030 年（"十五五"时期），长期为 2031 ~ 2035 年（"十六五"时期）。

（一）整体制度建设的时间表和路线图

从总体上来说，我国数据市场基础性制度建设要遵循三个方面的原则。一是先制度建设，后推进实施。近期应加快各层面基本性制度的建设，重点推进开启立法工作，尽快形成基础性制度的底层制度框架；中期应逐步完善法律法规体系，同时加快推进基础性制度的实施，构建立法与执法之间联动的机制；远期应全面完善相关法律法规，构建成熟的数据市场基础性制度体系，并推进各项制度的全面实施。二是先重点领域，后全部领域。近期重点围绕公共数据推进相关制度设计与建设，同时在工商、信用、公共服务、电信等重点行业加快基础性制度实施；中期在推进公共数据开放相关基础性制度制定和实施的基础上，加快个人领域数据基础性制度的建设和实施；远期在公共数据和个人数据基础性制度逐步成熟的前提下，加快推进企业数据基础性制度的建设和实施。三是先国内建设，后国际融合。近期全力推进国内数据市场基础性制度建设与实施，强化数据市场规则的国际对接；中期在逐步完善国内市场数据基础性制度的同时，推动国内规则与国际规则融合发展；远期在国内数据市场基础性制度逐步成熟的条件下，在全球数据治理领域探索争取更多规则制定话语权。

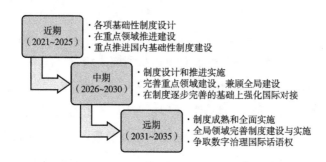

图15 数据市场基础性制度建设的整体时间表和路线图

资料来源：课题组绘制。

（二）各层次制度建设的时间表与路线图

从具体任务来说，我国数据市场基础性制度建设的详细时间表和路线图设计如下。

近期要初步推进数据市场基础性制度建设。在数据产权方面，要重点完善公共数据确权，推进个人数据授权制度建设，探索重点领域企业数据赋权规则。在数据安全管理方面，要加快已经出台的安全相关法律的执行和落实，研究推进配套法律制定，推进重点领域数据分级分类管理和构建数据泄露通知制度，持续完善数据安全监管的组织和工具体系。在数据流通交易方面，要重点推进数据开放相关的法律建设、标准制定、平台搭建、清单发布和执法规范，规范市场准入、明确交易规则、强化场景建设，积极融入全球数据治理体系。在数据市场治理方面，要加快修订涉数相关市场竞争法律法规，探索搭建多元共治的数据市场治理机制与平台，初步开展数据市场反垄断和监管执法，通过引入新技术升级数据市场治理工具，推动数据市场治理国际合作。在数据基础设施规制方面，要推动数据基础设施共建共享，健全网间互联互通和公平接入、质量规制和消费者价格保护相关法律法规。在数据收益分配方面，要加快建立要素收益初次分配机制，特别是公共数据开放收益合理分享机制。

中期要逐步推进数据市场基础性制度健全。在数据产权方面，要全面形成公共数据确权、个人数据授权和企业数据赋权规则，适时推动数据产权立法工作，加快推进跨境数据确权规则。在数据安全管理方面，要不断健全数据安全法律体系，探索数据安全立法的国际对接，加快推进数据分级分类管理在全国及主要行业的实施，全面执行数据泄露通知制度，初步建成数据安全监管的组织体系、监管工具体系。在数据流通交易方面，要完善数据资产管理制度、健全数据开放的国家统一标准、强化政企规范互动，促进更大范围的数据自由流通和公平交易，尝试构建统一的国际规则标准。在数据市场治理方面，要推进数据市场竞争领域相关专项法律法规建设，全面构建数据市场治理机制与平台，全方位开展数据市场反垄断和监管工作，建立体系化的数据市场治理工具，探索推动跨境数据治理规则的融合。在数据基础设施规制方面，要推动数据基础设施共建共享，健全网间互联互通和公平接入、质量规制和消费者价格保护相关法律法规。在数据收益分配方面，要完善要素收益初次分配机制和公共数据开放收益合理分享机制，构建数据要素收益再分配制度，初步建立数据收益分配联席会议制度。

远期要全面推进数据市场基础性制度成熟。在数据产权方面，要加快出台和完善《数据产权法》等涉产权法律制度，形成数据要素产权层面的顶层制度框架。在数据安全管理方面，要系统搭建国内数据安全法体系，全面与国际数据安全规则对接，全面保障国家数据主权安全，全面实施数据分级分类管理和数据泄露通知制度，促进数据安全监管的组织体系和监管工具体系基本成熟。在数据流通交易方面，要全面形成数据资产管理制度、健全数据开放等层面的国家统一标准，全面建立数据自由流通和公平交易规则体系，在全球数据治理方面实现与国际规则全方位融合，并享有一定的规则制定话语权。在数据市场治理方面，要全面形成数据市场竞争领域相关专项法律法规体系，推进数据市场治理机制与平台具有较高成熟度，数据市场反垄断和监管工作逐步常规化，健全数据市场治理工具体系，形成较为统一的跨境数据治理规则。在数据基础设施规制方面，要全面推进数据基础设施的跨行业共享，完全实现网间互联互通和公平接入，实现数据基础设施质量规制与消费者保护常规化，部门间和地区间协同规制全面实施。在数据收益分配方面，要全面健全要素收益初次分配和再分配制度，促使公共数据开放收益合理分享机制较为成熟，基本形成数据普惠机制和保障保底机制，全面实施数据收益分配联席会议制度。

表9 我国数据市场各层面基础性制度建设的时间表和路线图

制度层面	近期（2021～2025）	中期（2026～2030）	远期（2031～2035）
阶段任务特征	初步推进制度建设	逐步推进制度健全	全面推进制度成熟
数据要素产权制度	重点完善公共数据确权；推进个人数据授权制度建设；探索重点领域企业数据赋权规则	全面形成公共数据确权、个人数据授权和企业数据赋权规则；适时推动数据产权立法工作；加快推进跨境数据确权规则	加快出台和完善《数据产权法》等涉产权法律制度；形成数据要素权层面的顶层制度框架
数据安全管理制度	加快已经出台的安全相关法律的执行和落实，研究推进配套法律制定；推进重点领域数据分级分类管理和构建数据泄露通知制度；持续完善数据安全监管的组织和工具体系	数据安全法律体系不断健全，开始探索数据安全立法的国际对接；加快推进数据分级分类管理在全国及主要行业的实施，全面执行数据泄露通知制度；数据安全监管的组织体系初步搭建、监管工具体系初步建成	系统搭建国内数据安全法体系，全面与国际数据安全规则对接，国家数据主权安全得到全面保障；数据分级分类管理和数据泄露通知制度全面实施；数据安全监管的组织体系和监管工具体系基本成熟
数据流通交易制度	重点推进数据开放相关的法律建设、标准制定、平台搭建、清单发布和执法规范；规范市场准入、明确交易规则、强化场景建设；密切关注国际动向，积极融入全球数据治理体系	完善数据资产管理制度、健全数据开放的国家统一标准、促进政企规范互动；以消除交易梗阻、提高标准程度、推动主体培育为重点，促进更大范围的数据自由流通和公平交易；推动与各国在数据交易领域的规则磋商，尝试构建统一的规则标准	数据资产管理制度、数据开放等层面的国家统一标准全面形成；数据自由流通和公平交易规则体系全面建立；在全球数据治理方面实现与国际规则全方位融合，并享有一定规则制定话语权

续表

制度层面	近期(2021~2025)	中期(2026~2030)	远期(2031~2035)
数据市场治理制度	加快修订涉数相关市场竞争法律法规;探索搭建多元共治的数据市场治理机制与平台;初步开展数据市场反垄断和监管执法;通过引入新技术升级数据市场治理工具;推动数据市场治理国际合作	推进数据市场竞争领域相关专项法律法规建设;全面构建数据市场治理机制与平台;全方位开展数据市场反垄断和监管工作;建立体系化的数据市场治理工具;探索推动跨境数据治理规则相融合	全面形成数据市场竞争领域相关专项法律法规体系;数据市场治理机制与平台具有较高成熟度;数据市场反垄断和监管工作逐步常规化;数据市场治理工具体系业已健全;形成较为统一的跨境数据治理规则
数据设施规制制度	推动数据基础设施共建共享;健全网间互联互通和公平接入、质量规制和消费者价格保护相关法律法规	建立数据基础设施的跨行业共享机制与规制制度;部分实现网间互联互通和公平接入;推进加快执行质量规制与消费者保护制度;创新部门间和地区间协同规制制度	全面推进数据基础设施的跨行业共享;完全实现网间互联互通和公平接入;实现数据基础设施质量规制与消费者保护常规化;部门间和地区间协同规制全面实施
数据收益分配制度	加快建立要素收益初次分配机制,特别是公共数据开放收益合理分享机制	完善要素收益初次分配机制和公共数据开放收益合理分享机制,构建数据要素收益再分配制度,初步建立数据收益分配联席会议制度	全面健全要素收益初次分配和再分配制度,公共数据开放收益合理分享机制较为成熟,数据普惠机制和保障保底机制基本形成,数据收益分配联席会议制度全面实施

参考文献

Armstrong, M., "Competition in Two-sided Markets," *RAND Journal of Economics*, 2006 (37).

〔美〕托马斯·埃尔等著《大数据导论》,彭智勇、杨先娣译,机械工业出版社,2020。

〔法〕让·梯若尔:《共同利益经济学》,张昕竹、马源等译,商务印书馆,2020。

阿里巴巴数据安全研究中心:《全球数据跨境流动政策与中国战略研究》,2019年3月。

陈小龙:《电信网互联互通若干法律问题研究》,武汉大学博士学位论文,2013。

何波:《〈2018加州消费者隐私法案〉简介与评析》,《中国电信业》2018年第7期。

何渊:《政府数据开放的整体法律框架》,《行政法学研究》2017年第6期。

李晓华：《"新基建"的内涵与特征分析》，中国经济形势报告网，https：//baijiahao. baidu. com/s？id＝16652812480750735638&wfr＝spider&for＝pc，2020 年 5 月 24 日。

宁立志、傅显扬：《论数据的法律规制模式选择》，《知识产权》2019 年第 12 期。

王磊：《数据要素市场化配置研究》，国家发改委市场与价格研究所内部研究报告，2019。

王磊、马源：《新兴数字平台的"设施"属性及其监管取向》，《宏观经济管理》2019 年第 10 期。

张红：《大数据时代日本个人信息保护法探究》，《财经法学》2020 年第 3 期。

张敏、朱雪燕：《我国大数据交易的立法思考》，《学习与实践》2018 年第 7 期。

赵润娣：《美国开放政府数据范围研究》，《中国行政管理》2018 年第 3 期。

赵淑钰、伦一：《数据泄露通知制度的国际经验与启示》，《中国信息安全》2018 年第 3 期。

曾铮、王磊：《数据要素市场须完善基础性制度》，《光明日报》2020 年 4 月 21 日。

曾雄：《数据垄断相关问题的反垄断法分析思路》，《竞争政策研究》2017 年第 6 期。

周林彬、马恩斯：《大数据确权的法律经济学分析》，《东北师大学报》（哲学社会科学版）2018 年第 2 期。

朱小黄：《数据的产权制度和隐私边界》，《中国征信》2018 年第 1 期。

制度体系：全周期的治理框架

数据要素的技术经济特征及市场属性

作为新的关键生产要素，数据要素是指生产和服务过程中作为生产性资源投入，创造经济价值的数字化信息、数据和知识的集合，其所有者和使用者可以按照要素参与收入分配。数据要素具有独特技术经济特征及相适应的新市场属性。数据要素在技术上通常以"大数据"为存在形态，以网络设施为流通载体，以拓展聚合为利用方式；在经济上则体现出（准）公共物品、规模经济和范围经济特性；在市场属性上体现为以平台为主要组织形态，呈现双边市场的交叉网络效应，基于网络效应形成市场正反馈以及在价值形成过程中呈现多层次性。这些独特的技术经济以及市场属性对数据要素市场基础性制度设计产生实质性的影响。

信息爆炸、大数据开启了重大的时代变革，人类社会步入"数字经济时代"，数据成为新的关键生产要素。数据要素是生产和服务过程中作为生产性资源投入，能够创造经济价值的数字化数据、信息、知识等事物的集合，其所有者和使用者可以按照要素参与收入分配。[①] 数据要素具有独特的技术特征和经济特征，以及与其特征相适应的市场属性。

一 数据要素的内涵

2017年12月，习近平总书记在中共中央政治局第二次集体会议学习时

---

① 王磊：《数据要素市场化配置研究》，国家发改委市场与价格研究所内部研究报告，2019。

强调，"要构建以数据为关键要素的数字经济"。数据要素是支撑数字经济发展的基础性生产要素，是数字经济时代经济高质量发展的创新引擎和国家治理现代化的核心动力，是驱动国家发展重要的基础性和战略性资源。所谓数据要素，是指生产和服务过程中作为生产性资源投入，创造经济价值的数字化信息、数据和知识的集合，其所有者和使用者可以按照要素参与收入分配。理解数据要素的内涵，需要注意两点：其一，数据要素是一种生产性资源，只有投入生产服务过程中，用于产品生产和服务提供，数据才能成为生产要素。作为生产要素的数据要素，既不同于网络信息技术领域和统计学上通常所说的数据和信息，也不同于日常生活中大家口耳相传的数据，还有别于作为最终产品的数据，这几类数据和信息并不能发挥生产要素和生产性功能，因而，不能称为生产要素。其二，作为生产要素，数据要素的拥有者要参与要素收入分配，而作为最终产品形态的数据是最终产出，其拥有者没有参与要素收入分配。

数据要素可以是原始的数据对象、经拓展和加工处理后的信息，也可以是包括模型化的预测数据、智能化的数据产品和服务等在内的知识。数据是用以记述物理空间（现实世界）中存在的事物和现象的原始资料，可以是符号、文字、数字、语音、图像、视频等，是信息的重要表现形式和载体。数据反映了客观事物的某种状态，不产生联系、解释和意义。大数据则是海量的数据或资料集合，是具有多样性、高速率和高价值的信息资产，其规模巨大到无法在一定时间内用常规软件工具进行捕捉、管理和处理。大数据既可能是实际的、有限的数据集合，如某个政府部门或企业掌握的数据库，也可能是虚拟的、无限的数据集合，如机器传感数据和社交数据。数据只有转变成为"信息"和"知识"，对于人与社会才是有价值的。信息是数据的内涵，是加载于数据之上，按某种目的性或方向性对收集到的数据进行处理，对数据作具有含义的解释、加工合成和建立联系的产物，承载人们理解认知的内容。知识则是由信息形成的，但并不是信息的简单积累，而是对信息的应用，赋予了信息人类所理解的意义。对信息进行判断和确认，从相关信息中过滤、提炼及加工而得到有用资料，并在信息与信息之间、信息与行为之间建立有意义的联系，促进信息向知识的转化。知识是人们在实践中所获得认知和经验的总和，将对客观世界产生影响。此外，知识基于推理和分析，还可能产生新的知识。

表1 数据、信息和知识概念辨析

辨析维度	数据	信息	知识
记录事物	√	√	√
建立联系		√	√
提供解释		√	√
积累经验			√
反馈实践			√

资料来源：课题组整理。

与数据要素紧密相关的两个概念，一是数字技术，是数字经济时代出现的一批发挥关键性、赋能性作用的通用技术（General Purpose Technologies，GPTs），对整个人类生产和生活方式产生革命性和颠覆性影响，包括全球新一轮信息技术革命中出现的互联网、大数据、云计算、物联网、人工智能、区块链等。当前支持数字经济发展的四大通用技术有以5G和4G为代表的通信技术，以物联网、工业互联网为代表的网络连接技术，以云计算、人工智能、区块链为代表的可信计算技术，以及数据存储处理与应用技术。这些技术从初期特定应用扩展到整个国民经济和社会应用，具有强大的溢出效应，促进了生产方式、流通方式、产业生态、商业模式、组织形态、治理手段的重大变革，对产业转型和经济发展起到"催化剂"和"倍增器"的作用。

二是数字经济，是指与全球新一轮信息科技革命和产业变革相适应，以数据为关键生产要素，以数字技术为核心驱动力，以数字产业化为基础、产业数字化为主体的新兴经济形态。目前，社会各界对数字经济的内涵认知仍未完全统一，相对有共识的定义来自2016年的《二十国集团数字经济发展与合作倡议》，数字经济被定义为以使用数字化的知识和信息作为关键生产要素、以现代信息网络作为重要载体、以信息通信技术的有效使用作为效率提升和经济结构优化的重要推动力的一系列经济活动。2018年，中国信息通信研究院发布的《G20 国家数字经济发展研究报告》指出数字经济包括两大部分：一是数字产业化，即信息通信产业（ICTs），具体包括电子信息制造业、电信业、软件和信息技术服务业、互联网行业等；二是产业数字化，即数字技术与传统产业融合部分，即 ICTs 产业以外的所有产业数字化转型领域。联合国 2019 年发布的《数字经济报告》明确数字经济包含核心科技和基础设施、数字和信息技术行业、广泛的数字化领域三个方面：一是数字经济的核心科技和基础设施，由半导体、处理器等基础创新，计算机、电信设备等核心科技，以及互联网、电信网络等基础设施构成；二是数字和信息技术行业（IT），提供依赖于数字技术生产的产品和服务，IT 对其他行业产生外溢效应；三是广泛的数字化领域，为应用数字产品和数字服务的各类活动，如新的经济活动模式、政府治理模式、社会互动模式等。

二　数据要素的技术特征

（一）以"大数据"为存在形态

数据要素以"大数据"为存在形态，具有大数据所具备的技术特征。IBM 公司提出的规模海量（Volume）、来源和类型多样（Variety）、流转快速（Velocity）、价值巨大（Value）的 4V 特征得到广泛认可。

1. 规模海量，完整性增强

巨大的数据规模是数据成为生产要素的内在要求。在数字经济时代，政府、企业乃至个人都是数据的"一次生产者"，数据在互联网、移动终端以及传统文字、音视频等线上和线下的媒介中产生，爆发势不可当。Hilbert和 Lopez 试图估算人类所创造、存储和传播的一切信息，1986～2007 年，人类大约存储了超过 300EB 的数据，其中 93% 为数字数据①。据国际机构

---

① Hilbert, M. and Lopez, P., "The World's Technological Capacity to Store, Communication, and Compute Information," *Science* 2011 (1), pp. 60 – 65.

Statista 预测，全球数据产生量将在 2020 年超过 50ZB①。

巨大的数据量增强了数据要素的完整性。物理学家 Toyabe 等②认为，信息而非原子才是一切的本原；换言之，本质上世界是由信息构成的。通过数据化，人们能够全面采集和量化有形物质和无形物质，并对其进行处理。数据要素的完整性使得传统随机采样（即样本＝随机抽样）和统计推断的分析范式日益弱化，而通过采集、处理与某个特定现象有关的所有数据（即样本＝总体）进行总体性分析将成为主流。

2. 来源和类型多样，异质性凸显

数据要素来源复杂、类型繁多。随着互联网、移动通信、传感器、智能终端等技术的飞速发展，数据要素的来源、类型和格式越来越复杂多样，不仅包括传统的、结构化的数据，还包括记录和量化的文字、图像、音频、方位、沟通、行为、感知、流量、传感器数据等原始的、半结构化或非结构化的数据。

数据要素的多源性和类型多样性极大地保留了数据中所蕴含信息的异质性，也降低了数据要素之间的可替代性。在现实中，几乎没有两组数据要素是完全一样的，或者可以相互替换，很多数据要素组合中的任意一条数据都是不同的。类似专利等无形资产，更是高度异质性的，彼此可替代性弱。③但是，数据要素的异质性同时为人们提供了更多价值创造的可能性，辅以"模糊"数据处理技术发展，满足定制的、个性化的需求，以使人们从纷繁复杂的数据中受益。

3. 流转快速，时效性提升

数据要素的流转快速包含数据产生快和数据处理快两个层面。一是数据产生快。与印刷机问世带来的信息爆炸相比，1453～1503 年，欧洲的信息存储量在 50 年间增长了一倍，而如今数据量每 3 年将增长一倍④。据国际

① 中国信息通信研究院：《大数据白皮书（2019 年）》，2019。
② Toyabe, S., et al., "Experimental Demonstration of Information-to-energy Conversion and Validation of the Generalized Jarzynski Equality," *Nature Physics*, 2010 (6).
③ 王磊：《数据要素市场化配置研究》，国家发改委市场与价格研究所内部研究报告，2019。
④ 〔英〕维克托·迈尔－舍恩伯格、肯尼思·库克耶：《大数据时代：生活、工作与思维的大变革》，周涛等译，浙江人民出版社，2013。

机构 Statista 预测，全球数据量在 2017 年以来的年增长率均超过 20%①。

二是数据处理快。目前，对于数据实时性和智能化的要求越来越高。大数据处理技术以实时数据处理、实时结果呈现为导向；数据挖掘技术也趋于前端化，即提前感知和预测。数据要素的流转速度加快，时效性将大幅提升。

4. 价值巨大，随时效性和真实性增加

合理利用数据要素带来的价值回报很高。若以大数据市场②的收入规模来衡量数据要素的价值，据国际机构 Statista 预测，全球大数据市场的收入规模将在 2020 年达到 560 亿美元，2018～2020 年的年均增速为 15.47%；在各细分市场中，大数据相关服务的市场规模最高，到 2020 年将达到 210 亿美元，2018～2020 年的年均增速为 14.56%③。

数据要素的价值随其时效性和真实性的增强而增加（见图 1）。数据时效性越强，据此做出的市场判断、商业行动和政府决策等越及时，也越能避免由于时滞产生的风险，数据要素所体现或创造的价值就越高。同样，从数据中提取的真实信息越多，越有助于发现规律，从而促成正确的决策和行动，数据所体现或创造的价值也越高。

（二）以网络设施为流动载体

随着互联网、移动互联网、物联网、工业互联网、5G 等信息技术的突破和信息基础设施的完善，云网端一体化程度不断提升，数据采集、存储和处理能力也得以不断突破，网络空间成为继物理世界之后人类新的重要活动空间。数据要素则成为连接物理世界和网络空间的关键纽带，网络基础设施则是海量数据生产、传输及存储及交叉应用的主要通道和载体，提升物与物、人和物、人同人之间实时数据交换和通信，促进数据资源的高速流动和高效汇聚，提升了数据资源采集、积累和配置效能，为人、机等联网主体成为数

---

① 中国信息通信研究院：《大数据白皮书（2019 年）》，2019。
② 大数据市场，即包括大数据硬件、软件和服务市场。
③ 中国信息通信研究院：《大数据白皮书（2019 年）》，2019。

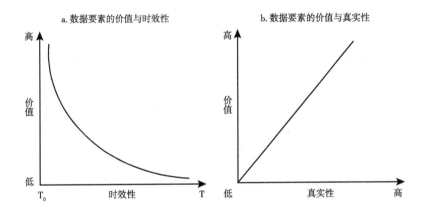

图1 数据要素的价值与其时效性、真实性的关系示意

资料来源：〔美〕托马斯·埃尔等著《大数据导论》，彭智勇、杨先娣译，机械工业出版社，2020。

据生产者提供技术和物质支撑，使得数据要素生成、存储、流转、交易、使用、管理实现高度网络化互联。华为《全球产业展望GIV2025》白皮书指出，2018～2025年，预计全球互联网用户数将从43.9亿增长至62亿，所有联网设备总数将从340亿增长至1000亿。网络基础设施的不断完善，联网用户和联网规模的快速增长，带动全球数据资源总量和数据流量迅速增长。

表2 全球数据流量规模增长

单位：EB/月

年份	IP 数据流量	固网宽带流量	管理 IP 流量	移动数据流量
2014	59.9	39.6	17.9	2.4
2015	73.7	49.6	20.3	3.8
2016	96.0	65.9	22.9	7.2
2017	122.0	83.3	27.1	11.2
2018	151.0	103.0	31.3	17.0
2019（预测）	186.0	127.0	35.2	24.2
2020（预测）	228.0	155.1	38.9	35.0
2021（预测）	278.1	187.4	42.5	48.3

资料来源：Cicso, VNI White Papers, 2018。

（三）以拓展聚合为利用方式

数据具有来源渠道多样、类型层次复杂的特点，既有传统的、结构化的数据，还包括记录和量化的文字、图像、音频、方位、沟通、行为、感知、流量、传感器数据等原始的、半结构化或非结构化的数据。数据这种多源、多维、复杂的特性，在保留了数据中所蕴含信息存在异质性的同时，有效降低了数据要素之间的可替代性，但在很大程度上也提升了数据要素应用的拓展性，为满足定制化和个性化的需求提供了可能，也对聚合利用提出了更高的要求。

与土地、劳动力和资本等传统生产要素的拓展性相对有限不同的是，数据要素具有更强的拓展性。依托大数据、云计算、人工智能等高度可拓展的技术架构，在大数据、云计算、超大型数据中心和服务器、人工智能、物联网等信息基础设施的支持下，可以对人类活动所产生的几乎所有的结构化和非结构化的数据，实现大规模数字化编码、存储、加工、处理、深度分析和聚合应用，转变为生产性资源，增进人类社会的知识积累和认知能力，降低生产和交易成本，提升生产和流通效率，并创造更高的经济社会价值。

数据要素的高聚合性有力支持了其创新性利用，包括：数据再利用；数据重组，即通过与其他数据集整合，碰撞出新的利用价值；数据扩展，即寻求单一数据集的多种用途；数据废气，即利用数据"噪声"训练和优化数据集；以及开放数据等。①

三　数据要素的经济特征

（一）（准）公共物品属性

公共物品具有消费的非竞争性和非排他性特征（见表3）。尽管数据要

---

① 〔英〕维克托·迈尔－舍恩伯格、肯尼思·库克耶：《大数据时代：生活、工作与思维的大变革》，周涛等译，浙江人民出版社，2013。

素可以通过人为或者技术手段来建立排他性，但普遍认为数据要素具有公共物品属性。[①]

表3 公共品与私人品的类型界定

物品类型		
项目	竞争性	非竞争性
排他性	纯私人品	俱乐部商品
非排他性	普通物品	（准）公共物品

资料来源：课题组整理。

一是非竞争性，数据要素通常具有一次生产成本高，但复制成本很低且数据质量不易损耗的特点。[②] 独立于数据要素的存储和传播介质来看，数据要素的非竞争性体现为能够被不同企业或用户同时利用，且能够被无限利用，而不产生数据要素量和质的损耗。换言之，一个企业或用户对数据要素本身的利用并不会减少该数据要素对其他潜在企业或用户的供应，[③] 数据要素消费者增加的边际成本为零。

二是非排他性，理论上，某企业或用户对数据要素的利用不会阻止或影响其他企业或用户收集和利用相同的数据。Sokol 和 Comerford 认为，由于用户多重归属和数据专有用途方式的存在，使数据要素具有非排他性的特征。[④] 同时，由于数据能够被复制，企业或用户一旦获得数据，将衍生出潜

① 国家网信办：《二十国集团数字经济发展与合作倡议》，http://www.cac.gov.cn/2016-09/29/c_1119648520.htm, 2016; Nuccio, M. and M. Guerzoni, "Big Data: Hell or Heaven? Digital Platforms and Market Power in the Data-driven Economy," *Competition & Change*, 2019, 23 (3)。

② 〔英〕维克托·迈尔-舍恩伯格、肯尼思·库克耶：《大数据时代：生活、工作与思维的大变革》，周涛等译，浙江人民出版社，2013；〔美〕卡尔·夏皮罗、哈尔·R.瓦里安：《信息规则：网络经济的策略指导》，孟昭莉、牛露晴译，中国人民大学出版社，2017。

③ Rayna, T., "Understanding the Challenges of the Digital Economy: The Nature of Digital Goods," *Communications & Strategies*, 2008 (71); Jones, C. I. and C. Tonetti, "Nonrivalry and the Economics of Data," NBER Working Paper No. 26260, http://www.nber.org/papers/w26260, 2020.

④ Sokol, D. D. and R. Comerford, "Does Antitrust Have a Role to Play in Regulating Big Data," in Blair, R. D. and D. D. Sokol, Cambridge Handbook of Antitrust, Intellectual Property and High Tech, Cambridge: Cambridge University Press, 2016.

在的数据"供给者"，而数据要素真正的一次生产者将失去对数据排他性的控制①。随着获得数据要素的消费者或使用者增加，其非排他性逐渐增强。

（二）规模经济性

规模经济体现在生产投入（或成本）和产出的关系上。在（1）单一产品生产；（2）生产技术不变；（3）投入要素等比例增加的约束条件下，主流的规模经济含义如表4所示。Pindyck 和 Rubinfeld 放松了"生产技术不变"这一前提条件，②将规模经济描述为可以低于双倍的成本获得双倍产出的生产状态，这一描述涵盖了企业生产水平改变时，改变生产要素组合或生产技术的情形。需要注意的是，规模经济必然导致平均生产成本下降，反之则不然。

表4 规模经济的含义

来源	含义
Stiglitz and Walsh, 2006	平均成本随生产规模的扩大而下降,或产出增加的比例大于投入所增加的比例
Samuelson and Nordhaus, 2010	由于所有生产要素的同比例增加而引起的劳动生产率提高或平均生产成本的降低
Pindyck and Rubinfeld, 2013	以低于双倍的成本获得双倍产出的生产状态
Mankiw, 2018	长期平均成本随产量的增加而减少

资料来源：课题组整理。

数据要素具有独特的生产成本结构，即一次生产的固定成本高，此后以复制和优化为主要技术手段的再生产的可变成本非常低。一旦数据要素的规模突破临界容量，数据要素达到一定的密度水平，量变引起质变，特别是以高质量的大数据形态出现以后，这种成本结构就会产生巨大的规模经济效

---

① Rayna, T., "Understanding the Challenges of the Digital Economy: The Nature of Digital Goods," *Communications & Strategies*, 2008 (71).

② Pindyck R. S. and D. L. Rubinfeld, *Microeconomics*, 2013.

应，即数据要素供应规模越大，单位成本越低。[1] 例如，Windows 系统具有研发投入成本高、周期长，而边际生产成本低的特点，该系统在全球供应规模巨大，一次生产成本将被摊薄，即能够以非常低的单位成本实现 Windows 系统供给。

（三）范围经济性

范围经济是指当既定的两种以上产品和服务由一家企业生产时，因能收到生产与分配的纵向统一利益和对多种用户提供多种产品和服务的复合供给利益，其总成本要比由不同企业单独生产单一的产品或服务的成本总和低；或在既定的生产条件下，由一家企业提供的产品和服务的总量超过生产单一产品或服务的企业所能达到的产出之和；无论从哪个角度看，联合生产比单独生产更具有成本优势。Samuelson 和 Nordhaus 认为，如果由一家企业生产多种产品的成本低于由几家企业分别生产这些产品的成本，就表明存在范围经济。[2] Pindyck 和 Rubinfeld 认为，在相同生产投入的条件下，当一家企业的联合产出超过各自生产一种产品的企业所能达到的产量之和时，就会形成范围经济。[3]

不同的数据要素之间呈现出互补特征，数据要素之间的重组、整合将创造比单个数据集更大的价值。数据要素的"混搭式"利用非常普遍，如房地产信息与社区地图、物业规格、周边配套等数据集相嵌套。对于特定的数据要素集合，进一步增加具有一定数量和可用质量的数据要素资源，能够扩展数据要素的利用范围。[4] 例如，Google 公司搜集街景信息，同时采集 GPS 数据，优化其地图服务，也为自动驾驶汽车的运作提供技术支撑。可见，各个数据要素通过重组、整合和扩展，在提高整个数据要素总和经济价值的同时，还可以提高各个单一数据要素的经济价值，从而呈现出范围经济效应。

① 王磊：《数据要素市场化配置研究》，国家发改委市场与价格研究所内部研究报告，2019。
② Samuelso, P. A. and W. D. Nordhaus, *Microeconomics*, 2010.
③ Pindyck R. S. and D. L. Rubinfeld, *Microeconomics*, 2013.
④ 王磊：《数据要素市场化配置研究》，国家发改委市场与价格研究所内部研究报告，2019。

四 数据要素的市场属性

（一）以平台为主要组织方式

以数据为关键要素的数字经济，是一种以数字平台为关键组织方式的新型经济形态，数据要素的高效配置也离不开平台。在互联网、金融、电信、交通出行、电子商务、社交网络等众多数据密集型行业，数字平台企业依托于技术、计算、数据、用户规模、治理等优势，在数据生成、采集、管理、组织、流转、交易、应用等整个数据生命周期发挥的作用越来越显著。集中式的大数据交易所、数据中介商、数据经纪服务平台、政府、产业联盟、消费互联网平台、工业互联网平台等都是连接数据供需各方，促进数据供需各方精准匹配，推动数据要素价值实现的重要组织形式。这些平台的存在能极大地降低数据供求各方匹配的搜集、甄别、交易、信任等各类成本，在促进供需双方互动过程的同时，进一步加速海量数据向其汇聚。而随着平台直接或者间接掌握数据资源的增长，平台逐步成为整个数字经济生态系统的关键环节，是数据要素配置过程中最重要的行为主体和组织方式。

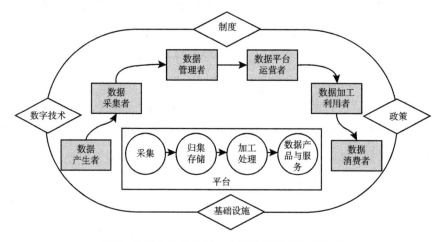

图 2　数据全生命周期、主要参与者及平台功能

资料来源：课题组绘制。

平台之所以成为数据要素高效配置的载体，因其具有双边市场的属性，市场两侧参与者交互影响，形成交叉网络效应。从数据要素的产生来看，随着平台两侧用户群体的壮大，数据的产生规模和质量（如完整性、多样性和异质性等）也将越来越高。互联网、金融、电信等数据服务平台中产生了大规模的数据，不仅包括数据服务基本业务的数据，还涵盖用户的娱乐社交、位置轨迹、行为感知、市场供需等信息。平台一侧用户对购物、医疗、教育、娱乐等方面的需求越大，另一侧用户的供给量将越多、供给行为也越丰富；平台上直接产生的交互数据、间接反映的平台用户"画像"规模也随之增大。平台和数据中介（如数据经纪商）产生、采集，甚至处理分析海量数据，使原始数据转化为数字化、智能化、有价值的数据要素。

从数据要素的流转和交易来看，除政府、企业等单边的数据发布、开放或交易以外，数据流转交易多依赖于平台或数据中介。数据要素在流转和交易过程中的物理成本（如复制、运输等）极低，但随着可供选择的数据要素无限丰富，与数据搜索、信息甄别和分析相关的成本则越来越重要。[1] 因此，需要平台和数据中介拓展市场双边用户群体，打造流动性市场；及时、准确匹配供需，降低数据要素市场交易成本。Nuccio 和 Guerzoni 指出，数据平台使得数据供需双方或更多边的用户群体之间产生交互，许多数据服务通过双边平台组织方式提供，使得数据的流转交易呈现出双边市场特征[2]。中间平台和数据中介不仅将数据要素利用于完善自身的数据服务，以拓展市场双边和更多边用户群体，如提供定制化、差异化的数据产品和咨询服务，也为包括政府、企业、社会和个人在内的市场各边用户群体提供生产性投入要素、满足其需求和消费、支撑其及时决策和行动，以促进整个社会经济资源配置优化。

---

[1] 〔美〕让·梯若尔《共同利益经济学》，张昕竹、张源等译，商务印书馆，2020。

[2] Nuccio, M. and Guerzoni, M., "Big Data: Hell or Heaven? Digital Platforms and Market Power in the Data-driven Economy," *Competition & Change*, 2019, 23 (3).

（二）基于网络效应产生市场正反馈

网络效应是指连接到一个网络的价值取决于已经连接到该网络的其他人的数量；[1] 从需求规模经济来看，当产品或服务在其消费者越来越多时变得越来越有价值，即某一消费者在其他消费者增加产品或服务的消费时获益，该产品或服务体现出网络效应。[2] 随着双边市场发展，尤其是平台发展欣欣向荣，网络效应表现为：一是，单边效应（same-side effects），即市场一边（消费者或厂商）的用户对这一边其他用户（消费者或厂商）的影响，如手机用户吸引更多的手机用户；二是，交叉效应（cross-side effects），即市场一边（消费者或厂商）的用户对另一边用户（厂商或消费者）的影响，如购物平台的消费者吸引商家，商家吸引消费者。[3] 网络效应具有局部性，"远距离"[4] 的用户增加并不会对现有用户产生影响，因此，网络效应受网络用户规模和网络密度（活跃度）的影响。[5]

数据要素市场的网络效应体现为：（1）"近距离"网络用户的增加将提高数据要素的价值，从而吸引更多用户。例如，当与用户相关联的人群共同使用社交平台时，该平台上流通的数据要素对用户而言更有价值，用户关系网的延伸使得平台用户规模不断壮大。（2）用户对互联网和数字设备的使用，即每一个用户的数据生产、更新和修正活动都将提升现有数据要素的质量，从而使其他用户从中受益。例如，使用网络翻译的用户增多，将使网络

① 〔美〕卡尔·夏皮罗、哈尔·R. 瓦里安：《信息规则：网络经济的策略指导》，孟昭莉、牛露晴译，中国人民大学出版社，2017。
② Competition Bureau Canada（CBC），"Big Data and Innovation：Key Themes for Competition Policy in Canada," Competition Bureau Canada Paper, http：//www. competitionbureau. gc. ca/eic/site/cb – bc. nsf/eng/04342. html，2018.
③ Rochet, J. C. and J. Tirole, "Platform Competition in Two-sided Markets," *Journal of the European Economic Association*, 2003, 1（4）；〔美〕杰奥夫雷·G. 帕克、马歇尔·W. 范·埃尔斯泰恩、桑基特·保罗·邱达利：《平台革命：改变世界的商业模式》，志鹏译，机械工业出版社，2018。
④ 网络距离的远近取决于用户之间的交流频率和互动密度。
⑤ 〔美〕亚历克斯·莫塞德、尼古拉斯·L. 约翰逊：《平台垄断：主导 21 世纪经济的力量》，杨菲译，机械工业出版社，2018。

翻译通过自我训练和学习更加智能和准确，为其他用户提供便利。以互联网搜索数据为例，使用 Google 搜索的用户越多，所提供的数据就越多，从而使 Google 能够不断改善其搜索核心性能，并提高用户的个性化体验。（3）提供数据服务的平台两侧用户可实现高效连接、交互和匹配。一是平台两侧的用户规模将同步增长，如更多的商家吸引更多的消费者，同时消费者的聚集也吸引商家入驻平台，从而丰富双边市场中产生的数据要素；二是根据平台用户的数据信息，进行数据服务供需匹配，从而降低市场交易成本，促进数据要素流转交易。此外，网络效应也可能带来平台等数据服务组织的失败。

市场正反馈作用意味着"强者越强，弱者越弱"，数字经济时代"赢者通吃"的局面多由此而形成。数据要素市场的网络效应产生了正反馈作用，加上数据要素生产的规模经济性，正反馈的作用将更为强大：需求侧用户的增长降低了数据要素供给的单位成本（规模经济性），同时也使数据产品或数据服务对其他用户更具有吸引力（网络效应）；规模经济性和网络效应叠加进一步促进了需求增长，形成极强的市场正反馈作用。[1]

（三）具有数据拓展、资源价值和流转交易的多层次性

1. 数据拓展的多层次性

数据要素可以是原始的数据对象、经拓展和加工处理后的衍生信息集，也可以是包括模型化的预测数据、智能化的数据产品和服务等在内的知识。

原始数据对象仅为数据一次生产者产生的数据，具有数字化（包括记录和量化）单一数据元素——诸如个人信息、方位、行为、感知等的功能。对原始数据对象进行加工处理，通过"混搭"、整合和拓展，形成针对特定领域和场景的衍生信息集——诸如经济数据、人口数据、地理数据、天文数据、文献数据等，衍生信息集之间也可以交叉互补利用。衍生信息集奠定了

---

[1] 〔美〕卡尔·夏皮罗、哈尔·R. 瓦里安：《信息规则：网络经济的策略指导》，孟昭莉、牛露晴译，中国人民大学出版社，2017。

描述、分析和诊断特定现象的信息基础。无论是基于原始数据对象还是衍生信息集，模型化研究都提供了更高拓展层次的预测数据——宏观至全球气候环境预测、粮食生产预测、人口经济预测等，微观至个人消费行为预测、企业定价策略预测等；深度挖掘分析和创新开发利用赋予了数据新的理解和意义，开创前沿研究、应用软件、新型算法、人工智能等领域。知识具有先导性、智慧性甚至规范性，将对社会经济的运行和发展产生影响。

2. 资源价值的多层次性

数据要素作为生产性资源投入，其资源价值因拓展利用的层次而异，相应呈现出多层次性。DIKW 系统体现了数据要素从原始数据对象到信息、知识，直至赋予智慧的价值增值（见图 3）。

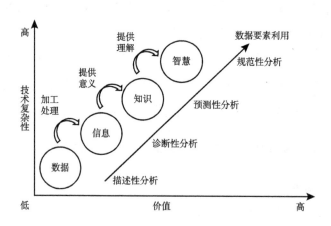

图 3　DIKW 系统、数据要素价值和技术复杂性

资料来源：课题组绘制。

尽管数据要素规模巨大，但对特定需求而言仍具有不可替代性（或稀缺性），这是数据要素具有资源性价值的基础。在原始数据对象层面，政府和公共机构开放的数据，企业、中间平台和数据中介掌握的数据，受数据搜索、信息甄别和分析相关的成本影响，满足特定需求的数据要素具有稀缺性。因此，原始数据对象首先具有资源性的价值。在衍生信息集层面，对原始数据对象的重组、整合和拓展利用，使衍生信息集具备更强的逻辑性和可利用性，大大增加了数据要素的价值。这一价值不仅包括数据要素的资源性价值，也包括将原始数据对象进行信息化处理的价值。在知识和智慧层面，数据要素对社会经济运行和发展形成反馈，服务于企业生产、政府治理、居民消费、社会管理等多个领域，促进整个社会经济资源配置优化和高质量发展。知识和智慧不仅包括数据要素的资源性价值、将原始数据对象进行信息化处理的价值，也将创造新的社会和经济价值。

3. 流转交易的多层次性

数据要素市场以平台为主的组织结构和网络效应使得"数据一次生产者—中间平台和数据中介—数据产品和服务终端用户"呈现交易对象的多层次性。第一，数据一次生产者可直接向终端用户提供数据产品和服务，如苹果公司通过 AppleStore 向其用户销售软件。第二，当数据产品和服务的供需两侧产生较高的搜寻和甄别成本时，数据一次生产者将通过中间平台和数据中介向终端用户提供数据产品和服务。如苹果公司的开源性平台使得众多软件开发商能够面向庞大的用户群体；同时，用户也能通过平台获得多样化的选择。第三，中间平台和数据中介向终端用户提供数据产品和服务。互联网、金融、电信等服务平台上产生和汇聚了大规模的数据，数据中介也能够从各种各样的渠道采集大量数据，使其具备了向广大用户提供数据要素的能力。例如，出版平台（如 Elsevier、Springer）提供文献资料库，数据中介（如 Wind、中国知网）开发数据库，直接面向终端用户提供数据产品和服务。第四，中间平台和数据中介之间相互提供数据产品和服务。数据要素在各个中间平台和数据中介之间流转交易，以实现其重复利用、重组整合和创新开发。如 FTC 所研究的 9 个数据经纪商中，有 7 个数据经纪商相互提供数据要素。第五，如果"盗版"是可行的，数据要素也将在终端用户群体中流转交易。

参考文献

国家网信办：《二十国集团数字经济发展与合作倡议》，http：//www.cac.gov.cn/

2016 - 09/29/c_ 1119648520. htm，2016 年 9 月 29 日。

国务院发展研究中心创新发展研究部：《数字化转型：发展与政策》，中国发展出版社，2019。

〔美〕杰奥夫雷·G. 帕克、马歇尔·W. 范·埃尔斯泰恩、桑基特·保罗·邱达利：《平台革命：改变世界的商业模式》，志鹏译，机械工业出版社，2018。

〔美〕卡尔·夏皮罗、哈尔·R. 瓦里安：《信息规则：网络经济的策略指导》，孟昭莉、牛露晴译，中国人民大学出版社，2017。

〔法〕让·梯若尔：《共同利益经济学》，张昕竹、马源等译，商务印书馆，2020。

〔美〕托马斯·埃尔等著《大数据导论》，彭智勇、杨先娣译，机械工业出版社，2020。

王磊：《数据要素市场化配置研究》，国家发改委市场与价格研究所内部研究报告，2019。

〔英〕维克托·迈尔 - 舍恩伯格、肯尼思·库克耶：《大数据时代：生活、工作与思维的大变革》，周涛等译，浙江人民出版社，2013。

〔美〕亚历克斯·莫塞德、尼古拉斯·L. 约翰逊：《平台垄断：主导 21 世纪经济的力量》，杨菲译，机械工业出版社，2018。

中国信息通信研究院：《G20 国家数字经济发展研究报告》，2018。

中国信息通信研究院：《大数据白皮书（2019 年）》，2019。

Armstrong, M. , "Competition in Two-sided Markets," *RAND Journal of Economics*, 2006 (37).

Bergemann, D. and A. Bonatti, "The Economics of Social Data: An Introduction," Cowles Foundation Discussion Paper No. 2171, https: //papers. ssrn. com/sol3/papers. cfm? abstract_ id = 3360352, 2019.

Cicso, VNI White Papers, 2018.

Competition Bureau Canada (CBC), "Big Data and Innovation: Key Themes for Competition Policy in Canada," Competition Bureau Canada Paper, http: //www. competitionbureau. gc. ca/eic/site/cb - bc. nsf/eng/04342. html, 2018.

Federal Trade Commission (FTC), "Data Brokers: A Call for Transparency and Accountability," https: //www. ftc. gov/reports/data - brokers - call - transparency - accountability - report - federal - trade - commission - may - 2014, 2014.

Hilbert, M. and P. Lopez, "The World's Technological Capacity to Store, Communication, and Compute Information," *Science*, 2011 (1).

Jones, C. I. and C. Tonetti, "Nonrivalry and the Economics of Data," NBER Working Paper No. 26260, http: //www. nber. org/papers/w26260, 2020.

Mankiw, N. G. , *Principles of Microeconomics*, 2018.

Nuccio, M. and Guerzoni, M. , "Big Data: Hell or Heaven? Digital Platforms and Market Power in the Data-driven Economy," *Competition & Change*, 2019, 23 (3).

Rayna, T. , "Understanding the Challenges of the Digital Economy: The Nature of Digital Goods," *Communications & Strategies*, 2008（71）.

Rochet, J. C. and J. Tirole, "Platform Competition in Two-sided Markets," *Journal of the European Economic Association*, 2003, 1（4）.

Rysman, M. , "The Economics of Two-sided Markets," *Journal of Economic Perspectives*, 2009（23）.

Sokol, D. D. and Comerford, R. , "Does Antitrust Have a Role to Play in Regulating Big Data," in Blair, R. D. and D. D. Sokol, Cambridge Handbook of Antitrust, Intellectual Property and High Tech, Cambridge: Cambridge University Press, 2016.

Stiglitz, J. E. and C. E. Walsh, *Economics*, 2006.

Toyabe, S. , et al. , "Experimental Demonstration of Information-to-energy Conversion and Validation of the Generalized Jarzynski Equality," *Nature Physics*, 2010（6）.

United Nations Conference on Trade and Development（UNCTAD）, "Digital Economy Report," 2019.

完善中国数据产权制度

　　完善和健全数据产权制度是鼓励权利主体有序参与数字经济发展的关键支撑，是数据要素市场化改革的先手棋，是激励和约束市场主体的根本所在，也是实现数据要素报酬合理分配的关键因素，更是秘密和隐私得到保护和尊重的重要保障。大数据技术实现了"海量数据"与"价值关联"的结合，使得单一数据相对微弱的产权属性在海量数据的集合下呈现出新的经济化价值。当前应紧跟数字经济的发展要求，围绕个体、数据采集（集合）者和数据挖掘及控制者之间的数据权属关系，对数据产权进行清晰的界定和划分，明确各权利主体的权利边界，积极发挥个人数据、企业数据、公共数据的产能效能。对数据产权的厘定需要以促进数据自由流动和便捷交易为价值取向，以厘清数据客体上所承载的权利为出发点，分层分类对原始数据、集合数据、脱敏化和模型化数据以及人工智能化数据的权属界定和流转进行动态管理，形成覆盖数据生成、采集等各方面权利的面向不同时空、不同主体的确权框架。

一　健全数据产权制度的重要意义

　　数据确权，就是针对不同来源的数据，厘清各数据主体之间错综复杂的关系，以法律形式明确产权归属。完善和健全数据产权制度是鼓励权利主体有序参与数字经济发展的关键支撑，是数据要素市场化改革的先手棋，是激励和约束市场主体的根本所在，也是实现数据要素报酬合理分配的关键因素，更是秘密和隐私得到保护和尊重的重要保障。

（一）健全数据产权制度是发展数字经济的基础性前提

在数字经济时代，企业需要借助大数据挖掘消费者偏好、安排生产决策；消费者需要借助大数据进行消费和储蓄的安排；政府也需要借助大数据制定相关政策。伴随着数字经济的发展，数据作为关键生产要素，其经济属性和价值属性不断受到关注和重视，已逐渐成为高质量发展时代的一种新型资产。健全数据产权制度，为数据化的生产要素提供系统化的法治保障，是保障数字经济迅速发展的重要支撑和基础。通过对各种类型的数据确权、明晰权利义务边界，即厘清不同数据主体之间的权属关系，能够规范数据主体自身的行为和活动准则以及保障相关数据权利主体的合法利益，有利于构造数字经济良性生态圈，引导各主体平等有序地参与数字经济发展和市场竞争，进而加速数据在市场上的整合、开放、利用与共享，有利于降低交易成本，从制度基础上推进数字经济的健康有序发展。

（二）健全数据产权制度是数据要素市场化改革的先手棋

2017 年 12 月 8 日，习近平总书记在主持中共中央政治局集体学习时指出，"要制定数据资源确权、开放、流通、交易相关制度，完善数据产权保护制度"。数据确权是在政务数据和社会数据领域构建数据采集标准化、数据开放共享、数据交易流通、数据开发利用、数据安全保护等全链条的数据市场体系的前提，是数据交易市场实现资源最优配置的一个必要条件。目前，由于数据权属生成过程复杂多变，数据产权、数据流转的权属争议问题尚未解决，直接影响了数据要素市场化改革的步伐。① 而且由于权属主体的

---

① 就消费者购物来说，用户原始数据被销售商采集到后，通过运营商网络传输，关联数据可能同时与消费者个体、销售商、运营商以及监管部门发生关联，其权属界定会同时出现国家数据主权、数据产权和数据人格权三个层面。

混沌不清，产生了花式繁多的数据非法采集和数据滥用行为。因此，当务之急就是健全数据产权制度，分层分类对原始数据、集合数据、脱敏模型化数据和人工智能化数据的权属界定和流转进行动态管理，形成覆盖数据生成、采集、分析与应用、销毁等阶段权力面向不同主体的确权框架。通过推进数据在源头、生产、应用过程中的确权，能够充分发挥市场在要素资源配置中的决定性作用，最大限度激活数据作为生产要素在经济社会发展中的市场经济价值和社会公共价值，有效提升数据资源配置效率和平衡市场主体间的利益关系，释放数字市场的发展活力和创新力。

（三）健全数据产权制度是激励和约束市场主体的根本所在

产权制度的激励与约束，使市场主体能够在制度框架内追逐自身的利益，并在经营活动失败时以自己的资产承担相应的责任。排他性的数据产权使产权主体在产权制度的约束和利益动机的激励下从事市场交易活动。当数据能够为其拥有者带来利益时，以其产权获取更多的经济收益并且拥有更多的产权便成为数据拥有者推动数据流通、分析和应用的内在动力。同时，数据产权制度也将约束市场主体，如果侵犯他人数据利益，也将为其行为承担相应责任。正是这种对产权的不懈追求与产权约束，使得数据要素积极释放市场价值，推进数据产业迅速成长。

（四）健全数据产权制度是实现数据要素报酬合理分配的关键因素

党的十九届四中全会提出，要形成数据要素由市场评价贡献、按贡献决定报酬的机制。但是，受立法滞后和认知分歧等因素影响，数据要素产权规则不清晰，法律对数据要素所有权及相应的使用权和收益权均没有明确的界定，相关法律规章仍处于空白状态，现有的《反不正当竞争法》《反垄断法》等法律均不能明确界定数据要素产权并进行充分保护，也不能有效保障收益权利得到合理实现。另外，由于数据要素交易监管治理规则不健全等原因，数据要素治理效能还较低，造成数据要素在流动、交易和配置过程中面临数据泄露、个人隐私侵犯、不正当竞争和垄断滥用行为等诸多安全风险，可能造成数据要素收益损失和数据要素收益分配不公平、收入差距过大等问题。因此，不断完善产权制度，才能真正形成数据要素由市场评价贡献、按贡献决定报酬的机制。

（五）健全数据产权制度是秘密和隐私得到保护和尊重的重要保障

数据的广泛应用为观测人们的生产和生活提供了便利，也为各领域的创新提供了方向，但这也使得如何有效保护各类隐私问题变得更加严峻。比如，为获取更大的利益，数据控制者会侵占没有明确归属的数据资源，从而对他人的隐私造成严重的危害。只有通过数据确权，明确界定哪些数据是用户的私人数据，哪些是社会公共数据，哪些是企业的资产，厘定市场买卖数据的边界和尺度以及数据集交易的行为规则，才能使数据使用者为其行为承担责任，以确保商业秘密、国家安全信息和个人隐私得到保护，才能激发数据的创新再利用，使数据应用真正有利于经济社会发展。

二　目前我国数据产权确权的现状及存在问题

（一）数据产权确权的现状

当前，绝大多数数据默认为互联网平台所有。例如，cookies 辅助数据、网站爬行数据和旁路采集数据等"元数据"大多由相应的互联网平台使用和挖掘，被默认为互联网平台所有，通常情况下也得到了法院认可。① 同时，大量数据通过企业内部机制，在互联网平台关联企业流转而未公开确权。以腾讯为例，该公司通过对京东、大众点评、58 同城、滴滴打车等公司并购持股，使得人们的衣食住行数据在"腾讯系"内部流通，并为腾讯公司所实际占有和使用。此外，目前大数据确权主体主要由大数据交易所、

---

① 南京朱烨起诉百度公司通过 cookies 追踪其网络行为。2014 年，该案由南京市中级人民法院认定"百度网讯公司的个性化推荐行为不构成侵犯朱烨的隐私权"，事实上认可了百度公司对 cookies 数据的所有权，但有保护个人隐私义务。

行业机构、数据服务商、大型互联网企业等非政府机构组成。

专栏 1　目前大数据的确权主体

目前大数据确权主体主要由大数据交易所、行业机构、数据服务商、大型互联网企业等非政府机构组成。第一类是贵阳大数据交易所、长江大数据交易所、东湖大数据交易平台等大数据交易所。该主体在政府指导下建立，其确权在一定程度上有政府背书，具有一定的权威性。第二类是交通、金融、电商等领域行业机构。例如，中科院深圳先进技术研究院北斗应用技术研究院与华视互联联合成立"交通大数据交易平台"，为平台上交易的交通大数据进行登记确权。第三类是数据堂、美林数据、爱数据等数据服务商。该主体对大数据进行采集、挖掘生产和销售等"采产销"一体化运营，盈利性较强。第四类是部分大型互联网企业投资建立的交易平台。该主体以服务大型互联网公司发展战略为目标。如京东建立的京东万象数据服务商城，可为京东云平台上客户交易数据提供确权服务，并主要为京东云平台运营提供支撑。

资料来源：成卓《明晰数据产权　促进数字经济健康发展》，《社会科学报》2018年7月26日。

另外，区块链等技术正被积极应用于大数据确权。区块链具有去中心化等安全度较高的技术信任特性，可以为数据写入唯一的数字摘要码，已经被多家数据交易平台用于数据确权。例如，贵阳大数据交易所会员贵阳银行，采用区块链技术进行数据确权，发放了国内首笔"数据贷"。又如，京东万象数据服务商城运用区块链技术，为每笔数据发放确权证书，实现数据的溯源、确权。在这种情况下，当数据交易没有确权证书，或者证书与区块链确权证书不匹配时，数据供给方可就此为法律依据要求权益保护。

（二）数据产权界定中存在的问题

目前，数据权属尚未清晰界定。一是互联网平台之间数据权属界定不清引发数据滥用。比如，小型企业和云平台之间缺乏产权界定引发数据滥用。个别工业领域的云平台在未获得企业授权的情况下，私自采集其云平台上企业的数据，并进行分析研发新型解决方案。有部分为门店提供会员管理服务的云服务商在未获得授权的情况下，分析某类门店客流量、营业额等数据，为其他新门店的开设提供选址服务。二是互联网平台对个人信息强制确权造成对个人信息的侵犯和信任危机。一般情况下，通过签署各类保密或注册协议，多数互联网平台基本认同用户对其个人身份数据、网络行为数据拥有所有权，平台拥有使用权，但实际操作中仍有例外。部分互联网平台的注册协议规定，对于用户使用注册账号享受平台服务时产生的登录记录、消费记录、客户服务记录及其他日志等一切数据归平台所有。部分互联网平台的隐私政策声明中提出，平台在被其他公司兼并或收购的清算情况下，保留转让其对用户个人数据的所有权。诸如此类强制确权用户个人信息行为容易降低用户信任，更容易造成对个人数据的滥用和侵犯。

三 明确数据产权制度的核心要素

所谓产权，指的是一种通过社会执行而实现的对某种经济物品的多种用途进行选择的权利。与所有权不同，产权不是绝对的、普遍的，而是一种相对的权利，它是不同的所有权主体在交易中形成的权利关系。按照数据产生主体的不同，其产权的基本属性也应有所不同。

（一）数据的类型与属性

划分数据类型以及明确相关属性，是对数据进行确权的前提条件。目前，可将数据划分为个人数据、企业数据和公共数据等类型。个人数据通常体现为私有产权的基本属性，具有"个人弱控制"与"产业强需求"等特征。非个人或对个人信息进行脱敏、脱密和不可识别处理的商业数据主要体现为数据挖掘和控制者的有限产权，公共数据则体现为公共产权的基本属性。

1. 个人数据

个人数据是指专属于个人，涉及个人人身、财产或尊严等相关的有价值的信息。个人数据按内容可以分为生物属性信息和社会属性信息，也可以分为用户行为数据、用户消费数据、用户地理位置数据、用户银行数据、互联网金融数据、用户社交等 UGC 数据和基因组信息等。个人的信息片段经由大数据等新型技术挖掘，能够衍生出特定价值指向的信息。

个人数据或信息主要呈现出"个人弱控制"与"产业强需求"等特征。人们习惯于选择应用智能技术以便利生活，同时也默认了个人信息被收集、被使用与被处理。即便同意收集的格式条款或保密协议使人们有一定的个人信息自主控制能力，但数据一旦被采集，就很难保持提供者的匿名性和隐私性，人的有限理性、信息的天然流动性及可复制性都使个人所谓的同意被沦为形式。这表现出个人数据具有"个人弱控制"的特点。同时，大数据使个人信息成为信息产业的新型生产要素，被数据企业争相抢夺，表现出"产业强需求"。个人信息可以帮助企业实现精准营销以减少资源投入，成为企业实现其事业目的的客观助力因素。这类数据的权利设计主要是出于保护个人隐私权，确保具有财产属性的个人数据不被滥用、个人权利不受侵害。

专栏 2　个人数据的主要内容

《中华人民共和国民法典》第一千零三十四条指出，个人信息是指以电子或者其他方式记录的能够单独或者与其他信息结合识别特定自然人的各种信息。主要包括生物属性的信息，如姓名、性别、年龄、血型、健康状况、身高、人种、声音、指纹、虹膜、生日、特征等众多可以直接或间接识别个人的信息。同时，还包括社会属性的信息，如居住地址、通讯方式、电话号码、邮箱地址、家庭成员、职业、婚姻状况、职务、学历学位、户籍、阅历、身份证号、银行账号、信用记录、医疗信息、社保账号等。

2. 企业数据

企业数据分为商业数据、集合数据、脱敏化和模型化数据及人工智能化数据等。其中，商业数据有明确的产权归属，当所有者愿意出让时，使用者可以通过付出对价而取得这些数据的产权或使用权。同时，还有一部分企业在生产经营中汇集了大量的用户数据信息，如银行、电信企业、水电煤气企业、交易所、电商交易平台、物流平台、社交网站等。部分企业又把内部业务平台数据、客户数据和管理平台数据进行脱敏、模型化，以云计算为基础，进行数据存储、复制、加工，分析和挖掘这些数据信息。除此之外，还存在以数据中介形式采集或聚合的数据。数据中介主要通过数据产生者、数据加工者和数据整合者等获取各类数据，包括原始数据、加工处理后的数据以及由多份数据整合后形成的新数据，进而向数据需求者直接交付数据产品或服务。数据中介与数据源头共同构成了大数据资源的供给方。这类数据的权利设计理念主要在保障隐私安全的前提下，促进数据自由流动和便捷交易。

3. 政府数据（公共数据）

政府数据与其他社会产品相比，带有显著的公共属性特征。公共数据主要包括对自然和宇宙认知的数据、历史遗产和现代知识产权的数据、国家宏观数据、企事业单位数据、自然人数据。公共数据的确权和开放最可能快速催生巨大的经济和社会价值，在不涉及国家秘密、商业秘密和个人秘密信息的情况下，应当进一步明确相关数据的权属，尤其是使用和处置权，以及保障相关主体的权益。政府部门应该在不涉密的前提下，尽可能向社会和市场开放政府数据，不能以任何理由垄断数据的使用，这样才能最大化政府数据的公共价值。这类数据的权利设计理念主要是在不涉密的情况下，保护大众对公共数据的运用，防止政府部门的垄断和隐瞒。

（二）数据产权的结构

依据经典的新制度经济学理论，产权是一组权利束，主要包括所有权、使用权、收益权和处置权等权利组合，其中排他性的所有权是核心。国内研究者主要根据经典的产权权属进行论述，认为数据产权主要由所有权、占有权、管理权、收益权和让渡权等构成。但是数据作为一种新型无形资产，可以产生价值，具有商品和服务的特征，同时具有准公共产品的特点，极易在未经合理授权的情况下被收集、存储、复制、加工、传播和分享，并且数据汇集和加工伴随着新数据的产生。因此，数据与其他资产的产权结构应有所不同，数据产权的结构应该为所有权和控制权，数据控制权包括谁能使用数据、如何使用数据，以及能否进一步对外分享数据等，主要包括知情同意权、获取权、修改权、拒绝权、删除权等。数据的所有权和控制权可以分离，特别是对个人数据而言。

专栏3 数据的经济特征

数据具有一定的公共品属性。从使用环节看，数据具有很强的"非竞争性"，一个人使用了某类数据，并不影响其他人对它的使用；而从生产环节看，数据具有很强的"非排他性"，不同的搜集者可以对同一数据源进行数据搜集，互不干扰。

数据具有很强的规模效应和范围效应。在现有的技术条件下，规模太小或者维度太少的数据对于分析是没有意义的。随着数据规模的增大、维度的增加，可能从数据中挖掘出的价值将会呈现几何级数的上升。

数据具有较强的可再生性和可替代性。不同于石油等传统的生产要素，数据不会因使用而消失，反而可能因使用而不断增加。与此同时，数据也不像石油那样绝对不可或缺。事实上，为了达成相同的分析目标，可以采用完全不同的数据集合。

数据具有特殊的稀缺性。数据存在无形性，且理论上可无限复制，并且复制品与"原物"的价值等同，所以数据的稀缺性与通常所讲的资源稀缺性存在明显区别，数据的稀缺性往往体现在获取及控制使用上，而不是数据本身具有很高的直接价值，单个数据往往不具有直接的经济价值。

数据具有隐私性。有些能够识别特定个人的数据往往具有隐私性，这也是人们觉得数据很敏感的根本原因。

四　数据产权确权的主要思路与原则

大数据技术实现了"海量数据"与"价值关联"的结合，使得单一数据相对微弱的产权属性在海量数据的集合下呈现出新的经济价值。当前，应该紧跟数字经济的发展要求，严格按照分类、公平与效率兼顾、有限、防范过度保护等原则，对数据产权进行清晰的界定和划分，形成覆盖数据生成、采集、处置等各方面权利的面向不同时空、不同主体的确权框架。

（一）数据产权确权的主要思路

数据产权界定是数据要素有效配置的基础，数据产权确权需要正确处理好数据的原始生产者、采集者（集合者）及挖掘与控制者之间的关系。在数字经济发展过程中，在各种平台上进行交易或者日常生活中社会个体均会产生一系列数据。这些数据在个人手中，由于没有进行整理、挖掘，还不能实现数据的价值，当前数据的内在价值主要形成于不同提供者的信息集聚、分析和挖掘中。当然，数据作为一种无形的能反复交易和使用的商品，容易在未经合理授权的情况下被采集、存储、复制、传播、汇集和加工，而且所有权与使用权的分离也常常使得数据生产者的权益被侵犯、隐私被泄露，所以个体也常常存在对隐私保护和商业秘密保护的需求。可见，如果不妥当处理数据生成者、数据采集者（集合者）和数据挖掘及控制者之间的关系，容易产生信息"孤岛"或者导致个人隐私受到侵犯。所以，数据确权时需要正确处理好数据的原始生产者、采集者（集合者）及挖掘与控制者之间的关系，个人利益与社会公共利益的关系，充分确保数据赋权主体能够有利于数据流通与共享，同时还需要肩负起维护国家安全、社会安全以及保护社会公众利益的责任，防止个人隐私受到侵犯以及数据垄断性行为与滥用市场支配地位行为的发生。

对数据产权的厘定需要以促进数据自由流动和便捷交易为价值取向，以厘清数据客体上所承载的权利为出发点，需要分层分类对原始数据、集合数据、脱敏化和模型化数据以及人工智能化数据的权属界定和流转进行动态管理，形成覆盖数据生成、采集、使用等各方面权利的面向不同时空、不同主体的确权框架。

（二）确权遵循的原则

1. 分类原则

对数据权利的设定和相应的保护，要建立在准确的数据性质判定和分类的基础上，不同类型的数据其权利结构差异很大，在划分数据产权时应针对不同数据类型和数据处理阶段进行区分。数据的产权主体可以是个人，也可以是企业、政府、科研人员等。在数据的生产、整理、分析、应用、销毁等不同生命周期阶段，数据资源的产权主体可以拥有基本权利的一个或者多个。

2. 公平与效率兼顾原则

在划分数据产权时，应充分遵循公平与效率原则，谁有付出，谁就拥有相关权利。由于个人产生数据、企业收集数据、平台脱敏建模数据，三者均有参与并付出努力，产权单纯划给某个主体都无法处理好公平问题，数据产权应该在不同主体之间共存。如果仅按照效率将产权划分给平台企业，虽然数据资源配置效率最优，但这必然导致个人消极甚至抗拒产生数据，阻碍数据市场的可持续发展；但如果仅考虑公平原则划分产权，可能会僵化数据并影响利用效率与社会公共利益。所以，兼顾效率与公平是数据产权划分应该遵循的基本原则之一。

专栏4　数据产权划分的争论

目前，社会各界对在去除个人身份属性之后的数据产权划分产生了争论。如何划分数据主体与数据控制者的产权边界，各方莫衷一是。有人主张，应当对用户数据设立"财产权利"，强调个人对数据享有的优先财产权利，并以此对企业的数据利用、交易行为予以制约。其认为：数据交易产生的数据商品化现象将带来对个人隐私的极大伤害，并产生难以预计的信息安全问题，大范围失控的数据交易也将为违法活动提供温床。因此，对数据这一新型生产资料，在法律上另设一财产类别，或称为"数据财产"，与现有法律认可的无形财产分开。这一新型财产权利的设立应当重新定位价值顺序，权利的出发点是人而非物，数据的主体（即生产数据的本人）应拥有优先的权利。另一种观点则代表产业界立场，认为数据控制者（即确定收集目的，面向用户个人收集和使用信息的主体）对数据拥有绝对所有权。部分互联网企业认为，如果用户数据没有被采集，不以数字化的形式存在，根本就不存在数据权利一说。况且，企业为数据的采集和管理投入巨大的成本，其合法权利应当得到法律认可。

上述两种观点有着不同的价值取向，前者以用户个人为优先项，通过用户行使个人数据财产权，间接地对企业数据交易活动起到限制作用；后者则从产业的立场出发，希望明确企业对于数据的完全的、绝对的所有权，为企业的数据处理活动松绑，最大程度地减少来自外界的干扰。

资料来源：笔者对相关学者观点进行整理。

3. 有限原则

在可获得的数据源越来越广泛、数据算法越来越强大的形势下，即便是匿名化的数据集也可能存在可重新识别出用户身份的可能性。因此，从保护隐私与保障信息安全的原则出发，平台企业对匿名化数据集行使所有权时，应当遵循有限原则。

4. 防范过度原则

虽然具有隐私属性和公共安全属性的数据确实需要保护，但是在数据安全问题上要防范过度。数据如果不能被利用就是"废物"，被滥用则会挑战社会伦理、影响公共安全以及侵犯个人隐私。如何界定合适的边界，本质是寻找社会最大效率与信息安全底线的边界。原则上，对个人的底层信息即隐私信息以及国家安全信息要绝对保护，不容侵犯，对匿名化、脱敏化以及人工智能化的信息的确权要有利于数据的流通和共享。

五 数据产权确权的主要内容

当下，对数据产权的厘定应该以促进数据自由流动和便捷交易为价值取向，以厘清数据客体上所承载的权利为出发点，将个人数据、企业数据、公共数据在数据不同的产生阶段进行所有权和控制权的划分，充分界定数据产生者、采集者（集合者）、挖掘和控制者之间的权利与义务。

（一）个人数据产权划分

从人格权角度，个人数据具有人格权。人格权是一种与隐私权很接近的新型权利，是民事主体享有的生命权、身体权、健康权、姓名权、名称权、肖像权、名誉权、荣誉权、隐私权等权利。但是，数据人格权论并没有充分考虑到数据的财产属性。社会广泛认为只有企业集合脱敏模型化后的数据才具有一定的财产属性，但是企业拥有的数据财产实质仍是从个人信息中积聚、分析得出的具有有效商业价值的信息，如利用大数据分析消费者的喜爱、偏好、水平而进行定向广告，或者根据地理信息位置的定位分析相关数据作商业方案等，无论何种形式的信息利用，都表现出了个人数据的财产性特征。个人数据权兼具人格权和财产权，对个人数据的侵害可能损害隐私，也可能造成权利人的财产损失。对个人数据不能绝对地由数据主体自己决定、绝对地以隐私权为请求权保护其全部数据，并非所有的个人数据的权利基础均为隐私权，应该对个人数据进行类型化分析。原则上，由于隐私类数据被披露之后容易损害个人的人格尊严，应该被严格保护；并未涉及隐私的个人信息，则不为隐私权所容纳。综上所述，底层数据与个人隐私信息相关，对底层数据赋予绝对的隐私权，对其他集合、脱敏化的相关数据从权利保护和有效使用的角度，确认其被遗忘权、可携带权以及删除权等基本人格权范畴，保护数据主体的合法利益。

1. 底层数据：拥有所有权和处置权

数据权中的人格权是与主体相关的人格权益，如生命、肖像、隐私等有关个人信息权的基础，这些信息都属于个人的底层数据，应纳入人格权的保护范围。因此，个人对底层数据拥有绝对的所有权和处置权。

2. 集合数据：拥有相关控制权

在数字经济发展过程中，在各种平台上进行交易或者日常生活中社会个体（个人或企业）均会产生各种数据，这些数据集合在一起可以为平台或企业带来较大利益。基于保护和有效使用的角度，应赋予个人拥有所有权和知情同意权、获取权、修改权、删除权等相关控制权。

知情同意权方面，数据收集者在收集与数据主体相关的个人数据时，应当告知数据主体，包括数据收集者和控制者的身份与详细联系方式、数据处理涉及的个人数据的使用目的，以及处理个人数据的法律依据等，并且征得同意。

获取权方面，个人即数据产生者有权从数据收集者那里得知关于其个人数据是否正在被处理的真实情形，如果其数据正在被处理的话，数据产生者应当有权访问个人数据并有权获知相关信息，如该数据处理的目的，相关个人数据的类型，个人数据已经被或将被披露给数据接收者或接收者的类型，特别是当数据的接收者属于第三国或国际组织等。消费者有权知道其个人信息被卖去何处，企业必须发布有关消费者的个人信息如何被出售或披露以及向任何第三方披露信息。①

修改权方面，数据主体有权要求数据控制及时地纠正与其相关的不准确个人数据。考虑到处理的目的，数据主体应当有权使不完整的个人数据变得完整，包括通过提供补充声明的方式进行完善。

删除权方面，当个人数据被非法收集或者数据主体反对处理且数据处理无令人信服的正当处理理由，又或者原本同意数据处理事后同意被撤回等情况发生时，个人有权利要求数据集合者或者控制者和挖掘者删除个人数据，同时数据集合者或挖掘者还必须采取合理措施将数据主体已经要求删除其个人数据的事宜通知其他挖掘者。

---

① 在美国，数据主体有权要求收集个人信息的企业向数据主体披露其收集的信息类别和具体内容。

专栏5　《中华人民共和国民法典》有关隐私权和个人信息保护的界定

第一千零三十二条　自然人享有隐私权。任何组织或者个人不得以刺探、侵扰、泄露、公开等方式侵害他人的隐私权。隐私是自然人的私人生活安宁和不愿为他们知晓的私密空间、私密活动、私密信息。

第一千零三十四条　自然人的个人信息受到法律保护。个人信息是以电子或者其他方式记录的能够单独或者与其他信息结合识别特定自然人的各种信息，包括自然人的姓名、出生日期、身份证件号码、生物识别信息、住址、电话号码、电子邮箱、健康信息、行踪信息等。

第一千零三十五条　处理个人信息的，应当遵循合法、正当、必要原则，不得过度处理，并符合下列条件：

（一）征得该自然人或者其监护人同意，但是法律、行政法规另有规定的除外；

（二）公开处理信息的规则；

（三）明示处理信息的目的、方式和范围；

（四）不违反法律、行政法规的规定和双方的约定。

个人信息的处理包括个人信息的收集、存储、使用、加工、传输、提供、公开等。

第一千零三十六条　处理个人信息，有下列情形之一的，行为人不承担民事责任：

（一）在该自然人或者其监护人同意的范围内合理实施的行为；

（二）合理处理该自然人自行公开的或者其他已经合法公开的信息，但是该自然人明确拒绝或者处理该信息侵害其重大利益的除外；

（三）为维护公共利益或者该自然人合法权益，合理实施的其他行为。

第一千零三十七条　自然人可以依法向信息处理者查阅或者复制其个人信息；发现信息有错误的，有权提出异议并请求及时采取更正等必要措施。

自然人发现信息处理者违反法律、行政法规的规定或者双方的约定处理其个人信息的，有权请求信息处理者及时删除。

第一千零三十八条　信息处理者不得泄露或者篡改其收集、存储的个人信息；未经自然人同意，不得向他人非法提供其个人信息，但是经过加工无法识别特定个人且不能复原的除外。

信息处理者应当采取技术措施和其他必要措施，确保其收集、存储的个人信息安全，防止信息泄露、篡改、丢失；发生或者可能发生个人信息泄露、篡改、丢失的，应当及时采取补救措施，按照规定告知自然人并向有关主管部门报告。

第一千零三十九条　国家机关、承担行政职能的法定机构及其工作人员对于履行职责过程中知悉的自然人的隐私和个人信息，应当予以保密，不得泄露或者向他人非法提供。

资料来源：《中华人民共和国民法典》。

3. 脱敏化、人工智能数据：修改权、拒绝权、删除权

利用各种算法对数据进行脱敏化和匿名化处理后，一定程度上切断了用户与脱敏和匿名数据之间的法律联系。用户对于数据主张权利的来源是个人数据保护法。在数据充分脱敏匿名化后，该数据已排除在个人数据保护法适用范围之外。[①] 但是在可获得的数据源越来越广泛、数据算法越来越强大的形势下，脱敏匿名化的数据集存在可重新识别出用户身份的可能性。所以，个人对脱敏化、人工智能数据仍然拥有修改权、拒绝权、删除权。其中，拒绝权是指，当数据控制者或挖掘者想利用相关数据对数据产生者进行重新画像时，数据产生者有权提出反对，此时数据控制者或挖掘者须立即停止针对这部分个人数据的处理行为，除非数据控制者或挖掘者证明，相比数据主体的利益、权利和自由，具有压倒性的正当理由需要进行处理，或者处理是为了提起、行使或辩护法律性主张。同时，数据产生者可以要求数据控制者或挖掘者修改或删除其个人数据。

[①] 贵州数据交易所强调："交易所交易的不是底层数据，而是清洗、分析、建模之后的数据结果。"

（二）企业数据产权结构

根据财产权研究视角，应该重视数据经营者在数据产业发展中的重心驱动地位，在保障个人数据安全的前提下，确立以数据经营者为重心的产权制度，实现数据加工投入与收益之间的均衡，从而激励企业投入更多的资源建设数据系统，也使得数据经济得以置身于一种安全稳定的交易环境之中。企业类数据的产权主体有数据集合公司和数据脱敏化、模型化、智能化公司，权属结构主要包括有限的所有权和有限的控制权等。

1. 赋予企业产权的必要性和目的

个人对数据并非绝对的权利，在个人数据权的基础上还可以派生数据企业的数据财产权。赋予收集数据企业和脱敏化、模型化数据企业相应的产权出于以下目的：一是承认数据搜集企业对数据的产权，才能激励其更好地搜集、使用数据。搜集和使用数据不仅不是免费的，其成本还是很高的。尽管用户的各种行为很容易被记录，但这些原始的记录很难被直接用于分析，需要对记录进行重新标注、编码，使得这些记录变成可用的数据，这需要数据搜集企业投入大量的人力和物力。在数据被标注、整理后，还需要大量的成本对其进行储存。同时，分析数据、挖掘数据背后的信息、维护数据安全、防止数据泄露，也需要很多费用。如果不承认企业对数据的产权，那么这些成本就很难被弥补，企业也就失去了搜集数据、分析数据，并用数据改进服务质量的积极性。所以，赋予企业对于数据的相关权利，有利于企业对投入与成本做出平衡，有效激励数据的使用和流通。二是只有承认企业对数据的产权，才能有效发挥数据的规模经济和范围经济。一般来说，个人拥有的数据数量和维度均较少，个人数据价值并不高，只有将大规模多维度的数据统一在一起才能够促使企业挖掘出更丰富的信息，有利于数据价值的充分发挥，创造出巨大的价值。因此，不能因重视隐私而否定企业对数据的产权，不能因对"数据垄断"的恐惧而否定企业对数据的产权，在数据安全问题上要防范过度，要赋予数据控制者对数据拥有有限的所有权，有效发挥数据的规模经济和范围经济。

2. 数据集合企业的产权：拥有数据使用权

数据集合企业具有对数据的使用权，可以利用相关数据分析消费者的喜爱、偏好、消费水平而进行定向广告，或者根据地理位置的定位分析相关数据作商业方案等。① 同时，结合个人对集合数据拥有的权利，企业需要根据个体要求披露收集了哪些信息；根据消费者的要求删除相关数据。尊重消费者选择不出售个人数据的权利。同时，不得通过拒绝给消费者提供商品或服务，或者对商品或者服务收取不同的价格或者费率的方式歧视消费者行使相关权利。

综上所述，在一般情形下，个人信息的收集、使用和流通应当通过合理可行的方式告知信息主体，维护个人知情权；私密性的个人信息或敏感个人信息的收集、使用和流通应当以获得"充分告知＋明示同意"为前提，以特别情形下直接限制或禁止为补充。

3. 数据挖掘和控制企业的产权：有限所有权和有限的处置权

数据挖掘和控制企业主要包括将数据经算法脱敏、匿名、智能化的企业，其对数据拥有有限的所有权和有限的处置权，即明确投入相关算法的数据制造者是数据权利的主体，赋予通过算法相关处理的数据财产价值。赋予企业对脱敏化、匿名化数据集的所有权，有利于明确数据的产权边界，增加数据交易的法律稳定性与可预期性，为企业利用数据创造财富提供保障。同时也有利于规范数据交易市场，遏制数据的非法黑市交易，让数据在有序可控的规则之下充分流动。然而，在可获得的数据源越来越广泛、数据算法越来越强大的形势下，脱敏化、匿名化的数据集存在可重新识别出用户身份的可能性。因此，从保护隐私与保障信息安全的原则出发，企业对脱敏化、匿名化数据集在行使所有权时，应当遵循特定限制。在明确企业对于脱敏化、

---

① 很多向用户免费提供的互联网商业模式实际上都建立在以个人数据为对价的基础上。只不过相较于出售个人数据获得直接对价这种显性的价值体现方式，互联网商业模式中个人数据的财产价值体现是隐性化的。以搜索引擎广告联盟商业模式为例，联盟网站获得广告费的基础是联盟能够利用用户的搜索历史 cookies 记录，向用户投放个性化的广告。因此，尽管用户免费使用了搜索引擎，但实际上是用户的搜索记录等行为数据反哺了搜索业务，是搜索业务得以存续和发展的价值源泉。

匿名化数据享有限制性所有权的前提下，应当尽快通过立法明确具体的限制性要求，特别是透明性、责任性方面的限制性要求显得尤为迫切。

专栏6　各国明确规定对匿名化数据产权的界定要遵循特定限制原则

美国白宫及联邦贸易委员会（FTC）2014年分别发布《大数据：抓住机遇，坚守价值》《数据经纪行业，呼唤透明与问责》，两份报告均表达了美国政府对于数据交易缺乏透明性的关切，并建议国会应当针对数据经纪行业专门立法，要求从事数据交易的企业保证一定的透明度：①向用户公示其获得（包括购买、共享）数据的渠道、数据的类型，并为用户提供退出机制。②要求数据交易方披露交易的数据类型，以及基于大数据分析而对消费者特征标签化的处理活动。③对于健康医疗等敏感信息的交易活动，尤其需要提升透明性，用户必须充分知情并明确表示同意。

日本通过的《个人信息保护法》修正案，对于大数据交易做出更新规定。新法案允许企业向第三方出售充分匿名化数据，但同时提出了相关义务要求：①匿名化后的数据不能识别特定个人，且不能复原。企业必须对数据匿名的方法采取保密措施。②匿名后的数据不能够与其他信息进行比对、参照，以实现身份识别的功能。③企业应当公布匿名化的数据所包含的原始数据的要素。

英国信息专员办公室2014年发布报告《大数据与数据保护》，提出充分匿名化数据不适用于个人数据保护法，但企业应当对数据匿名化及后续利用的隐私及信息安全风险进行评估。如果该风险较高，企业在对数据进行交易利用时应当有一定的限制，例如缩小交易对象范围或者对交易对象做出合同约束等。

资料来源：王融《明确界定数据产权　推动建立大数据交易规则》，《中国征信》2015年第12期。

除此之外，企业对脱敏化和匿名化的数据还具有有限的处置权，这是基于数据产生者对脱敏数据具有相应权利而自动生成的。在特定情况下，数据主体有权限制数据挖掘者和控制者处理数据。例如，数据主体对个人数据的准确性提出质疑，且允许数据挖掘者和控制者在一定期限内核实个人数据的准确性；该数据处理是非法的，并且数据主体反对删除该个人数据，同时要求限制使用该个人数据；数据挖掘者和控制者基于该处理目的不再需要该个人数据，但数据主体为设立、行使或捍卫合法权利而需要该个人数据等。

（三）公共数据产权属性

根据前文所述，公共数据主要包括对自然和宇宙认知的数据、历史遗产和现代知识产权的数据、国家宏观数据、企事业单位数据、自然人数据。公共数据产权主体为政府，权属结构主要有所有权、控制权（管理权、使用权、处置权）等。公共数据作为存在于公共空间、具有社会属性的一类数据，政府有责任向公众提供属于公共资源的数据，公共数据的开放最可能快速催生巨大的经济和社会价值。在不涉及国家秘密、商业秘密和个人秘密的情况下，应当进一步促进相关数据交流共享。

专栏7　政府数据共享的经验

2009年，美国联邦政府推出数据开放门户网站Data.gov，为之前分散在联邦政府不同机构的网站上的数据统一提供托管平台。2019年，美国《开放政府数据法案》要求，除涉及国家安全和其他特殊原因的数据以外，联邦政府应该在线发布其拥有的数据，并且这些公开数据采取标准化、机器可读形式。2016年以来，我国颁布《政务信息资源共享管理暂行办法》《公共信息资源开放试点工作方案》等一系列文件，开启政务数据共享开放进程。

1. 对自然和宇宙认知的数据

随着技术的进步，进入人类视域的自然及宇宙的研究对象越来越广泛和深刻，人类对自然和宇宙的认知数据，一般都涉及公共利益。同时，这部分数据的取得基本上是政府运用向百姓征收的纳税额委托专门的研究咨询机构进行专门的研究探索而取得的。对于这类数据，所有权属于国家，使用权属于社会公众。在不涉及国家战略安全的情况下，应当向社会开放，这可以降低数据分析、挖掘形成信息进而发展为知识的成本，有利于增加公共利益。

2. 历史遗产数据

随着信息技术的发展，在"互联网＋"时代，历史和文化的一切状态几乎都能量化和数据化，并能够在互联网空间作为信息流和知识流流动。这种线下的数据化使许多信息数据不断被挖掘整理出来，通过标准化后，成为数字图书馆数据库中的信息和知识资源。这部分数据属于国家所有，是国人的共同财富，社会公众应具备使用权，免费向社会公众开放，并通过云计算等超大规模数据收集和存储，支持可持续的访问。

3. 国家宏观数据

国家宏观数据主要是国家履职过程中所形成的国民经济和社会发展的各类统计数据，包括国内生产总值、财政收支、物价指数、国际收支、税收、治安、土地、就业、环境、交通、民族、外交等各类数据信息。这部分数据所有权属于国家，在不涉及国家机密时，免费向社会公众开放。

4. 自然人数据

政府履职中针对自然人所收集的数据信息，这类被公权掌握的自然人数据，国家拥有所有权、使用权和处置权，但是自然人应具有数据被应用的知情权、个人隐私的被保护权，以及提出数据救济的异议或修改权。由于个人数据的敏感性，以及不准确的数据有可能对个人产生不良后果，自然人有权查阅并申请更正个人信息资料。

5. 企事业单位数据

政府履职中会掌握一系列的企事业单位的资产经营数据或纳税记录数据等。这类数据的所有权属于国家，但这些数据作为社会公共资源，除小部分基于国家安全需要或商业秘密不能公开外，大部分应向社会开放，供社会公众免费查询。

6. 国际数据

在国际数据市场上，数据开放内外有别。数据主权高于数据产权，这部分数据是有偿流动的，外国机构、企业和个人使用这部分数据，必须根据国际数据市场的价格为之付费。

（四）各类数据确权的时间表和相关路径

数据交易的前提是清晰的产权归属，如果产权存在瑕疵，那就意味着交易存在法律风险。目前，我们应尽快对不同类型的数据进行确权。然而，对个人数据、企业数据和公共数据确权，其难易程度不一。而且，同一类型数据不同处理阶段，其权属也不一样，这增加了确权的难度。目前，应根据先易后难原则，对数据进行确权。综合来看，首先，公共数据确权较为容易，应尽快明确其相关权属。其次，对不同类型的个人数据进行确权，进一步明确个人对底层、集合、脱敏数据的产权权属。最后，在清晰界定个人数据权属的基础上，才可对企业数据产权进行划分。不同数据类型和数据处理阶段，数据产权属性和结构不一，划分数据产权的路径主要如表1所示。

表1　不同类型不同阶段的数据产权划分时间表及属性结构

数据类型（先易后难）	产权属性与结构			
	生产	整理	分析与应用	销毁
尽快确定：公共数据				
国家	所有权	管理权		处置权
社会大众		使用权		
近期明细：个人数据				
底层数据	所有权、控制权			
集合数据	所有权	知情同意权	获取权；修改权	删除权
脱敏数据			修改权；拒绝权	删除权
在个人数据权属确定后：企业数据				
销售公司 集合数据		使用权		
平台公司 脱敏数据 人工智能数据	有限所有权	有限处置权		

六 建立健全有利于推动数据确权的相关制度

（一）加快区块链技术在数据确权中的运用

针对区块链在数据确权应用中语言不一致、智能合约标准不统一等问题，一方面，加大区块链技术基础研究投入，并且依托产学研用的自主创新平台，组建区块链技术产业发展和应用的联合组织。另一方面，依托产业联盟在标准制定推广中的先发优势，先行先试区块链技术的联盟标准。加强区块链技术在大数据确权中试点应用，鼓励大数据交易所作为区块链的主要节点参与数据确权的网络运营，积极积累一线实践经验，加速形成以点带面、点面结合的示范推广效应。

（二）完善个人信息授权制度

个人信息授权制度着力点应从单纯的限制转变为限制与发展并举、规范与促进并重。一方面，针对互联网企业在履行"知情同意"制度要求中普遍存在的默示许可方式，以及在告知和申请用户授权过程中表述的冗长晦涩、隐藏在多级页面之后等问题，应要求互联网企业通过单独授权、明示授权等方式切实保护用户权利。另一方面，针对现实中互联网企业普遍采用脱敏技术处理用户个人数据，或者在用户个人数据基础上深入分析挖掘形成大数据应用，支持互联网企业对这部分数据自主使用、共享、开放和交易，但是同时要求企业采取措施防止脱敏后的数据追溯到用户或者被复原。

（三）强化对数据垄断的监管

随着数字经济快速发展，数据垄断问题日益凸显，目前主要有使用数据和算法达成并巩固垄断协议、基于数据优势滥用市场支配地位、经营者集中引致排斥竞争的数据集中和数据行政性垄断等形式。为了给予数据集合和控制者相关权利以及促进数据资源的自由流动，还需要从基础制度、规则制定、反数据垄断执法、跨部门工作协调与国际合作等方面，不断优化对数据垄断的监管，进而有利于数据确权和促进数字经济的发展。

（四）健全数据开放和交易制度

数据作为重要的生产要素，数据开放可为社会创造更大的公共价值，故有必要构建系统化的数据开放和交易机制。数据开放和交易，首先要确定可以公开、附条件公开、不得公开的类型，明确可交易的数据类型，以及禁止交易、限制交易的数据类型，着重处理好数据隐私和数据安全等问题。对于个人数据尤其是隐私数据、企业的商业机密、政府的保密数据，数据开放应符合相应的法律程序，满足相应的授权规范，健全数据开放许可制度、设置用于数据开放的专门机构，加强对市场流通数据的合规审查等。同时，数据开放还要把握数据运行的客观规律和国家政策，保持政策的连续性，探索逐步扩大数据开放范围，探索数据公开、数据共享的方式方法。

（五）健全数据产权保护制度

目前，还需要进一步健全数据产权保护制度，尤其是对个人信息的保护。个人信息保护应以保护个人权益和促进信息流通为宗旨，实现个人权益保护和信息自由流通的兼顾。一方面，应继续强调个人信息的收集、使用和流通不得侵犯信息主体的基本权利；另一方面，应重视个人信息的社会属性，信息主体有权阻止他人以危害个人权益的方式过度收集、滥用和泄露个人信息，并有权获得法律上的救济。但是，个人信息基于合理、适当、安全方式予以收集、使用和流通，法律上应给予同等保护。当前亟须加强对个人信息使用环节的法律规范，着力于防范个人信息的滥用。个人信息使用是否会导致隐私侵害，因使用目的、场景、方式不同而有所不同，为此对个人信息收集、使用、流通的规范，应当融入以风险为导向、以场景为基础的理念，实现个人信息流通符合场景需要、风险可控和责任可追溯。此外，探索构建具有中国特色、面向未来的并且覆盖个人信息收集、使用和流通等内容的个人信息保护体系。积极培养和塑造尊重个人隐私的文化氛围和守法意识。积极推进行业自律自治，发展具有行业特点的个人信息保护规则和标准。加大对危害个人信息行为的惩罚力度。

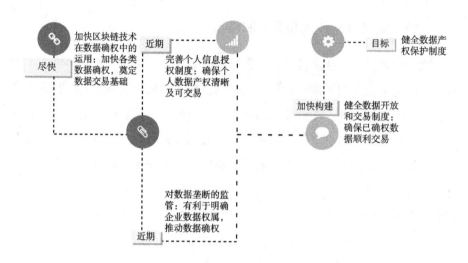

图 1　建立健全有利于推动数据确权的相关制度的路径

参考文献

陈永伟：《数据产权问题再思考》，《经济观察报》2018 年 5 月 4 日。

成卓：《明晰数据产权　促进数字经济健康发展》，《社会科学报》2018 年 7 月 26 日。

段忠贤、吴艳秋：《大数据资源的产权结构及其制度构建》，《电子政务》2017 年第 6 期。

杜振华、茶洪旺：《数据产权制度的现实考量》，《重庆社会科学》2016 年第 8 期。

付伟、于长钺：《数据权属国内外研究述评与发展动态分析》，《现代情报》2017 年第 7 期。

胡凌：《商业模式视角下"信息/数据"产权》，《上海大学学报》2017 年第 6 期。

姬蕾蕾：《大数据时代数据权属研究进展与评析》，《图书馆》2019 年第 2 期。

齐爱民、盘佳：《数据权、数据主权的确立与大数据保护的基本原则》，《苏州大学学报》（哲学社会科学版）2015 年第 1 期。

沈国麟：《大数据时代的数据主权和国家数据战略》，《南京社会科学》2014 年第 6 期。

王融：《明确界定数据产权　推动建立大数据交易规则》，《中国征信》2015 年第 12 期。

文禹衡：《数据确权的范式嬗变、概念选择与归属主体》，《东北师大学报》（哲学社会科学版）2019 年第 5 期。

杨芳：《个人信息自决权理论及其检讨——兼论个人信息保护法之保护客体》，《比较法研究》2015 年第 6 期。

于冲：《健全数字经济时代的数据产权制度》，《学习时报》2020 年 2 月 19 日。

周林彬、马恩斯：《大数据确权的法经济学分析》，《东北师大学报》（哲学社会科学版）2018 年第 2 期。

曾铮、王磊：《数据要素市场须完善基础性制度》，《光明日报》2020 年 4 月 21 日。

朱小黄：《数据的产权制度和隐私边界》，《中国征信》2018 年第 1 期。

邹传伟：《如何建立合规有效的数据要素市场》，《第一财经》2020 年 5 月 17 日。

完善中国数据开放、流通
和交易制度

数字技术的飞速进步不仅降低了收集、存储和处理成本，而且使得数据的资源属性空前强化。在具备数量的累积性、功能的融合性、权属的分置性、使用的流动性、价值的相对性和信息的敏感性的情况下，数据开放、流通和交易的需求愈发凸显。通过归纳数据开放、流通和交易的不同类型及其所涉及的制度问题，结合我国数据开放、流通和交易制度的现状，识别出相关领域当前突出存在的主体权责不清晰、实际执行不严格、分级分类不精细和处罚力度不够大等问题。在借鉴有关发达经济体典型经验和估计未来数字规则竞争趋于激烈的基础上，有针对性地提出夯实我国数据开放的制度基础、推动数据自由流通和公平交易、强化与全球数据治理规则的对接三点建议。

一　引言

数字经济是数据成为关键生产要素的经济形态。其中，"数据"意味着通过数字化数据可以进行深度学习从而使技术从扩展人的力量到延展人的智力；"关键要素"不仅说明数据的要素地位由量变转向质变，还表明因要素使用的有限特征使数字经济发展呈现阶段性；"经济形态"意味着数字经济在通用目的技术、生产要素、生产模式、主导产业、基本结构和基本观念方面都与传统经济呈现差别①。上述三大核心特征都依赖一个共同的前提，即数据应具有资源属性，应与其他生产要素和最终产品一样，从制度层面对其开放、流通和交易有所规范和保障。

对数据开放的现有研究主要集中在政府侧，制度研究主要包括技术规则②、政策法规③、制度借鉴④和制度评价⑤四个方面。数据流通和交易在许多情况下呈现一体化特征，现有研究主要讨论了与数据流通方式和范围相关的规则与制度⑥以及与数据交易范围、机制、模式和定价相关的规则与制度⑦。总体来看，现有研究对不同类型数据开放流通交易中的制度问题涉及过少，缺乏对我国数据开放流通交易的基础性制度体系的设计，不利于我国进一步挖掘释放数据要素潜能。本文以数据的资源属性作为出发点，从制度层面探讨如何保障和规范数据开放、流通和交易。与现有研究相比，本文在以下三个方面有所创新：一是归纳提出具有资源属性的数据的分析框架及数

① 数字经济具有独特通用目的的技术——数字技术、生产要素——数据、生产模式——数字化生产、主导产业——信息产业、基本结构——平台化生态化、基本观念——开放共享等。

② 筱雪等：《法国政府开放数据发展现状及启示研究》，《现代情报》2017年第7期；赵润娣：《美国开放政府数据范围研究》，《中国行政管理》2018年第3期。

③ 才世杰、夏义堃：《发达国家开放政府数据战略的比较分析》，《电子政务》2015年第7期；Gascó-Hernández, "Promoting the Use of Open Government Data: Cases of Training and Engagement," *Government Information Quarterly*, 2018 (35)；陈朝兵、郝文强：《国内外政府数据开放中的个人隐私保护研究述评》，《图书情报工作》2020年第4期。

④ 陈美、江易华：《韩国开放政府数据分析及其借鉴》，《现代情报》2017年第11期；周文泓：《澳大利亚政府开放数据的构件分析及启示》，《图书馆学研究》2018年第1期；翟军等：《美国〈开放政府数据法〉及实施研究》，《情报理论与实践》2020年第3期。

⑤ 夏姚璜、邢文明：《开放政府数据评估框架下的数据质量调查与启示——基于〈中国地方政府数据开放报告（2018）〉》，《情报理论与实践》2019年第8期；翁士洪等：《突发事件政府数据开放质量评估研究：新冠病毒疫情的全国样本实证分析》，《电子政务》2020年第5期；Wang, V. & Shepherd, D., "Exploring the Extent of Openness of Open Government Data: A Critique of Open Government Datasets in the UK," *Government Information Quarterly*, 2020 (37)。

⑥ 王利明：《数据共享与个人信息保护》，《现代法学》2019年第1期；王建冬等：《东数西算：我国数据跨域流通的总体框架和实施路径研究》，《电子政务》2020年第3期。

⑦ Liang, F., et al., "A Survey on Big Data Market: Pricing, Trading and Protection," IEEE Access, 2018 (6)；李小加：《加速数据要素市场培育，可从医疗数据着手》，澎湃新闻，https://www.toutiao.com/i6829220830497473038，2020年5月21日；李成熙、文庭孝：《我国大数据交易盈利模式研究》，《情报杂志》2020年第3期。

据成为"有用的资源"的六大特性，进一步夯实数据开放、流通和交易制度的理论基础；二是与已有研究的视角不同，基于数据开放、流通和交易的类型视角识别了各自领域的制度问题；三是根据数据开放、流通和交易的评价维度识别了我国相关制度的短板，针对性提出完善我国数据开放、流通和交易制度的若干建议。

余下部分安排如下：第二部分从数字经济时代数据资源属性强化的典型事实入手，阐明数字经济时代数据开放、流通和交易面临的新要求及其背后的逻辑。第三部分归纳数据开放、流通和交易的主要类型与所涉制度问题，为第四部分识别我国数据开放、流通和交易的短板以及借鉴国际经验做准备。第五部分提出完善我国数据开放、流通和交易的制度框架的政策建议。

二 数字经济时代对数据开放、流通和交易提出新要求

尽管对于是否需要新的经济学来解释数字经济仍存在分歧，但围绕数字经济对传统理论的挑战及其运行的特殊性已经形成了初步共识①，这些挑战和特殊性既是数据的资源属性不断强化的结果，也折射出对数据开放、流通和交易的新要求。

（一）数字经济时代数据的三大资源属性得到空前强化

由于缺乏数字化手段，早期的数据收集和挖掘受到了明显约束，数据并未成为重要的"资源"。数字技术进步不仅降低了搜集、存储和处理成本，使万物互联导致数据量爆发增长，而且使得数据的资源属性空前强化。新冠肺炎疫情期间健康码的广泛运用、城市大脑引领智慧城市潮流、

---

① 例如，数字经济使要素内容、市场结构和资源配置方式发生改变；服务业生产率低的判断难以成立、市场的价格形成机制发生变化、高度互联社会中人们理性发生变化等；基于互联网可能产生"去央行化"的私人货币从而走出货币被消灭的道路。

跨境电商等数字贸易蓬勃兴起、智能投顾等智慧金融快速发展、区块链融合数字支付渐成趋势等，充分表明数据具有多重资源属性。从投入和产出、公共性和非公共性两个维度，可以将具有资源属性的数据大致分为四类[1]（见图 1）。其中，公共投入和公共产出体现的是数据的公共资源属性，它说明部分数据具有公共产品性质，本质上要求开放；非公共投入体现的是数据的战略资源属性，非公共产出体现的是数据的商品资源属性，它们都说明数据具有资产甚至资本性质，本质上要求自由流通和公平交易。

投入	公共投入 （如地质灾害数据）	非公共投入 （如科大讯飞语料库）
产出	公共产出 （如民生服务查询）	非公共产出 （如Bloomberg数据产品）
	公共性	非公共性

图 1　具有资源属性的四类数据

尽管具有资源属性，但要真正变成"有用的资源"，还离不开作为生产要素的数据的六大特性——数量的累积性、功能的融合性、权属的分置性、使用的流动性、价值的相对性和信息的敏感性，这使得数据要素呈现完全的非竞争性、不确定的非排他性和复杂的外部性。总体来看，数据的价值不断提升，构成了数据开放、流通和交易的充分条件。

（二）数量的累积性、功能的融合性和信息的敏感性要求数据分类有序开放

与普通要素和商品不同，数据要成为"有用的资源"必须考虑数量的累积性、功能的融合性和信息的敏感性。数量的累积性是指数据的"有用"

---

[1]　公共投入和产出中均分别包括纯公共物品（非竞争性和非排他性）和准公共物品（具有有限非竞争性或有限非排他性）。

需要有一定的规模累积，少量的数据或者个人的数据①往往并无多大用处。功能的融合性是指数据的"有用"需要有一定的组合匹配，单一类型或单一来源的数据往往难以充分体现其价值。例如，中小微企业利用大数据做业务转型，仅有客户数据信息是难以实现的，必须配以企业生产和库存数据才能实现转型中的成本控制。信息的敏感性是指数据的"有用"意味着它承载着许多特定信息，尤其是部分特定类别的数据在安全性上具有特殊要求，若无法保证信息的安全，那么数据的"有用"会变为"滥用"。

上述特性本质上要求数据开放在制度层面必须要做到分类和有序（见图2）。首先，尽管越来越多的民营企业开始拥有大规模数据，但许多重要和敏感领域的大数据仍存放于公共部门，因此必须要推进公共部门的数据开放。其次，尽管政府拥有庞大数据，但数据的及时性、有效性远不及企业层面的交易数据，企业离开了政府掌握的户籍、信用、企业、教育、金融等权威信息也难以进行"精准画像"，因此不仅要推动公共部门的数据开放，还要推动政企的数据互动。最后，在所有数据中，个人数据、部分政务数据和商业数据、国防数据等具有天然的安全性要求，而对非个人数据②则由于没有过高的安全性要求可以优先自由流动，必须从制度层面推进数据的分类有序开放。

（三）权属的分置性、使用的流动性和价值的相对性要求数据流通和交易遵循市场规则

与普通要素和商品不同，数据要成为"有用的资源"还必须考虑权属的分置性、使用的流动性和价值的相对性。权属的分置性是指数据的权属在

---

① 通常认为"精准画像"意味着个人数据有用，但事实上它是建立在大数据模型的基础上实现的。

② 通常认为，非个人数据包括与自然人无关的数据（如气候数据）或与自然人有关但是经过脱敏处理（如匿名化）的数据。

某种程度上存在天生的分置倾向①，数据权属中涉及的权利种类远远超过实物资产或知识产权等无形资产，过度集中的权属往往会影响数据的利用。使用的流动性是指数据实质上是一条承载信息的"河流"，没有调用或者传输，那么其有效性就会大打折扣。价值的相对性是指同一条（个）数据（库）对于不同的人有不同的价值，它与专利等许多无形资产类似，价值具有一定的模糊性和相对性。

上述特性本质上要求数据必须在流通和交易的制度层面做到遵循市场规则。一方面，权属的分置为数据的流通和交易提供了法理基础。基于常识，许多数据的产生虽源于个体，但并非个体生产，在脱敏处理后甚至与自然人丧失联系，因此，自然人往往需要和拥有的是知情权、决定权和更改权，真正的支配权、使用权和占有权在很大程度上由企业所有。应按照权责一致的原则健全数据流通和交易制度。另一方面，使用的流动性和价值的相对性决定了数据的价值必须在流通和交易中实现。Statista 的一项研究表明，当今数据的 90% 左右生成于近两年，未经加工的数据中有 70% 会在 90 天后过时。数据本身具有一定的资产专用性，加上其使用具有边际成本为零的特征，

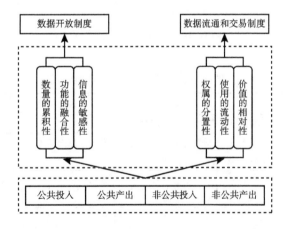

图 2　数据开放、流通和交易制度面临新要求的内在逻辑

---

① 但这种分置仍有待法律的进一步确认。

很难通过统一的定价模型实现客观定价。因此，必须在保障市场公平竞争的前提下，发挥市场机制发现数据价格的功能。

三　数据开放、流通和交易的主要类型及所涉制度问题

数据开放、流通和交易的主要类型及所涉问题既是健全数据开放、流通和交易制度体系的关键基础，也为更好地审视我国数据开放、流通和交易制度提供了分析依据。

（一）数据开放的主要类型及所涉制度问题

本文对数据开放采纳了一个宽泛性定义，即组织按照统一的管理策略向组织外部有选择提供其所掌控数据的行为[①]。在图 1 的分析框架基础上加入主体性、有偿性、隔离性等考量，可以进一步对数据开放作出分类。从主体性来看，数据开放包括同一类主体间的开放和不同主体间的开放。其中，同一类主体间的开放包括不同层级不同区域间政府数据共享、企业内部之间不同部门的数据共享调用、政府、企业与个人之间的数据互动。从有偿性来看，数据开放包括同一类主体间的有偿开放、无偿开放以及不同主体间的有偿开放、无偿开放[②]（见表 1）。

表 1　数据开放的类型、特征和代表性模式

主要类型			基本特征	代表性模式	数据性质
同一类主体	政府*	层级式	具有上下隶属关系	部委专网	公共性
		平行式	分属不同隶属部门	政务信息交换	公共性
		跨区域	地理上不重合	区域一体化平台	公共性为主
	企业	内部	单个企业内部	数据中台	非公共性为主
		之间	企业与企业间	API 经济**	非公共性

---

① 按此定义，数据交易行为在本质上也是数据开放行为。

② 数据有偿开放即数据交易。事实上，部分经济体的政府在开放数据时也并未完全免费。例如，英国与德国有偿开放技术标准的实践证明，信息、数据类产品的有偿供给能够使公共部门与社会共同受益。

续表

主要类型			基本特征	代表性模式	数据性质
不同类主体	政府与个人	单向	数据搜集的准强制性与数据公开的公益性	交通部"出行云"平台	公共性
	企业与个人	单向	数据搜集与数据使用的互相许可	企业向个人提供定制数据服务	非公共性为主
	政府与企业	双向	兼具强制性、公益性和许可等成分	信用信息系统,数据战略合作	公共性为主

注:"*"含公共企事业单位;"**"API(Application Programming Interface,应用程序接口)是一些预先定义的函数,或指软件系统不同组成部分衔接的约定。API经济是指企业通过API建立合作关系而产生的经济活动。当前,API方式形成了数据增长的新来源。一个常见的例子是,企业以API的方式开放自身业务,提供给微信、淘宝这些超级应用或者更多的其他App。在这种形态中企业可以完全依靠API方式通过数据开放来提供业务服务。

资料来源:参考有关文献整理。

由于数据性质、开放主体、主体关系并不相同,表1中不同类型数据开放所涉及的制度层面问题也并不相同,它们都是完善数据开放制度中应该重点关注和予以解决的问题:

——同一类主体中政府数据的共享。主要涉及保障数据共享的安全性,提升调用数据的便利性,不同级别、隶属和区域的政府在数据搜集与开放等方面的责权利划分。

——同一类主体中企业数据的共享。保障数据共享的安全性,提升数据调用、整合和挖掘的高效性,确保数据开放有助于驱动企业业务开展。

——不同类主体中政府向个人开放数据。主要涉及制度的完整性、开放的便利性与数据的安全性问题。其中,制度的完整性包括政府是否制定了向个人开放数据的顶层设计,是否拥有促进数据重复使用和频繁调用的机制;开放的便利性包括是否有统一的数据开放接口,能否满足个人的数据需求;数据的安全性包括是否对数据安全有防范和监测措施等。

——不同类主体中企业向个人开放数据。主要涉及企业行为是否符合商业伦理,在数据搜集和开放数据过程中是否得到了个人许可,企业与个人的数据权利是否得到了充分保障。

——不同类主体中政府与企业数据互动。主要涉及企业在调用政府公开的数据时是否符合商业伦理，政府在向企业索要数据时是否履行相关责任义务以及如何核查。在政企数据互动过程中，数据共享安全责任及相关风险如何约定和分担。

（二）数据流通和交易的主要类型及所涉制度问题

数据流通既与数据本身携带信息的敏感性高度相关，也与数据所具有的权利属性密切相关。从类型上看，与个人相关且未经任何加工处理的原始数据在流通和交易中受到严格的法律限制。如果企业是在个人使用服务的过程中合法搜集数据并征得用户许可，那么就应该按照双方的约定使用数据。如果是非个人数据，原则上应该按照市场规则自由流动。

数据的类型特征与市场的组织结构对数据交易具有关键影响。表2呈现了不同类型数据、不同市场组织、不同市场结构情况下数据交易呈现的若干类型及特征。除了数据交易定价（专栏1）这一核心问题外，不同情形下的数据交易面临一些特殊问题：

——个人数据交易。主要涉及在互联网经济中，很多个人数据的所有权很难界定清楚，现实中常见 PIK（Pay-in-kind）模式，本质上是用户用自己的注意力和个人数据换取资讯和社交服务，但 PIK 模式存在很多弊端[①]。

——非个人数据交易。主要涉及对所获取的个人数据予以去标识化处理，并与可恢复识别的个人数据分开存储。数据收集、处理者还应针对隐私数据、重要数据制定脱敏安全策略，并对数据脱敏处理过程进行记录等。此外，还涉及非个人数据的价值甄别等。

——中心化平台类交易。主要涉及平台责任的界定。此外，由于数据的非竞争性等特性，集中化且流动性好的数据交易市场培育难度较大。

——分散型交易。为分散型交易制定监管框架，加强对非法交易行为的监管和打击，提供一个具有可信工具和规范交易环境的平台。

[①] 腾讯研究院：《数据要素经济学：市场培育、定价机制与统计核算前沿》，2020 年 7 月 17 日。

表 2 不同数据类型与市场组织结构下数据交易的特征

分类依据		基本特征	代表性模式
数据类型	纯公共品	非排他性、非竞争性	—
	准公共品	往往具有排他性	俱乐部产品式的付费模式、开放银行模式以及数据信托模式*
	个人数据	可以识别个人信息	许可交换或出售
	非个人数据	不可以识别个人信息	市场交易均可
市场组织	中心化供需撮合平台	平台仅提供交易信息	大数据交易所
	数据服务提供商	生产数据并提供服务	行业服务机构
	中心化数据持有平台	平台持有数据资源	互联网企业
	分散型交易	场外或 C2C 型	点对点交易
市场结构	竞争型市场	大量买方卖方且高频	—
	卖方垄断	卖方少卖方多且低频	API 接入调用
	双边垄断	买卖双方少且低频	—

注："*"需要有较为清晰或易界定的所有权。
资料来源：根据有关文献整理。

专栏 1　影响数据价值的三大维度和主要因素

- 质量维度，主要包括真实性、完整性、准确性、安全性和数据成本。
- 应用维度，主要包括稀缺性、时效性、多维性和场景经济性。
- 风险维度，主要包括法律限制和道德约束。

资料来源：中国信息通信研究院《大数据白皮书（2019 年）》，2019。

四　我国数据开放、流通和交易制度的现状问题与别国经验借鉴

尽管全球的数据开放、流通和交易总体仍处于起步期，但我国已经在建

立健全有关制度体系方面取得了显著进展，并依托庞大的应用场景与潜在需求在数据开放、流通和交易方面占据有利地位①。

（一）我国数据开放、流通和交易制度的现状

1. 全国总体情况

目前，我国已经在国家层面形成了以决定和意见、法律法规、技术和服务标准为主要架构的数据开放、流通和交易制度体系。

——决定和意见。它是党和国家政策意志的集中体现，是官方释放的重要政策信号。党的十九大报告明确提出，促进大数据、人工智能和实体经济深度融合。十九届四中全会《中共中央关于坚持和完善中国特色社会主义制度 推进国家治理体系和治理能力现代化若干重大问题的决定》进一步提出，创新行政管理和服务方式，加快推进全国一体化政务服务平台建设。与"党的决定"性质相类似的还有"政府工作报告"及"指导意见"。例如，国务院《2015 年政府信息公开工作要点》提出"积极稳妥推进政府数据公开"；《关于运用大数据加强对市场主体服务和监管的若干意见》提出"提高政府数据开放意识，有序开放政府数据"；《促进大数据发展行动纲要》明确"加快政府数据开放共享，建设国家政府数据统一开放平台"，提出政务信息应"以共享为原则，不共享为例外"，将"形成公共数据资源合理适度开放共享的法规制度和政策体系"作为中长期目标；《国家信息化发展战略纲要》进一步明确"建立公共信息资源开放目录，构建统一规范、互联互通、安全可控的国家数据开放体系，积极稳妥推进公共信息资源开放共享"；《关于运用大数据加强对市场主体服务和监管的若干意见》提出"推动政府向社会力量购买大数据资源和技术服务……通过政府购买服务、协议约定、依法提供等方式，

---

① 近年来，我国数据开放、流通和交易快速发展。据《2019 中国地方政府数据开放报告》统计，我国已有 82 个省级、副省级和地级政府上线数据开放平台。《2020 联合国电子政务调查报告》显示，我国电子政务发展指数排名比 2018 年提升了 20 个位次，升至全球第 45 位。其中作为衡量国家电子政务发展水平的核心指标的在线服务指数排名跃升至全球第 9 位，达到"非常高"的级别水平。我国已存在 30 余家数据交易市场，数据交易规模在 2017 年就突破了 30 亿元。

加强政府与企业合作";等等。

——法律法规。它是维系数据开放、流通和交易的根本保障,主要包括法律、行政法规、部门规章和司法解释四类。其中,法律包括《民法典》《数据安全法(草案)》《网络安全法》《个人信息保护法》等;行政法规包括《政府信息公开条例》《网络安全等级保护条例》等;部门规章包括《个人信息和重要数据出境安全评估办法》《区块链信息服务管理规定》等;司法解释包括《关于办理侵犯公民个人信息刑事案件适用法律若干问题的解释》等。

表3 《民法典》和《数据安全法(草案)》对数据开放保护与流通交易的规定

法律名称	主要规定及其含义	重大意义
民法典	• 首次明确了隐私的定义,提出"私密信息"也是"隐私"的组成部分;明确"短信、即时通讯工具、电子邮箱等方式侵扰他人私人生活安宁""处理他人的私密信息"等行为违法;较《网络安全法》新增"电子邮箱""健康信息""行踪信息"为个人信息范畴 • 规定了个人信息主体的查阅权、复制权、更正权、删除权以及信息处理者的信息安全保障义务 • 搜集个人数据需要遵循合法、正当、必要原则以及告知同意原则 • 规定处理个人信息免责事由。例如,在同意的范围内合理实施的行为;处理自然人自行公开或者其他已经合法公开的信息,但自然人明确拒绝或者处理该信息侵害其重大利益的除外;为维护公共利益或者该自然人合法权益,合理实施的其他行为 • 将数据和网络虚拟财产纳入法律保护范围,表明这些都是受保护的权利且可以交易 • 确定了电子合同合法地位和交易方式,大幅拓展了电子合同的适用范围 • 赋予了信息处理者在经过自然人同意的情况下的数据转让权,以及对于经过加工无法识别特定个人且不能复原的数据转让权	对个人信息基本上建立了"全周期"的保护模块与链条,在数据、虚拟财产、电子合同等方面进一步构建起相应规则
数据安全法(草案)	• 强化数据安全管理制度建设。明确数据分级分类制度、风险管理制度、应急处置制度、审查制度、安全责任制度 • 企业具有保护数据安全的义务。包括加强教育培训、强化技术措施、风险监测、及时上报 • 企业在采集使用数据中应合法、正当。应当积极协助配合国家执法机关的数据调取需求 • 不履行数据安全保护义务或者未采取必要的安全措施的,处一万元以上十万元以下罚款,对直接负责的主管人员可以处五千元以上五万元以下罚款;拒不改正或者造成大量数据泄露等严重后果的,处十万元以上一百万元以下罚款,对直接负责的主管人员和其他直接责任人员处一万元以上十万元以下罚款	数据安全上升到国家安全层面。与《网络安全法》一道作为国家整体安全观的组成部分,同属上位法,是法律效力最高的法律

资料来源:根据有关法律条文分析。

——技术和服务标准。它是提升数据开放、流通和交易水平的治理工具。例如，我国发布的《大数据交易区块链技术应用标准》《信息安全技术　个人信息安全规范（征求意见稿）》《信息安全技术　个人信息安全工程指南（征求意见稿）》属于从技术层面对有关数据治理进行规范。再如，我国于2019年5月上线试运行的国家政务服务平台联通32个地区和46个国务院部门，构成一体化政务服务平台作为创新行政管理和服务的新方式、新渠道、新载体，本质上是服务的新标准。

2. 发达地区探索

在多数情况下，我国数据开放、流通和交易的许多制度创新都是由数字经济发达地区完成的。尽管部分实践并未取得成功或引起了不小争议，但仍是各地在完善数据开放、流通和交易方面的原创性贡献。

——贵阳首先探索数据开放立法。于2017年5月1日起施行的《贵阳市政府数据共享开放条例》是全国首部政府数据共享开放地方性法规，也是我国首部设区的市关于大数据方面的地方性法规。其中，共享是指政府部门间数据要实现共享，开放是指政府部门要对社会实现数据开放。与此同时，《政府数据共享开放（贵阳）总体解决方案》提出以"一网一目录一企五平台"为载体，构建全方位、立体化的政府数据共享开放管理体系。在《2020全球重要城市开放数据指数》的30个全球重要城市比较中，贵阳综合得分排名第六，在国内排在上海、北京之后，甚至超过洛杉矶、新加坡、东京、莫斯科、伦敦等全球知名城市。

——上海深化数据分级分类开放。上海于2019年10月1日开始施行《上海市公共数据开放暂行办法》，以"需求导向、安全可控、分级分类、统一标准、便捷高效"为原则，强化公共数据保护责任，对接社会需求制定开放清单，引入专家委员会机制，首次提出分级分类开放模式（专栏2）。

专栏2　《上海市公共数据开放暂行办法》中的公共数据开放类别

● 非开放类：主要指涉及商业秘密、个人隐私，或者法律、法规规定不得开放的公共数据。对列入非开放类的公共数据，暂时不纳入开放范围。

经脱敏、匿名等处理后符合开放要求的，可将处理后的数据纳入无条件开放或有条件开放类。

● 有条件开放类：对数据安全和处理能力要求较高、时效性较强或者需要持续获取的公共数据。对列入有条件开放类的公共数据，数据开放主体应当通过平台公示开放条件，自然人、法人和其他组织通过开放平台向数据开放主体提交数据开放申请，并说明申请用途、应用场景和安全保障措施等信息，符合条件的，可以获取公共数据。

● 无条件开放类：除上述非开放和有条件开放以外的其他公共数据。对列入无条件开放类的公共数据，数据开放主体应当通过开放平台主动向社会开放。自然人、法人和其他组织无须申请即可获取、使用或者传播该类数据。

资料来源：摘自《上海市公共数据开放暂行办法》。

——深圳立法深度开发数据资源。深圳于 2020 年 7 月 15 日公开向社会发布《深圳经济特区数据条例（征求意见稿）》。这部条例运用特区立法权率先展开地方数据立法，是全国首个提出个人享有数据权的政府文件①。文件明确提出公共数据属于新型国有资产，其数据权归国家所有，由深圳市政府代为行使数据权。条例还强调个人隐私保护，促进公共数据开发利用，培育数据市场，是近年来我国数据开放、流通和交易制度一次比较大胆的综合性地方探索。目前，有关条例也引起社会热议，主要聚焦"地方是否有权界定数据权""宽泛地提出数据权概念是否可行""个人、企业数据权利究竟如何分解"等。

——上海与贵阳成为我国集中性数据交易模式代表。贵阳成立了我国首个数据交易场所，截至 2019 年 7 月，贵阳大数据交易所已在 11 个省或市设立分中心，累计交易额突破 4 亿元。从地方集中性的数据交易场所模式来看，上海与贵阳分别代表了中心化供需撮合平台和中心化数据持有平台两种

---

① 数据权是权利人依法对特定数据的自主决定、控制、处理、收益、利益损害受偿的权利。

模式。其中，上海大数据交易中心类似于股票交易中心，仅起中介作用，自身不接触数据，向买卖数据的双方收取佣金。贵阳大数据交易中心则是先把数据买过来，再通过卖给下家赚取差价。但需要指出的是，目前全国的数据交易场所运营情况并不理想，大数据交易仍然面临诸多障碍。

（二）我国数据开放、流通和交易制度的主要问题

根据联合国电子政务以及欧盟数据开放成熟度和 OURDATA 中与制度相关的评价维度，结合我国有关制度的实际执行效果来看，我国数据开放、流通和交易制度仍然存在如下问题亟待解决。

——主体权责不清晰。现有部分法律规定仍然是原则性的，缺少执行细节及执行过程的主体权责划分。以最新的《民法典》为例，对数据权的配置仍未明确界定。在处理个人信息免责事由相关条款中，诸如告知同意的具体方式内容，网络运营者隐私保护政策等并未明确，如何对个人信息使用进行合理限制就需要通过实践进一步细化。此外，政企数据互动中，政府在使用企业有关数据中存在的有关责任仍不明确。

——实际执行不严格。从我国已有的制度体系来看，个人交易数据供用有严格的条件和程序限制。例如，2012 年发布的《关于加强网络信息保护的决定》较早规定了收集、使用个人电子信息应遵循"合法、正当、必要原则"。此后，《网络安全法》《民法典》等作了同样或类似的规定。此外，大型互联网企业都建立了个人信息保护的专门机构和管理机制。但需要看到，现实中仍然广泛存在政府向企业随意或变相索要数据、向企业索要相关数据后在使用后未及时销毁等情况。

——分级分类不精细。尽管上海在分级方面作出了较好示范，但由于是地方探索，在分级分类方面以引导性和指南性为主。在国家层面上，数据类别和管理分级更为复杂，除了政府部门外，更多公益性领域的企事业单位也面临数据分级分类等问题。此外，随着数据调用方式的多元化，数据类型还将进一步增多。分级分类不精细还部分导致数据开放质量的下降，例如，我国数据开放中低容量数据、碎片化数据现象普遍，重复创建和格式问题、无

效数据问题较多，高价值数据偏少且可视化程度低。① 如果数据分级分类更为精细，辅之以技术规则的完善，将一定程度上有助于缓解上述问题。

——处罚力度不够大。数据保护是数据流动的前提，因此必须要有大力度惩罚，形成有效威慑。从目前情况来看，我国的处罚力度还很不足，与欧洲相比存在较大差距。以《数据安全法（草案）》中的规定为例，"不履行数据安全保护义务或者未采取必要的安全措施的，处一万元以上十万元以下罚款，对直接负责的主管人员可以处五千元以上五万元以下罚款；拒不改正或者造成大量数据泄露等严重后果的，处十万元以上一百万元以下罚款，对直接负责的主管人员和其他直接责任人员处一万元以上十万元以下罚款"。而欧盟《通用数据保护条例》（GDPR）中最低一档的最高处罚金额也达到 1000 万欧元或公司全球 2% 的营收，远远高于我国处罚的额度。

（三）发达经济体数据开放、流通和交易制度的经验借鉴

从数据开放的制度和模式上看，美国和韩国均为政府主导且效果最好，英国是政府与公民社会网络合作，日本为实用导向但效果较差。例如，美国新的"联邦数据战略"被纳入"总统管理议程"和跨机构优先项目；② 韩国已经形成了开放数据战略委员会管总、开放数据中心实施、开放数据协调委员会协调、公共数据供给专员支持的格局。③ 从体制性措施上看，澳大利亚在战略性政策、平台性门户、工具性指南、应用性策略方面的体制机制安排颇具代表性。④ 从开放服务的有偿性来看，部分政府数据开放采取了有偿模式，其中英国与德国有偿开放技术标准的实践证明，信息、数据类产品的

① 夏姚璜、邢文明：《开放政府数据评估框架下的数据质量调查与启示——基于〈中国地方政府数据开放报告（2018）〉》，《情报理论与实践》2019 年第 8 期；翁士洪等：《突发事件政府数据开放质量评估研究：新冠病毒疫情的全国样本实证分析》，《电子政务》2020 年第 5 期。
② 翟军等：《美国〈开放政府数据法〉及实施研究》，《情报理论与实践》2020 年第 3 期。
③ 陈美、江易华：《韩国开放政府数据分析及其借鉴》，《现代情报》2017 年第 11 期。
④ 周文泓：《澳大利亚政府开放数据的构件分析及启示》，《图书馆学研究》2018 年第 1 期。

有偿供给能够使公共部门与社会共同受益。

从数据流通和交易的制度和模式上看，从 2008 年开始，全球大数据交易市场已经出现了类似"数据市场"、"数据银行"乃至"数据公约"的形式。欧盟、美国、日本均有企业开展数据交易，走在了产业前沿。美国的数据交易形式由数据源头、数据中介和最终用户构成了数据流通和交易的主体，法国等部分国家已开始探讨数据的资产化。但截至目前全球范围内成熟的数据交易市场、交易指数以及合理的定价机制仍然极度缺乏。近年来，法国、英国及印度等国已经开始探索"数字税"，即使用数据的公司向政府缴纳"数据税"，政府再把这笔税收投入信息基础建设，进而让每个公民都能分享这笔收益。

（四）重视我国与发达国家数据治理理念上的差异

在借鉴有关国家经验时，需要明确的是，尽管在对个人数据保护等方面高度一致[①]，但由于在具体国情、治理能力、风险关注方面存在不同，我国与部分国家在数据开放、流通和交易方面存在不少观念上的差异。例如，我国基于"主权高于数权"和"安全至上"的理念，要求数据的流动必须符合所在国的法律法规，重要数据必须本地化存储，对数据产品源代码要求进行安全审查。这与美国竭力维护数据流通的完全自由、禁止本地化存储要求、强调源代码为企业自主知识产权形成鲜明对比。事实上，这种差异并非存在于中国和发达国家之间，也存在于发达国家之间[②]。观念上存在差异的一个重要含义是，不同经济体可能在数字规则方面形成多个体系，鉴于数字经济对未来的重要性，最终可能引发科技创新、贸易投资方面的激烈争端。

数字贸易是数字经济全球化的重要部分，但由于在规则和定义上未达成共识，主要经济体在谋求数字贸易规则更大公约数上的难度明显增大。其风险主要来自三个方面：一是数据跨境流动和本地存储。在日本撮合下，美、

---

① 我国《网络安全法》《民法总则》《刑法修正案》均禁止非法出售公民个人数据的行为。欧盟《通用数据保护条例》（GDPR）也明确规定对个人数据实行最严格保护。

② 例如欧盟十分强调个人数据保护，美国则相对比较提倡数据流动。

欧、日极有可能达成禁止数据流向个人信息保护和网络安全政策不充分的国家、地区和企业的协议，这将凸显我国与现行国际规则不兼容、监管制度灵活性不够等劣势，对释放我国数字经济潜能带来消极影响。二是平台责任界定。美国政府认为应该给予平台责任保护，防止要求平台对用户发布内容承担非知识产权类责任，并将其写入了《美墨加协定》。但欧盟和美国国会对此并不认同，美欧双方在平台责任上分歧的演化将给我国数字平台企业带来深远影响。三是应对数字贸易保护主义。欧美等国很早就提出要打击数字贸易保护主义行为，未来不排除以"网络审查和跨境访问限制""数字知识产权保护不力""加密限制""数字服务部门外资准入限制"等为由对我国发起有关调查诉讼。

五 健全我国数据开放、流通和交易的制度的建议

当前，数据对各行各业的重要性日益凸显，数据驱动成为产业升级的重要方面。要充分挖掘数据推动数字化发展的潜能，必须促进数据要素高效流动和优化配置，加快形成数据要素市场。数据开放、流通和交易是培育数据要素市场的基本前提，有必要针对我国数据开放、流通和交易制度存在的问题，基于最大限度激活数据资源价值的原则，制定我国数据开放、流通和交易制度体系的时间表和路线图。

（一）以提升开放质量为核心，夯实我国数据开放的制度基础

开放质量是数据开放的核心，较低的开放质量不仅可能放大数据开放风险，还会降低数据开放效率。要提升数据开放质量，必须通过完善制度法规和健全体制机制，在完备开放标准、提升开放安全、匹配开放需求和明确开放权责方面取得进展。

近期，应以加快启动专门立法、标准研究、平台建设、清单发布和规范执法为重点，构建推动数据有序开放的基本制度框架。一是启动《政府数据开放法》专门立法，就政府数据的定义及范围、数据开放的义务主体、

数据开放的例外、组织机构及相关制度保障、统一数据公开平台等内容予以法律界定，为社会公众通过政府数据的再开发提供权威的法律依据。二是研究与政府数据开放相关的重点环节的管理标准，尽快发布采集、质量保障和安全管理的数据开放系列指引，明确政府数据分级分类开放基本原则，为逐步完善统一的政府数据开放标准体系奠定基础。三是建立健全统一的政府数据共享开放平台，推动政府部门间数据共享，推动上下级间数据依法依规调用，为建设经济治理数据库奠定基础。四是分批分步分类制定和发布政府数据开放清单，强化开放数据的负面清单管理，建立根据社会需求动态调整清单内容的机制。五是加强针对数据开放薄弱环节的执法力度，提升重大公共卫生应急事件下政企数据互动的规范性。

中长期，应以完善数据资产管理制度、健全数据开放的国家统一标准、促进政企规范互动为重点，推动数据开放规则更加成熟定型。一是探索建立国家数据资源目录和数据资产管理制度，建立全面反映国家数据资产的系列规章制度，推进国家数据资源价值评估和清查审计。二是进一步形成个人隐私保护、无歧视访问和有关开放、许可、收费、格式、元数据的全国统一规则，推动数据开放向可发现、可访问、可信赖、可重用发展。三是鼓励社会各类主体参与政府数据的采集、开发和应用，加快完善政企数据资源共享合作制度，探索推进政府公共数据授权管理制度，通过建立政企互动数据平台和健全激励相容、权责平衡的机制，推进经济治理基础数据库动态优化，健全数据开放质量评价和监测体系。

（二）以挖掘数据价值为重点，推动数据自由流通和公平交易

数据价值是驱动数据自由流通的基础，无法有效挖掘数据价值，数据的自由流通和公平交易就缺乏内在动力。要确保数据价值得到有效挖掘，既要尊重市场规律，充分发挥市场在资源配置中的决定性作用，又要在行业准入、交易过程和合同执行方面加强和改进监管，严厉打击危害竞争的行为和其他违法行为。

近期，应以规范市场准入、明确交易规则、强化场景建设和推进包容审

慎监管为重点，使更多数据交易阳光化、规范化和常态化。一是研究制定符合国情和实际的数据市场准入制度。一方面，要破除各种形式的不合理准入技术限制和制度性隐性壁垒，另一方面，应对从事数据交易的平台实行持牌管理。二是明确交易规则，重点健全交易规则体系，对数据来源、交易主体、使用目的、使用范围、使用时间、交易过程、平台安全保障等加以规范，完善数据清洗、数据挖掘、产权界定、价格评估、流转交易、担保、保险等配套服务体系。三是强化场景建设，在部分行业领域率先发起基于大数据、区块链和新一代人工智能等技术的数据规模化交易，建立行业主管部门、行业协会、平台企业和行业龙头企业、金融机构等共同参与的数据场景建设机制。在北斗、车联网、**API** 经济、新型智慧城市和工业互联网等主要领域建立数据资产化的标准化应用场景，探索运用区块链等技术实现数据资产的交易。发布百佳数据交易典型场景报告。四是推动包容审慎监管，完善反垄断、反不正当竞争、信用体系、行业管理、安全管理等市场监管体系[①]。

中长期，应以消除交易梗阻、提高标准程度、推动主体培育为重点，促进更大范围的数据自由流通和公平交易。一是消除大数据交易中的梗阻，通过完善立法、促进竞争、加强监管、运用技术等方式重点解决数据权属、交易公平性、隐私保护、第三方交易平台、数据定价等方面存在的问题，健全在交易中不断发掘反映数据价值的公允价格机制。二是建立健全重点领域数据资产化操作指引，支持企业在不同场景下将自身数据资产化，鼓励平台企业发布数据交易标准，加快交易数据标准化。三是加大对数据要素市场主体的培育力度，推动数据交易平台建设，对现有各级各类大数据交易市场进行适度整合，支持大数据交易所建设，鼓励平台企业与行业企业展开合作，积极培育数据经纪商，营造更高效率、更加专业的数据交易环境。

---

① 腾讯研究院：《数据要素经济学：市场培育、定价机制与统计核算前沿》，2020 年 7 月 17 日。

（三）以推动制度创新为引领，强化与全球数据治理规则的对接

数据的开放、流通和交易不可能只局限在一国范围之内。企业业务的拓展，国家开放的深化，都必然伴随着数据开放、流通和交易范围的持续扩大，并逐步向境外延伸。数据开放必须以国家安全为首要，但要获取开放红利，也必须在安全和效率中实现更高水平的动态平衡。为此，我国既要接纳全球数据治理规则，更要积极参与全球数据治理，推动中国方案成为全球共识。

近期，应密切关注国际动向，以加快内部开放、融入现有体系、谋求折中妥协为重点，积极融入全球数据治理体系。一是以广东、海南、香港和澳门为范围，设立以数据自由流动为主要特色的泛大湾区数字经济创新发展试验区或数字自由贸易港。借鉴"境内关外"做法，依法暂停有关法律适用，加快推进分级分类域跨境数据流动监管，适当收缩"关键信息基础设施"的界定范围，对接欧美数据规则共识。二是积极加入网络安全、数据保护、打击网络犯罪的多边双边协议，强化国际社会对我国数据保护的充分性认定。三是持续夯实 WTO、G20 和国际标准化组织等多边机制基础，参与数字贸易保护主义的磋商并做出必要让步。

中长期，要做好既合作又斗争的准备，以更大的政治魄力在重大问题方面做出谋划和决断。一是在跨境互联网访问方面做出更大胆尝试，建议在部分地区早做谋划，适时开启压力测试。二是主动联合东亚、东南亚和"一带一路"沿线国家，谋求建立数据协作治理的宏观架构。在柔性跨境、本地存储方面与主要国家充分协商，形成更加区域化的合作机制。三是做好我国与美国、欧盟在数据治理上发生不可调和分歧并产生巨大影响的应急预案，要加强产业备份、分歧管控和定期沟通，防止战略误判。

参考文献

司晓：《数据要素市场呼唤数据治理新规则》，《图书与情报》2020 年第 3 期。

筱雪等：《法国政府开放数据发展现状及启示研究》，《现代情报》2017 年第 7 期。

赵润娣：《美国开放政府数据范围研究》，《中国行政管理》2018 年第 3 期。

黄如花、李楠：《澳大利亚开放政府数据的元数据标准——对 Data. gov. au 的调研与启示》2017 年第 5 期。

才世杰、夏义堃：《发达国家开放政府数据战略的比较分析》，《电子政务》2015 年第 7 期。

贾一苇、刘鹭鸶：《英国完善数据开放提升政府服务质量经验借鉴》，《电子政务》2015 年第 12 期。

陈朝兵、郝文强：《国内外政府数据开放中的个人隐私保护研究述评》，《图书情报工作》2020 年第 4 期。

翟军等：《美国〈开放政府数据法〉及实施研究》，《情报理论与实践》2020 年第 3 期。

张涵、王忠：《国外政府开放数据的比较研究》，《情报杂志》2015 年第 8 期。

陈美、江易华：《韩国开放政府数据分析及其借鉴》，《现代情报》2017 年第 11 期。

周文泓：《澳大利亚政府开放数据的构件分析及启示》，《图书馆学研究》2018 年第 1 期。

夏姚璜、邢文明：《开放政府数据评估框架下的数据质量调查与启示——基于〈中国地方政府数据开放报告（2018）〉》，《情报理论与实践》2019 年第 8 期。

翁士洪等：《突发事件政府数据开放质量评估研究：新冠病毒疫情的全国样本实证分析》，《电子政务》2020 年第 5 期。

何渊：《政府数据开放的整体法律框架》，《行政法学研究》2017 年第 6 期。

高富平：《数据流通论——数据资源权利配置的基础》，《中外法学》2019 年第 6 期。

王利明：《数据共享与个人信息保护》，《现代法学》2019 年第 1 期。

王建冬等：《东数西算：我国数据跨域流通的总体框架和实施路径研究》，《电子政务》2020 年第 3 期。

张衡、李兆熊：《大数据本地存留与跨境流动问题研究》，《信息安全与通信保密》2015 年第 6 期。

王德夫：《论大数据时代数据交易法律框架的构建与完善》，《中国科技论坛》2019 年第 8 期。

李小加：《加速数据要素市场培育，可从医疗数据着手》，澎湃新闻，https：//www. toutiao. com/i6829220830497473038，2020 年 5 月 21 日。

高志明：《个人信息流转环节的法律规制》，《上海政法学院学报》（法治论丛）2015 年第 9 期。

史宇航：《个人数据交易的法律规制》，《情报理论与实践》2016 年第 5 期。

张敏、朱雪燕：《我国大数据交易的立法思考》，《学习与实践》2018 年第 7 期。

郭明军等：《关于规范大数据交易充分释放大数据价值的研究》，《电子政务》2018年第1期。

李成熙、文庭孝：《我国大数据交易盈利模式研究》，《情报杂志》2020年第3期。

邹传伟：《如何建立合规有效的数据要素市场》，第一财经，https：//m. yicai. com/news/100632727. html? from = timeline，2020年5月17日。

彭慧波、周亚建：《数据定价机制现状及发展趋势》，《北京邮电大学学报》2019年第2期。

刘海房等：《开放数据最新进展及趋势》，《情报杂志》2016年第9期。

Gascó-Hernández, "Promoting the Use of Open Government Data: Cases of Training and Engagement," *Government Information Querterly*, 2018 (35).

Wang, V. & Shepherd, D., "Exploring the Extent of Openness of Open Government Data: A Critique of Open Government Datasets in the UK," *Government Information Querterly*, 2020 (37).

Liang, F., et al., "A Survey on Big Data Market: Pricing, Trading and Protection," *IEEE Access*, 2018 (6).

完善中国数据安全监管制度

完善数据安全监管是落实党中央、国务院决策部署、维护总体国家安全的需要，也是数据要素得以充分有效利用的前提和保障。目前，我国初步建立了数据安全监管的政策框架和法律体系，涵盖数据监管机制、个人数据保护、跨境流动多方面，但也还存在一些问题和挑战，数据安全监管的系统性有待加强，数据安全监管具体制度有待完善，同时还面临国际数据霸权的威胁。从国际社会来看，数据安全监管正在成为各国高度关注的重点内容，针对特定数据的安全保护不断强化，泄露通知制度被广泛采用，重要数据分级分类监管成为趋势，跨境数据流动规则日益清晰，围绕数据主权的博弈愈发激烈，数据监管机构成为标配，数据安全执法活动愈加频繁。面对全球数字经济快速发展和数据安全博弈加剧的新形势，要从维护我国数据安全和国家安全的长远大局出发，结合当前数据安全监管现状和不足，明确我国数据安全监管的工作思路，更加注重监管的体系化、法治化、国际化，进一步完善数据安全监管重点制度。

一　完善数据安全监管制度的重大意义

（一）当前数据安全监管问题日益凸显

进入数字经济时代，数据成为一种新的生产要素，并且在诸多生产要素中的重要性不断提升。根据国际数据公司 IDC 发布的报告，2018 年我国共产生 7.6 ZB① 数据，预计 2025 年我国数据总量有望增至 48.6ZB，占全球的 27.8%，远超美国的 30.6ZB。②《中共中央 国务院关于构建更加完善的要素市场化配置体制机制的意见》进一步明确了数据作为一种新型生产要素的重要地位。但与此同时，数据的海量增长和广泛应用，也带来了严峻的安全问题。一方面，数据在传输、处理、使用环节中都存在泄露的安全风险，针对数据的攻击、窃取、滥用、劫持等活动持续泛滥，对国家的数据生态治理水平和组织的数据安全管理能力提出全新挑战。另一方面，数据安全问题往往会对国家政治经济安全以及个人和公共利益等都会造成危害。例如，美国 2018 年发生的"剑桥分析事件"③ 引发了空前的关注，除了数据泄露背后的个人数据保护问题之外，更重要的是它所曝光的利用用户社交网络数据对政治竞选的影响，引起了包括各国政府部门在内的社会各界的警觉和忧虑。

（二）完善数据安全监管是党中央、国务院的明确要求

数据安全已成为事关国家安全与经济社会发展的重大问题。党中央对此高度重视，习近平总书记多次作出重要指示，提出加快法规制度建设、切实保障国家数据安全等明确要求。④ 习近平总书记在网络安全和信息化工作座谈会上指出，"要依法加强对大数据的管理。一些涉及国家利益、国家安全的数据，很多掌握在互联网企业手里，企业要保证这些数据安全，企业要重视数据安全"。习近平总书记在十九届中央政治局第二次集体学习时再次强

---

① 1ZB = 10 亿 TB = 1 万亿 GB。

② 数据来源：IDC 报告《数字化世界——从边缘到核心》和《2025 年中国将拥有全球最大的数据圈》。

③ 英国《卫报》和美国《纽约时报》2018 年 3 月 17 日共同发布了一篇深度报道，称社交巨头脸书（Facebook）上超过 5000 万用户的数据被一家为政治竞选提供数据分析的公司所利用，并通过向特定用户推送广告影响 2016 年美国总统大选的结果。报道一经刊出，引起轩然大波，脸书成为众矢之的，泄露事件也被贴上了"数据丑闻"（Data Scandal）的标签。

④ 参见《中华人民共和国数据安全法（草案）》起草说明。

调，"要切实保障国家数据安全。要加强关键信息基础设施安全保护，强化国家关键数据资源保护能力，增强数据安全预警和溯源能力"。国务院《促进大数据发展行动纲要》指出，要切实保障数据安全，加强大数据环境下的网络安全问题研究和基于大数据的网络安全技术研究，落实信息安全等级保护、风险评估等网络安全制度，建立健全大数据安全保障体系。此外，在《关于构建更加完善的要素市场化配置体制机制的意见》《"十三五"国家信息化规划》《国家信息化发展战略纲要》等国家有关政策文件中也对数据安全监管问题做出了要求。

数据安全是国家安全特别是国家网络安全中不可分割的一部分，"没有网络安全就没有国家安全"。坚持总体国家安全观，是习近平新时代中国特色社会主义思想的重要内容，习近平总书记在中央国家安全委员会第一次会议中指出，既要重视传统安全，又要重视非传统安全，加强网络安全预警监测，确保大数据安全，实现全天候、全方位感知和有效防护。数据是新的生产要素，是国家基础性资源和战略性资源，数据安全问题影响国家发展与国家安全，关系公众利益。从国际上来看，"棱镜门"事件前，数据开放逐年深化，针对跨境流动等的国际合作不断推进，注重开放成为国际网络空间数据使用的主流态度；"后棱镜门"时代，各国开始明确并不断强化数据安全保护，加强网络数据安全管理。随着全球数字贸易的发展，跨境数据流动越来越频繁，大量经济运行、社会服务乃至国家安全相关的数据将会形成向主要云服务企业集中的趋势，这些数据的深度挖掘和分析将事关国家经济社会安全。因此，应当按照总体国家安全观的要求，通过法律制度加强数据安全保护，提升国家数据安全保障能力，有效应对数据这一非传统领域的国家安全风险与挑战，切实维护国家主权、安全和发展利益。

（三）完善数据安全监管是技术产业的现实需求

"安全和发展是一体之两翼、驱动之双轮。安全是发展的保障，发展是安全的目的"，数据安全监管也是数据要素发展利用的保障和前提，处理好安全和发展的关系对当下充分挖掘数据资源价值具有深远意义。近年来，随着以大数据、云计算、人工智能、区块链、5G 网络等为代表的新一代信息通信技术的快速发展和跨界融合应用，在促进数字经济快速发展的同时也产生了一系列数据安全问题，加剧了数据监管治理的复杂性。习近平总书记指出，要把握好大数据发展的重要机遇，促进大数据产业健康发展，处理好数据安全、网络空间治理等方面的挑战。① 近年来，数据泄露安全事故频繁发生，不仅侵害了公民、组织和个人合法权益，更加重了企业数据安全合规负担严重，影响企业基于数据资源利用的创新发展。因此，完善数据安全监管机制有利于消除企业后顾之忧，促进数据资源有效利用，推动基于数字资源的新技术、新应用的发展。

二　我国数据安全监管制度现状及存在的主要问题

（一）我国数据安全监管的总体情况

随着数据要素在国家经济发展和社会治理中的重要性不断提升，以及越来越多安全问题在实践中出现，通过加强监管完善制度环境以释放数字红利、提升治理能力成为当前国际社会的共同选择。随着数字化加速迈向全面互联、跨界融合、智能发展的新阶段，新老问题同步交织叠加，我国有关部门意识到，在将数据作为推进经济发展新引擎的同时，也应当把数据安全监管作为国家网络安全管理和国家综合治理体系的重要内容，在整个网络安全保护的体系下不断强化数据安全监管工作。顺应国内国际发展形势，落实党中央、国务院有关要求，中国监管部门和立法机构不断完善面向数据安全的政策框架和法律体系，并取得了积极成效。

在政策框架方面，通过制定政策措施，明确我国数据安全监管"安全与发展并重、促进与规范并举"的战略方向和基本原则。2014 年以来，我

---

① 《习近平向 2018 中国国际大数据产业博览会致贺信》，http：//jhsjk. people. cn/article/30015664，2018 年 5 月 26 日。

国高度重视保障数据安全，并将数据安全作为网络安全的重要组成部分进行统一管理，做出了一系列战略部署。习近平总书记在中央网络和信息化领导小组第一次会议上强调："做好网络安全和信息化工作，要处理好安全和发展的关系，做到协调一致、齐头并进，以安全保发展、以发展促安全，努力建久安之势、成长治之业"，明确了数据安全管理"一手托发展、一手托安全"的总体思路。在此基础上，国务院及有关部门相继发布了《关于积极推进"互联网＋"行动的指导意见》《促进大数据发展行动纲要》《国家信息化发展战略纲要》《关于构建更加完善的要素市场化配置体制机制的意见》等政策战略文件，在推进数据相关产业发展的同时也提出了数据安全监管的措施和要求。这些政策文件和战略措施对推动我国数据安全监管工作、建立数据安全监管制度起到了重要的指引作用。

在法律法规方面，虽然《数据安全法》《个人信息保护法》还在制定过程中，但已经初步建立了涵盖法律、行政法规、部门规章和管理规定等多层级的数据安全方面的监管法律体系。国家法律层面，全国人大及其常委会先后制定了以《全国人民代表大会常务委员会关于加强网络信息保护的决定》《网络安全法》为引领，以《国家安全法》《密码法》《反恐怖主义法》等为支柱的事关网络安全和数据保护的基础性立法；国务院制定出台了《政府信息公开条例》《征信业管理条例》等涉及数据安全监管的行政法规。具体行业领域，工业和信息化部、公安部、国家互联网信息办公室等有关部门发布了《电信和互联网用户个人信息保护规定》《通信网络安全防护管理办法》《个人信用信息基础数据库管理暂行办法》《人口健康信息管理办法（试行）》《网络安全审查办法》《互联网个人信息安全保护指南》等配套部门规章和管理规定。此外，我国在《民法典》《刑法》《电子商务法》《消费者权益保护法》《身份证法》等法律法规中也对数据管理有关内容做了相关规定，进一步补充健全了我国的数据安全管理法律体系。

在具体制度方面，从当前我国数据安全监管相关的法律政策规定以及实践监管情况来看，现阶段我国数据安全监管制度主要涉及数据安全监管机制、个人信息保护、数据分级分类管理、跨境流动、数据泄露通知制度以及数据执法监管等方面。

值得注意的是，根据立法安排，《数据安全法》《个人信息保护法》被列入全国人大常委会 2020 年度立法工作计划。2020 年 7 月 3 日，《中华人民共和国数据安全法（草案）》正式发布并公开征求意见。全文共七章五十一条，分为总则、数据安全与发展、数据安全制度、数据安全保护义务、政务数据安全与开放、法律责任和附则。[①] 2020 年 10 月，全国人大常委会对《中华人民共和国个人信息保护法（草案）》进行了首次审议，并向社会公开征求意见。全文共八章七十条，内容包括总则、个人信息处理规则、个人信息跨境提供的规则、个人在个人信息处理活动中的权利、个人信息处理者的义务、履行个人信息保护职责的部门、法律责任和附则。[②]

（二）我国数据安全监管主要具体制度情况

1. 数据安全监管机制

当前，我国数据安全监管工作主要是按照数据所涉及的领域来划分，由各行业主管部门负责本领域数据安全监管工作，呈现出明显的分散化和部门区隔特征。例如，网络运营中的数据安全监管主要由国家网信部门统筹协调，而电信和互联网、市场交易、医疗健康、金融征信等领域的数据监管工作分别由工信部、市场监管总局、卫健委、人民银行等相关部门依据各自职责进行监管。此外，在刑事领域，公安机关对于侵害公民个人信息的违法犯罪活动依法予以监管和打击。整体来看，现阶段我国还没有专门的数据安全监管机构或部门。2012 年全国人民代表大会常务委员会《关于加强网络信息保护的决定》中没有明确授权专门的网络信息管理机构，而是要求有关主管部门应当在各自职权范围内依法履行职责。2016 年《网

---

① 《数据安全法（草案）征求意见》，http：//www.npc.gov.cn/flcaw/userIndex.html？lid = ff80 808172b5fee801731385d3e429dd，中国人大网，2020。

② 《个人信息保护法草案等多部法律草案公开征求意见》，http：//www.gov.cn/xinwen/2020 - 10/21/content_ 5553138.htm，中国政府网，2020 年 10 月 21 日。

络安全法》规定，国家网信部门负责统筹协调网络安全工作和相关监督管理工作，国务院电信主管部门、公安部门和其他有关机关依照本法和有关法律、行政法规的规定，在各自职责范围内负责网络安全保护和监督管理工作。

2. 个人信息保护制度

个人信息也被称为个人数据或个人隐私，个人信息保护是数据安全监管的核心内容。长期以来，我国高度重视个人信息保护工作，目前专门的《个人信息保护法》正在起草制定中，相关法律制度不断完善。2012年全国人大常委会通过《关于加强网络信息保护的决定》，确立了个人信息保护的若干基本原则；2013年修订《消费者权益保护法》，对消费者个人信息保护做了相关规定；2016年全国人大常委会通过《网络安全法》，将保护个人信息安全保护作为重点内容。近年来，随着非法买卖、窃取公民个人信息行为愈演愈烈，我国不断加速推进个人信息保护刑事立法。2009年、2015年先后通过刑法修正案七和修正案九，专门增加了出售或非法提供、窃取或者非法获取公民个人信息的犯罪及刑罚。① 现阶段，我国个人信息保护最主要的依据是《网络安全法》，系统总结了我国个人信息保护监管经验，其第四章"网络信息安全"也被称为"个人信息保护专章"，将近年来一些成熟的做法作为制度确定下来。一是统一了"个人信息"的定义和范围；② 二是确立了个人信息收集使用的基本原则；③ 三是规定了相

---

① 需要说明的是，2017年5月，最高人民法院、最高人民检察院发布《关于办理侵犯公民个人信息刑事案件适用法律若干问题的解释》，对刑事司法实践中定罪量刑所涉及的若干热点问题作出了明确回应。

② 《网络安全法》将个人信息定义为：以电子或者其他方式记录的能够单独或者与其他信息结合识别自然人个人身份的各种信息，包括但不限于自然人的姓名、出生日期、身份证件号码、个人生物识别信息、住址、电话号码等。

③ 具体体现在五个方面：①合法正当原则，网络运营者收集使用个人信息必须出于正当目的，采用合法形式；②知情同意原则，要求网络运营者公开隐私规则，获得用户同意；③目的限制原则，网络运营者不得超范围收集、不得违法和违约收集；④安全保密原则，网络运营者不得泄露毁损个人信息，要采取预防措施、补救措施防止个人信息事故；⑤删除改正原则，网络运营者应当应个人要求删除违法、违约信息、改正有误信息。

关主体的个人信息保护义务；① 四是规定了违反个人信息保护的法律责任，包括民事责任、治安处罚和刑事责任，为公民个人信息保护提供了强有力的保障，也为主管部门在个人信息数据安全监管方面提供了丰富的执法手段。

3. 数据跨境流动制度

数据跨境流动是数据安全监管面临的最主要难题。伴随着信息通信技术的发展，跨境数据的内容和规模不断变化，数据与国家经济运行和国家安全的紧密程度也不断加深。在传统互联网信息服务模式中，数据一般存储在相对固定的服务器上，但在云环境下，云服务商可能在不同地区拥有或管理多台服务器、路由器和其他数据存储设备，并且在技术上可以实现跨境数据自由流动，从而对现有的以地域为基础的网络安全保护和监管模式提出了新的挑战。我国高度重视数据跨境流动问题，从维护国家数据安全角度出发，围绕数据安全监管不断构建相关制度。一是明确了数据跨境流动的一般原则。《网络安全法》首次以国家法律形式明确了我国数据跨境流动基本政策，其中第三十七条规定：关键信息基础设施的运营者在中华人民共和国境内运营中收集和产生的个人信息和重要数据应当在境内存储。二是对某些特定行业和领域内的数据跨境流动做了限制性规定。例如，《征信管理条例》规定征信机构对在中国境内采集的信息的整理、保存和加工，应当在中国境内进行；《地图管理条例》规定互联网地图服务单位应当将存放地图数据的服务器设在中华人民共和国境内。此外，相关行业主管部门对金融数据、网约车数据、人口健康数据等都要求在中国境内存储。三是初步提出了数据安全评估的要求。《网络安全法》第三十七条就关键信息基础设施数据出境提出了安全评估要求，对安全评估的责任主体、管理对象、管理要求等内容进行了规定，从而确立了我国数据出境安全

---

① 对于网络运营者，未经被收集者同意，不得向他人提供个人信息；应当建立网络信息安全投诉、举报制度，及时受理并处理有关网络信息安全的投诉和举报；并积极配合网信部门和有关部门依法实施的监督检查。对于依法负有网络安全监督管理职责的部门及其工作人员，要求必须对在履行职责中知悉的个人信息、隐私和商业秘密严格保密，不得泄露、出售或者非法向他人提供。此外，任何个人和组织不得窃取或者以其他非法方式获取个人信息，不得非法出售或者非法向他人提供个人信息。

表1 某些特定行业关于数据跨境流动的管理规定

行业	规定
金融数据	禁止出境。在中国境内收集的个人金融信息的存储、处理和分析应当在中国境内进行。除法律法规及中国人民银行另有规定外,不得向境外提供境内个人金融信息
交通数据	禁止出境。网约车平台公司所采集的个人信息和生成的业务数据,应当在中国内地存储和使用,除法律法规另有规定外,上述信息和数据不得外流
健康数据	禁止流动。禁止在境外存储人口健康信息
保险数据	本地存储,跨境要求不明。保险公司业务数据、财务数据等重要数据应存放在中国境内
征信数据	本地存储、处理,跨境要求不明。征信机构对在中国境内采集的信息的整理、保存和加工,应当在中国境内进行
地图数据	设备本地化,跨境要求不明。互联网地图服务单位应当将存放地图数据的服务器设在中华人民共和国境内
网络出版数据	设备本地化,跨境要求不明。从事网络出版服务所需的必要的技术设备,相关服务器和存储设备必须存放在中华人民共和国境内

评估的基本框架。为落实《网络安全法》第三十七条规定,国家网信办于2017年公布了《个人信息和重要数据出境安全评估办法》(征求意见稿),此后根据社会各界的征求意见作出重大调整,于2019年先后发布了《数据安全管理办法(征求意见稿)》《个人信息出境安全评估办法(征求意见稿)》等。

4. 网络安全审查制度

数据安全是我国网络安全审查制度的重要内容。《国家安全法》第五十九条规定,国家建立安全审查和监管的制度和机制,对影响或者可能影响国家安全的网络信息技术产品和服务,以及其他重大事项和活动,进行国家安全审查。《网络安全法》第三十五条规定,关键信息基础设施的运营者采购网络产品和服务,可能影响国家安全的,应当通过国家网信部门会同国务院有关部门组织的国家安全审查。为落实《国家安全法》《网络安全法》有关规定,确保关键信息基础设施供应链安全,维护国家安全,国家互联网信息办公室等12部委联合制定了《网络安全审查办法》(以下简称《办法》),并于2020年6月1日正式实施。《办法》系统确立了我国网络安全审查的主要制度和框架。根据《办法》，网络安全审查重点评估关键信息基础设施运营者采购网络产品和服务可能带来的国家安全风险；[①] 关键信息基础设施运营者采购网络产品和服务，影响或可能影响国家安全的，应当按照办法进行网络安全审查。此外，电信、广播电视、能源、金融、公路水路运输、铁路、民航、邮政、水利、应急管理、卫生健康、社会保障、国防科技工业等行业领域的重要网络和信息系统运营者在采购网络产品和服务时，也应当按照办法要求考虑申报网络安全审查。[②]

5. 数据分级分类管理制度

分级分类是数据安全监管的一个重要手段。实践中，政府、企业等主体收集使用的数据在类型、数量、敏感程度、应用场景等方面差异较大，保护要求和保护手段存在较大的不同。我国政府部门高度关注数据分级分类问题，在多个政策文件中提出了关于数据分级分类的要求。例如《关于构建更加完善的要素市场化配置体制机制的意见》提出"推动完善适用于大数据环境下的数据分类分级安全保护制度"；《"十三五"国家信息化规划》提出"制定政府数据资源管理办法，推动数据资源分类分级管理"。相关行业领域也对本领域的数据分级分类安全管理提出了要求，如《科学数据管理办法》要求法人单位对科学数据进行分级分类；制造业领域也提出建立工业数据分级分类管理制度。与此同时，我国相关法律法规中开始尝试对数据进行分级分类管理。例如，《网络安全法》提出了"重要数据"的概念，要求网络运营者采取数据分类、重要数据备份和加密等措施，防止网络数据被窃取或者篡改；《保守国家秘密法》将国家秘密的密级分为绝密、机密、秘

---

① 包括：产品和服务使用后带来的关键信息基础设施被非法控制、遭受干扰或破坏，以及重要数据被窃取、泄露、毁损的风险；产品和服务供应中断对关键信息基础设施业务连续性的危害；产品和服务的安全性、开放性、透明性、来源的多样性，供应渠道的可靠性以及因政治、外交、贸易等因素导致供应中断的风险；产品和服务提供者遵守中国法律、行政法规、部门规章情况；其他可能危害关键信息基础设施安全和国家安全的因素。《〈网络安全审查办法〉答记者问》，http://www.cac.gov.cn/2020-04/27/c_1589535446378477.htm，中国网信网，2020年4月27日。

② 《网络运营者采购网络产品和服务或须接受网络安全审查》，http://www.gov.cn/xinwen/2020-04/27/content_5506709.htm，中国政府网，2020年4月27日。

密三级，并且分别进行了基础界定。党的十九届四中全会以来，随着数据资源生产要素地位的确立，数据分类分级重要性不断提升，有关行业主管部门开始探索制定专门的数据分类分级指南。2020 年 2 月，工业和信息化部印发了《工业数据分类分级指南（试行）》（以下简称《指南》），以指导企业全面梳理自身工业数据，提升数据分级管理能力，促进数据充分使用、全局流动和有序共享。① 《指南》的发布实施为我国探索数据分类分级管理制度提供了有益的尝试。

6. 数据泄露通知制度

所谓数据泄露通知制度，是指在数据发生或者可能发生泄露或者未经授权访问等，实际或者可能对数据安全造成威胁的情形下，数据控制者应当以适当形式及时通知主管机构及当事用户，让各方尽快了解数据泄露情况并采取相应的保护措施。数据泄露通知制度是数据安全监管制度的重要组成部分，是在发生数据泄露或具有数据泄露风险时，及时通知和采取补救措施的重要环节，也是加强数据保护的有效手段。② 数据泄露通知在我国法律语境下也叫信息泄露通知，我国在 2012 年全国人大常委会通过的《关于加强网络信息保护的决定》中首次从法律层面对信息泄露进行了规定，要求网络服务提供者和其他企事业单位应当采取技术措施和其他必要措施，确保信息安全，防止在业务活动中收集的公民个人电子信息泄露、毁损、丢失。在发生或者可能发生信息泄露、毁损、丢失的情况时，应当立即采取补救措施。2013 年《消费者权益保护法》修改时也将《全国人大常委会关于加强网络

---

① 《指南》明确企业为数据分类分级主体，工业企业、工业互联网平台企业等作为工业数据的所有者和使用者，承担开展数据分类分级、加强数据管理等主体责任。《指南》规定了数据分类，企业结合行业要求、业务规模、数据复杂程度等实际情况，围绕数据域进行类别梳理，形成分类清单。《指南》规定了数据分级，根据不同类别工业数据遭篡改、破坏、泄露或非法利用后，可能对工业生产、经济效益等带来的潜在影响，将工业数据分为一级、二级、三级等 3 个级别。《指南》同时提出了分级管理，要求企业应按照《工业控制系统信息安全防护指南》等要求，结合工业数据分级情况，做好防护工作。

② 何波：《数据泄露通知法律制度研究》，《中国信息安全》2017 年第 12 期。

信息保护的决定》的信息泄露内容纳入法律；① 2013 年 6 月，工业和信息化部发布《电信和互联网用户个人信息保护规定》，其第十四条对信息泄露通知制度作了较为详细的规定②。2016 年 11 月，全国人大常委会通过《网络安全法》，进一步对信息泄露通知制度进行了完善。其第四十二条规定，网络运营者应当采取技术措施和其他必要措施，确保其收集的个人信息安全，防止信息泄露、毁损、丢失。在发生或者可能发生个人信息泄露、毁损、丢失的情况时，应当立即采取补救措施，按照规定及时告知用户并向有关主管部门报告。《网络安全法》中规定的信息泄露通知制度成为目前我国关于数据泄露通知制度的主要内容。

7. 数据安全执法检查

法律的生命力在于实施，法律的权威也在于实施，数据安全监管制度要发挥作用，关键是要确保其能够有效实施。一方面，我国现有法律中明确规定了企业依法配合监管部门执法和监督检查等义务，在网络数据安全领域也不例外，企业不仅应当为司法机关提供相关的数据接口与解密支持，还应当提供个案调查配合义务。例如，根据《反恐怖主义法》规定，企业应当为公安机关、国家安全机关进行防范、调查恐怖活动提供网络数据的技术接口和解密技术支持；③《网络安全法》要求网络运营者应当为公安机关、国家安全机关依法维护国家安全和侦查犯罪的活动提供技术支持和协助；《电子

---

① 《消费者权益保护法》第二十九条规定：经营者及其工作人员对收集的消费者个人信息必须严格保密，不得泄露、出售或者非法向他人提供。经营者应当采取技术措施和其他必要措施，确保信息安全，防止消费者个人信息泄露、丢失。在发生或者可能发生信息泄露、丢失的情况时，应当立即采取补救措施。

② 其要求电信业务经营者、互联网信息服务提供者保管的用户个人信息发生或者可能发生泄露、毁损、丢失的，应当立即采取补救措施；造成或者可能造成严重后果的，应当立即向准予其许可或者备案的电信管理机构报告，配合相关部门进行的调查处理。

③ 《反恐怖主义法》第十八条规定：电信业务经营者、互联网服务提供者应当为公安机关、国家安全机关依法进行防范、调查恐怖活动提供技术接口和解密等技术支持和协助。第十九条规定：电信业务经营者、互联网服务提供者应当依照法律、行政法规规定，落实网络安全、信息内容监督制度和安全技术防范措施，防止含有恐怖主义、极端主义内容的信息传播；发现含有恐怖主义、极端主义内容的信息的，应当立即停止传输，保存相关记录，删除相关信息，并向公安机关或者有关部门报告。

商务法》也明确规定了数据提供义务。① 另一方面，落实数据安全监管制度，国家网信部门及国务院电信、公安、市场监管等有关部门依据法律法规和职责开始数据安全领域执法检查活动。例如，2019 年 1 月，国家互联网信息办公室、工业和信息化部、公安部、国家市场监督管理总局联合开展 App 违法违规收集使用个人信息专项治理，针对部分"头部" App 进行评测，督促部分违规企业及时整改；2019 年 11 月，工业和信息化部组织开展 App 侵犯用户权益专项整治行动，重点整治四方面八大类突出问题。

（三）我国数据安全监管存在的问题和挑战

虽然我国数据安全监管已经取得了初步成效，但也要深刻认识到，随着数字化转型推动数字经济的进一步发展，数据体量不断增长、面临问题日益复杂，对相应的数据安全监管也提出了更高的要求，而现有数据安全制度还存在一些短板和不足，也面临国际上的威胁和挑战，需要进一步改进和完善。

1. 数据安全监管的系统性有待加强

数据安全问题既是传统信息安全问题的延续，也是总体国家安全观下网络安全的重要组成部分，更是数字经济时代作为重要生产要素的数据在进行开发利用时所面临的核心议题，涉及生产、分配、交换的各方环节和个人信息保护、跨境数据流动、分级分类管理、执法检查等方方面面。在这样的背景下，相关法律制度需要调整的范围已经从单一部门和某一个领域扩展到全社会，但从我国现有数据安全监管立法情况来看，法律制度监管模式仍以部门和领域为主，由于各自监管意图的差异，法律制度之间衔接不足，缺乏系统性。目前我国《数据安全法》还在起草审议阶段，关于数据安全监管的

---

① 《电子商务法》规定有关主管部门依照法律、行政法规的规定要求电子商务经营者提供有关电子商务数据信息的，电子商务经营者应当提供。此外，根据公安部《互联网安全保护技术措施规定》，企业网络数据应当具有符合公共安全行业技术标准的联网接口；根据《计算机信息网络国际联网安全保护管理办法》，企业应当如实向公安机关提供有关安全保护的信息、资料及数据文件。

规定散见于《全国人大常委会关于加强网络信息保护的决定》《网络安全法》《密码法》《政府信息公开条例》法律法规有关条款中，没有形成监管合力，导致实践中数据安全问题屡禁不止，需要统一谋划，强化数据安全监管法律制度的系统性。

2. 数据安全监管具体制度有待优化完善

相较于食品安全、环境安全等大多数领域，数据安全监管具有很强的技术性和专业性，对监管制度的科学性、合理性也提出了更高的要求。现有数据安全监管制度在监管机制、个人信息保护、跨境流动和安全审查、重要数据保护、数据泄露通知、执法检查等方面还有待进一步强化。

一是分散化机制导致数据安全监管合力不足。虽然《网络安全法》从法律层面确立了国家网信部门的统筹协调职责，但并未授权其作为统一或专门的数据监管或保护机构，网信部门的主要职责仍是"维护互联网安全"和"加强网络信息保护"，并没有改变我国数据安全监管体制分散化的现状。从监管效果来看，多头监管和监管空白并存，各部门监管边界不清，难以形成数据安全监管的合力。我国目前以行业主管部门负责为主的数据安全监管体制虽然能够结合行业特点进行有针对性的管理，但其分散化特征也给主管部门执法、企业创新发展、公民维权救济等都带来了一些困难，导致实践中存在诸多问题。尤其是随着跨行业的数据融合应用更加常态化，条块分割的管理体制正面临挑战，沿用行业管理体系的数据安全监管不免造成职责的交叉，产生重复监管问题。

二是个人信息保护力度有待强化。进入数字经济时代，随着数字经济与传统行业的进一步融合，个人衣、食、住、行等各种活动以数据的形式被广泛记录和存储，个人信息保护成为各国立法高度关注的重点内容。从我国具体情况来看，个人信息保护法律体系尚未完全建立，越来越多的用户数据泄露、非法买卖个人信息事件推动个人信息保护成为全社会普遍关切的焦点问题，出台实施国家专门统一的《个人信息保护法》已经刻不容缓，尤其是个人信息收集、使用规则，删除更正、泄露通知等制度，以及个人信息保护体制等都需要通过专门立法进一步解决。与此同时，个人信息是大数据的重要组成部分，如何平衡好个人信息保护和大数据利用之间的关系成为个人信息保护立法需要解决的重要问题。

三是数据跨境流动规则有待完善。虽然我国已经初步建立了数据跨境流动监管的基本框架，但相关具体制度规则有待进一步细化完善。首先，《网络安全法》只对关键信息基础设施领域重要数据和个人信息跨境流动问题作了原则性规定，但对于重要数据的界定等并没有做进一步的规定。其次，安全评估是我国在跨境流动机制建立初期较为稳妥的选择，由于"数据出境"合法渠道过于单一，可能会对已经具有一定实力的中国企业参与数字经济全球竞争带来政策负面影响。与此同时，对于数据出境的"安全评估"机制也还缺乏明确具体的细则和流程。最后，同我国数字经济与数字贸易高速发展的态势相比，跨境数据流动国际合作机制方面相对滞后，且与主要国家跨境数据流动政策及国际规制相比，仍面临不少挑战。

四是重要数据界定有待完善。虽然目前我国已经在相关法律法规和政策文件中明确提出了数据分级分类管理的要求，工业领域也开始了对工业数据进行分类分级管理的探索，但整体来看，对数据分级分类管理主要还停留在"提要求"阶段，没有太多实质的数据分级分类进展和具体管理制度细则。在实践管理中，对于何为"重要数据"尚未做出明确界定，严重影响了我国数据管理工作的开展。因此，加强对这部分数据的管理是应对大数据时代发展的迫切需求，而如何对这些重要数据进行归类和界定是我国数据保护和管理的前提。此外，有关部门在制定的相关文件中尝试对"重要数据"的概念进行界定，但均未正式出台实施。

五是数据泄露通知制度有待完善。从数据泄露通知制度的要素来看，应当包括制度适用的主体范围、泄露通知制度的触发、安全风险补救、通知和报告、罚则、实施机构等内容。虽然我国《网络安全法》在《全国人大常委会关于加强网络信息保护的决定》的基础上进一步强化和完善了信息泄露通知制度的相关要求，但对于哪些情形需要向用户告知，哪些情形需要向有关部门报告，以及在什么时限内、采取什么方式向用户告知、向有关部门报告等具体问题，《网络安全法》本身并没有给出具体的答案，缺乏可操作性，从而使数据泄露通报制度的功能大打折扣。

六是数据安全监管执法手段有待丰富。当前，我国数据安全监管有两个特点，即刑事打击和刑事追责非常活跃和执法方式以专项行动为主，偏离了数据监管的主要路径。自 2009 年《刑法（修正案七）》增加侵犯个人信息罪以来，刑事追责已经成为我国个人信息保护领域应用最广泛的法律手段，然而需要注意的是，刑事打击和刑事追责虽然在应对数据安全尤其是个人信息犯罪活动方面取得了一定的成效，但长期来看，刑事追责是一种事后打击手段，虽然可以通过对违法犯罪行为的惩戒产生威慑作用，但在推动数据安全监管方面的效果和意义并不十分明显。对于专项行动为主的"运动式"执法方式，虽然在短期内处理了数据安全监管中的一些急迫问题，但具有明显的被动性和功利性，行政执法无法满足现实需要，不是主动地、有条不紊地执行现有法律规范，而是被各种违法现象牵着鼻子走，许多明显的甚至是公开性的违法行为长期得不到根治。

3. 国际社会数据霸权的挑战和威胁

从国际社会来看，以美国为代表的发达国家建立了相对完善的数据安全监管法律制度体系，利用行业巨头先进的技术能力，形成了覆盖上中下游的产业布局，掌握了数据管理的关键节点，实际形成了对于他国的数据霸权。"棱镜门"事件中，美国利用国家安全局等情报部门直接获取微软、思科等行业巨头的庞大数据资源，严重侵害了其他国家的国家利益。从我国具体情况来看，数据主权也面临技术本身发展带来的挑战。大数据时代，数据的利用和管理主要依托于云计算基础设施和服务的发展，但是云计算业务的模式，增加了跨境服务和交易的可能性，本身就跨越了主权的界限，这是技术的本质属性对数据主权的挑战。产业发展和自主技术是实现数据主权的关键保障，虽然目前中国数据产业发展取得了一定进展，但仍处于初级阶段，企业创新能力较弱，无论从体量还是技术来看，都与国外龙头企业存在不小差距。2020 年 9 月，中国国务委员兼外交部部长王毅代表中方提出《全球数据安全倡议》，呼吁：各国反对利用信息技术破坏他国关键基础设施或窃取重要数据，以及利用其从事危害他国国家安全和社会公共利益的行为；各国承诺采取措施防范、制止利用网络侵害个人信息的行为，反对滥用信息技术从事针对他国的大规模监控、非法采集他国公民个人信息。[①]

三 数据安全监管制度构建的国际实践与经验

（一）国际社会数据安全监管基本情况

近年来，国际社会网络安全事故频发、数据泄露事件屡禁不止、个人信息保护问题日益凸显，美国"棱镜门"事件的曝光使原本已经凸显的数据安全问题变得愈加严峻，如何确保数据安全问题成为各国都高度重视的共同议题。面对日益严峻的安全形势，各国在数据安全领域的博弈愈发激烈，将数据安全作为网络安全和国家安全的重要内容，推动全球数据安全监管进入变革调整的新时期。

1.数据安全监管成为国际社会关注焦点

从全球范围来看，在数字经济快速发展的推动下，各国数据立法执法及监管活动持续升温。一方面，新兴市场表现出对数据安全保护立法的极大热情。例如，2018年6月，越南通过《网络安全法》，并于2019年1月1日正式生效实施，确立了数据本地存储制度，为公民个人信息安全和国家安全提供必要的保护，也进一步维护越南的数据主权。再如，2019年12月4日，印度内阁批准通过了首部专门数据保护法案《2019年印度个人数据保护法案》，旨在为印度"确立强有力的数据保护框架和设立数据保护局，赋予印度公民相关个人数据权利，以确保他们关于隐私和个人数据保护的基本权利"。另一方面，随着数字经济的持续发展，数据地位的不断提升，发达国家关于数据安全在内的数据治理规则话语权博弈更加激烈，在原有数据安全管理制度基础上继续进行强化和完善。例如，欧盟在《通用数据保护条

[①] 《全球数据安全倡议》，http://www.gov.cn/xinwen/2020-09/08/content_5541579.htm，中国政府网，2020年9月8日。

例》基础上还制定了《非个人数据自由流通条例》和一系列指南，并对全球数据保护和数字经济发展产生了深刻影响；美国于 2018 年迅速制定通过了《澄清域外合法使用数据法》（即 CLOUD 法），明确美国执法机构从网络运营商调取数据的权力具有域外效力，并与英国签订 CLOUD 法案下的跨境数据执法协议《美英反严重犯罪电子数据访问协定》。此外，俄罗斯、韩国、日本等国家在数据安全保护方面也各有特点。

2. 典型国家和地区数据安全监管基本情况

（1）欧盟数据安全监管基本情况。欧盟具有很长的数据保护历史，高度关注个人数据的安全保护工作。早在 1981 年，欧洲理事会在起草《欧洲理事会关于人权和基本自由的条约》（即 108 条约）时就引入了"数据保护"的概念。1995 年，欧盟通过《关于涉及个人数据处理的个人保护及此类数据自由流动的指令》（95/46/EC）（简称"95 指令"），确立了欧盟个人数据保护的基本制度。针对成员国个人数据保护碎片化问题，以及云计算、大数据带来的法律适用挑战，欧盟对 95 指令进行了大刀阔斧的改革，于 2016 年通过了《通用数据保护条例》（GDPR），在继续坚守保护公民基本权利理念基础上，全面提升个人数据保护力度，对于安全保障措施给予了更加具体的规定。与此同时，欧盟数据保护机构 EDPB 已发布超过 20 项指南以细化 GDPR 有关要求；2020 年 2 月，欧盟委员会发布《欧洲数据战略》，主张进一步加强社会和经济中关于数据使用的治理。

（2）美国数据安全监管基本情况。美国高度重视数据安全问题，建立了相对完善的数据管理法律制度体系。从管理依据来看，美国虽然没有专门的数据保护法，但在《隐私法》《国家网络安全法》《电子通信隐私法》《爱国者法》《儿童在线隐私保护法》《公平信用报告法》等相关法律法规中对数据保护和安全做出了规定。例如，1974 年《隐私法》对公民个人隐私数据保护做了详细规定；《爱国者法》规定，获得法庭许可后，联邦政府相关部门可运用包括窃听在内的各种手段搜集与恐怖袭击相关的信息；2014 年颁布的《国家网络安全法》对数据安全提出要求，规定应定期更新"数据泄露通知政策与指南"，发生泄露或违反事件要立即通知。此外，美国在国际社会上大力倡导数据跨境自由流动，并与欧盟先后签订了《安全港协议》和《隐私盾协议》。美国立法包括联邦和州两个层面，虽然联邦没有统一的数据保护立法，但是随着数据安全事故频发，州层面开始了相关的立法探索，2018 年 6 月，加州通过了一项旨在加强消费者隐私权和数据安全保护的法案，即《2018 加州消费者隐私法案》（CCPA）。① CCPA 对企业提出了更多通知、披露义务，并针对数据泄露，规定了法定损害赔偿金，因加州在互联网产业的独特地位和美国最严格的州层面隐私立法，被视为目前美国隐私立法的代表。

（3）俄罗斯数据安全监管基本情况。俄罗斯很早就建立起较为完善的信息保护和数据管理等法律制度。从立法体系看，目前涉及数据管理的国家专门立法有两部，即《关于信息、信息技术和信息保护法》和《俄罗斯联邦个人数据法》。此外，《俄罗斯联邦大众传媒法》《俄罗斯联邦安全局法》《俄罗斯联邦外国投资法》等法律也对数据管理做出了相关规定和要求。2014 年 5 月 7 日，俄罗斯联邦发布联邦 97 号法令对《关于信息、信息技术和信息保护法》进行了修改。同年 7 月，总统普京签署联邦 242 号法令《就"进一步明确互联网个人数据处理规范"对俄罗斯联邦系列法律的修正案》，对两部数据管理法律同时做了修改，以立法的形式规定了互联网信息服务组织传播者、信息拥有者以及运营商等主体的义务，同时也确立了数据本地存储的基本规则。

（4）韩国数据安全监管基本情况。韩国建立了由专门法和其他领域相关法构成的数据监管和保护立法体系，并将个人信息作为重点保护对象。按公私部门划分，涉及公共部门的数据安全相关立法主要有《通信秘密法》《电信事业法》《医疗服务法》；私营部门的个人信息保护立法包括《电子文件与电

---

① 加州立法部门指出，未经授权而披露个人信息以及隐私的丢失，会对公民权益产生至关重要的影响，引发金融欺诈、身份窃取、财物损失、骚扰、精神压力甚至是潜在的身体伤害。特别是"脸书数据泄露事件"，超过 5000 万用户的数据被一家为政治竞选提供数据分析的公司剑桥分析所滥用，引起了包括立法部门在内的高度重视。参见何波《〈2018 加州消费者隐私法案〉简介与评析》，《中国电信业》2018 年第 7 期。

子交易基本法》《电子签名法》《电子商务交易消费者保护法》《信用信息的利用与保护法》《金融实名交易与秘密保障法》等。①在个人信息保护方面，韩国2011年3月颁布了专门的《个人信息保护法》，法律规定了个人信息的管理、个人信息的安全措施等制度。同时，为配合《个人信息保护法》的实施，韩国制定了配套实施细则，包括《个人信息保护法施行令》《个人信息保护法施行规则》《个人信息保护委员会规定》②。另外，韩国数据安全监管相关的法律还包括《信息通信网络的利用促进与信息保护等相关法》《位置信息的保护与利用等相关法》《云计算发展与用户保护法》等。

（5）日本数据安全监管基本情况。日本信息技术起步早，社会信息化发展程度高，对信息和数据安全的关注也有较长的历史。早在2000年，鉴于利用信息和通信技术应对社会结构突发和剧烈变化的紧迫性，日本国会就通过了《高度情报通信网络社会形成基本法》，该法从政府信息公开、公民信息安全权利和政府信息安全责任界定方面做了原则性的规定，是日本政府信息安全管理法治化和规范化的标志。在个人数据保护方面，日本的主要依据为2003年颁布的《个人信息保护法》；2015年9月，日本政府颁布了《个人信息保护修正法》；2017年，日本再次大幅度修改《个人信息保护法》，并于2020年3月由内阁批准新的修正案。新的修正案为迎合大数据时代技术创新的要求，防范和化解未来个人信息保护中潜在的各类风险，扩充了很多内容，如保障个人权利、扩大企业责任、强化法律处罚、增加域外适用等，赋予个人信息保护委员会更多权力、加强国际传输监管。

（二）国际数据安全监管制度的经验与趋势

1. 针对特定数据的安全保护不断加强

数据安全监管是一个范围较大的议题，涉及诸多行业和领域。从国家社会的监管情况来看，各国在已有数据安全保护制度框架下，积极制定针对云

---

① http：//koreanlii. or. kr/w/index. php/Data_ protection.
② 2011年9月29日总统令第23174号制定。

计算、区块链、人工智能等新业务以及未成年人个人数据等特殊领域的数据安全保护规则。例如，日本政府出台的《云服务信息安全管理指南》，对云客户和云服务提供商在个人信息保护方面应当注意的事项做出了规定；在区块链领域，法国 CNIL 在 2018 年 9 月发布了区块链 GDPR 指南，对于如何界定区块链中的数据控制者和数据处理者、如何确保有效行使 GDPR 规定的数据权利以及区块链的安全性等问题做了明确的规定；① 在人工智能尤其是人脸识别方面，人脸识别技术大规模、多领域的全面应用引发了对隐私保护、数据安全的担忧，2020 年 6 月，美国三大科技公司 IBM、亚马逊和微软先后发表声明，将限制警察部门使用其人脸识别技术，直到国会立法部门出台联邦层面的法律对人脸识别技术的使用进行规范。与此同时，对未成年人数据加以特殊保护是各国数据监管的通行做法，并且在近几年持续加强。美国在 1998 年的《儿童在线隐私保护法》中就对 13 岁以下儿童的隐私权保护作了规定，要求收集或使用其任何个人信息，必须征得父母同意；2018 年加州 CCPA 进一步规定，在消费者是未成年人的情况下，若没有得到关于出售该未成年消费者个人信息的同意，则出售行为被禁止；欧盟 GDPR 规定收集 16 岁以下儿童个人数据，必须征得家长责任持有人的同意，成员国可以制定不低于 13 岁的年龄限制，并禁止自动化处理儿童数据。

2. 数据泄露通知制度被广泛采用

当前，数据泄露问题越来越严重，2018 年全球共发生数据泄露事件 6500 余起，泄露数据约 20 亿条，② 引起各国高度重视。泄露通知制度为美国隐私保护立法首创，近年来被各国数据保护立法广泛采纳。③ 在 2011 年之前，该制度主要适用于线下消费者个人数据保护领域，但是随着云计算、大数据等信息通信技术的发展引发的公众号对数据安全的担忧，数据泄露通知制度被引入线上数据保护领域。目前，美国除了亚拉巴马州和南达科他州

---

① CNIL publishes blockchain guidance for GDPR complian.
② 根据国际互联网协会发布的《2018 年网络安全事件和数据泄露趋势报告》。
③ 泄露通知制度最早在美国州立法中被提出，2002 年美国加利福尼亚州制定了第一部数据泄露通知法《加州数据安全泄露通知法》（California Data Security Breach Notification Law）。

之外的 48 个州都已经建立了数据泄露通知制度。在美国立法的影响下，欧盟、澳大利亚等国家和地区也纷纷引入该项制度。欧盟 2011 年修订《电子通信行业隐私保护指令》时引入了数据泄露通知制度，规定了欧盟层面公共电子通信服务提供者数据泄露通知的义务，要求一旦发生安全侵害事件或者个人数据丢失或被盗，运营商应及时向数据保护机构和用户报告。随后一些欧盟成员也制定了其数据泄露通知制度。2013 年欧委会制定了更加详细具体的《个人数据泄露通知条例》；欧盟 2016 年通过的 GDPR 进一步从立法上确立了数据泄露通知制度，将数据泄露通知制度适用范围扩展到所有数据控制者。此外，2017 年 2 月澳大利亚正式通过了《数据泄露通知法案》，明确了数据泄露通知制度适用主体、评估流程、通知对象等内容；2018 年11 月，加拿大修订了《个人信息保护和电子文件法》，要求加拿大公司在发生数据泄露事件时必须尽快通知受影响用户。

3. 重要数据分级分类监管成为趋势

目前，国际社会已经开始对重要数据进行立法管理。例如，欧盟《关于公众获得欧盟议会、欧盟理事会、欧盟委员会文件的规定》中对于不予公开的信息作出了规定，包括：如果披露会对与欧共体或者成员国公共安全、国防、国际关系、财政、货币或者经济政策相关的公共利益造成损害的，相关机构可以拒绝要求获得文档的请求。再如，韩国《信息通信网络的利用促进和信息保护等相关法》规定，政府应促使信息通信服务提供商或用户采取必要措施防止有关本国的工业、经济、科学、技术等任何重要信息通过信息通信网络流到国外。美国专门制定规定，对"受控非密信息"进行管理。2010 年 11 月 4 日，美国总统奥巴马发布了第 13556 号行政命令——"受控非密信息"，介绍了"受控非密信息"管理的现状、建立统一规范管理制度的迫切性，确定了"受控非密信息"的管理机构、统一名称、具体范围，明确了管理机构的责任和权限，规定了确定"受控非密信息"类别的期限、流程，并详细列出了农业、受控技术信息、关键基础设施、应急管理、出口控制、金融、地理产品信息、信息系统漏洞信息、情报、国际协议、执法、核、隐私、采购与收购、专有商业信息、安全法案信息、统计、税收等门类。行政命令的发布对美国"受控非密信息"的规范管理具有里程碑意义，标志着美国"受控非密信息"管理混乱的终结，是美国管理此类信息的唯一法规依据。

4. 跨境数据流动规制日益清晰

国际社会对跨境数据流动问题关注已久。跨境数据流动的概念最早出现在个人隐私和数据保护条款中，1980 年，经济发展与合作组织（OECD）在发布的《保护隐私和个人数据跨境流动框架》中明确指出，跨境数据流动是指数据跨越国境进行传输。此外，1995 年欧洲议会和欧盟理事会发布了影响深远的 95 指令，规定了欧盟成员国个人数据跨境立法的基本原则与主要内容，允许在满足一定条件下向第三国跨境转移欧盟公民的个人数据。当前，越来越多的国家已经或正在制定适合本国国情的数据跨境流动政策，各国结合各自政治、经济、法律传统等因素考量，制定了特色鲜明的数据跨境流动政策。

美国受贸易利益驱动积极推行数据跨境自由流动。美国在克林顿政府时期，依托其处于优势地位的信息产业，形成了对数据跨境流动问题的基本主张——推行数据全球自由跨境流动，帮助美国企业在全球市场开疆扩土，保持美国在信息通信领域的绝对领先地位。一方面，虽然与欧盟在个人数据保护路径上存在明显分歧，2015 年欧洲法院甚至废除了美欧执行已逾 15 年的欧美安全港，但不可否认的是，二者之间的政策分歧从未实质性影响跨大西洋数据流动。2016 年《隐私盾协议》的达成，为欧美实现数据流动提供了积极机制。另一方面，双、多边贸易协议已成为美国推进其数据流动政策的主要渠道。尽管美国已退出 TPP 协议，但由其提出的跨境数据流动规则已成为不少国际电子商务协定的范本①。此外，美国通过亚太合

---

① 其 14.11 条规定了通过电子方式进行的跨境信息传输。第 1 款指出"各缔约方对于通过电子方式跨境传输信息可能有各自的监管要求"。第 2 款规定"当通过电子方式跨境传输信息为所涵盖的主体执行其业务时，缔约方应允许此跨境传输，包括个人信息"。同时，本条第 3 款指出"本条不得禁止缔约各方为实现合法公共政策目标而采取或维持与第 2 款不符的措施，前提是该措施：（1）其实施并未构成任意或不合理的歧视或构成对贸易的变相限制；及（2）对信息传输所施加的限制并未超过为实现合法目标所必需的限度"。

作组织（APEC），积极推进《APEC 跨境隐私规则体系》（CBPRs）①。

欧盟以保护公民数据为旗帜，对数据跨境流动实施精细化管理。与美国将数据跨境政策与贸易政策深度捆绑不同，欧盟更多的是从个人权利保护项下考虑数据流动。欧盟 2016 年 GDPR 进一步明确了个人数据跨境转移规则，确保对个人数据提供的保护不因个人数据跨境转移而遭到贬损，明确了跨境数据流动的合法路径，包括充分性决定②和适当的保障措施③。此外，欧盟也通过在全球积极推广其个人信息保护法律制度，不断扩展可以实现信息自由流动的地区。1981 年，欧洲理事会各成员国签署欧洲《有关个人数据自动化处理之个人保护公约》（欧洲第 108 号公约），加入公约将被视为满足欧盟跨境数据流动"充分性保护"标准的重要参考。特别自 2010 年以来，欧盟加速推进公约的全球化进程，目前已有 55 个国家加入公约。④ 日本、新加坡等国家跨境数据流动政策与欧盟类似。⑤

发展中国家更加关注国家安全，实施数据本地化政策。与欧美相比，

---

① 该体系倡导数据治理规则的实用性，对于通过 CBPR 认证的企业，被认为满足了隐私保护要求，可以在 APEC 区域内实现自由的跨境数据传输。2019 年 9 月，继美国、日本、澳大利亚、加拿大、新加坡、中国台北、韩国和墨西哥后，菲律宾也加入了 CBPR，http：// cbprs. org/government/。

② 基于充分保护决定流动是指：根据 GDPR 第 41 条，当欧洲委员会认为第三方国家或者国际组织对个人数据和隐私的保护水准和欧盟相当，作出充分保护决定时，转移个人数据就不需要获得特别授权。充分保护决定的作出，需要评估法治、对人权和基本自由的尊重、相关立法等一系列因素。充分保护决定需要接受周期性审查，每四年进行一次，必要时可以废止、修改或者暂缓充分保护决定。

③ 适当的保障措施是指：根据 GDPR 第 42 条，当不存在一个充分保护决定时，企业可以诉诸适当的保障措施，同时确保用户的权利可执行、有效的法律救济存在。保障措施包括有效公司规则，数据转移合同，被认可的行为准则连带企业的有效，可执行的承诺，被认可的认证机制连带企业的有效、可执行的承诺。

④ 王融：《数据跨境流动政策认知与建议——从美欧政策比较及反思视角》，《信息安全与通信保密》2018 年第 3 期。

⑤ 日本《个人信息保护修正法》也增加了对个人数据跨境转移的限制，要求数据控制者转移个人信息到日本境外时需要获得个人的同意。新加坡《个人资料保护法》明确规定机构不得将个人数据转移至境外，除非依据本法的相关要求，确保机构能够提供符合本法要求的个人数据保护水平。2019 年 1 月，欧盟—日本数据共享协议生效，欧盟通过了对日本的数据保护充分性认定，实现了日欧之间双向互认。

俄罗斯、越南、印度等发展中国家更多的是从维护网络安全和数据主权出发，制定数据本地化政策。据统计，目前有超过 20 多个国家对数据本地存储提出了相关要求。[①] 例如，修改后的《俄罗斯联邦个人数据法》《关于信息、信息技术和信息保护法》确立了数据本地存储的基本规则，[②] 2019 年11 月，俄罗斯《主权互联网法》进一步要求互联网服务提供商采取措施最大程度减少俄罗斯用户数据向国外传输；2019 年 1 月生效的越南《网络安全法》纳入了数据本地化存储条款，要求在越南提供电信网、互联网业务和其他网络增值业务的国内外企业将数据存储在越南境内；[③] 印度内阁 2019 年 12 月批准的《2019 年印度个人数据保护法案》针对数据跨境传输提出在境内留存数据副本的要求[④]。在 2019 年 G20 日本峰会上，有24 个国家签署了"大阪数字经济宣言"，但印度、南非、印尼等发展中国家并未签字。与美国等发达国家主张建立数据自由流动国际规则、促进数字贸易全球化发展不同的是，发展中国家主要关注如何改善数字鸿沟、提升建设能力的问题，不支持对跨境数据流动、电子传输免征关税等国际规则进行授权性谈判，以避免影响其制定产业政策和追赶发达国家的能力。

5. 围绕数据主权的博弈愈发激烈

近年来，围绕数据主权的博弈呈现"加剧化态势"。2018 年 3 月，美国

① Chander, Anupam and Le, Uyen P., "Data Nationalism," *Emory Law Journal*, 2015, 64 (3).
② 主要包括三个方面：一是公民个人信息及相关信息和数据库需要在俄罗斯境内存储；二是对俄罗斯公民的个人数据的处理活动需要使用俄罗斯境内的数据库（即处理活动需要在俄境内进行）；三是相关信息告知和协助有关部门执法的义务。参见何波《俄罗斯跨境数据流动立法规则与执法实践》，《大数据》2016 年第 6 期。
③ 第四章第二十六条第 3 款规定："在越南提供电信网、互联网业务和其他网络增值业务的国内外企业，若有收集、开发、分析、处理个人通信数据、业务使用者关系数据和业务使用者在越南产生的数据的活动，要在政府规定的时间内在越南存储这些数据"。参见张怡《越南网络安全法》，《南洋资料译丛》2018 年第 3 期。
④ 印度要求，个人数据跨境传输须在境内留有副本；每个数据受托人应确保在位于印度的服务器或者数据中心存储至少一份个人数据服务副本；关键个人数据仅能在位于印度的服务器或者数据中心处理，其他类型的个人数据在特定条件下可传输至印度境外，如数据保护局批准、数据主体同意等。此外，法案给予政府对个人数据出境的自由裁量权。参见嵇绍国、王宏《印度〈个人数据保护法案〉浅析》，《保密科学技术》2020 年第 2 期。

总统特朗普签署《澄清域外合法使用数据法》（简称"CLOUD 法"），为美国政府索取域外数据提供了法律上的支持。① 在美国通过 CLOUD 法后，欧盟也提出了《电子证据条例》草案，并于 12 月获得欧洲司法部长会议批准。条例引入了具有约束力的《欧洲数据生成令》和《欧洲数据保全令》。其中《欧洲数据生成令》允许成员国的国家机关直接从服务提供商处获取电子证据;②《欧洲数据保全令》允许成员国的国家机关要求通信服务提供者保留特定数据，以便日后提取。随着欧美相继提出 CLOUD 法案、《电子证据跨境条例》，跨境调取电子数据证据将进一步引发数据主权之争。2019年 2 月，英国通过《犯罪（境外提交令）法案》，授予英国执法机构依据英国法庭命令，在与英国签订相关国际协议的国家或地区直接获取境外数据的权力。2019 年 10 月，美国和英国签署首个"CLOUD 法"授权下的跨境数据调取合作协定《美英反严重犯罪电子数据访问协定》，双方特定机构直接向 ICT 服务提供商发布数据调取命令。与此同时，为强化欧洲数据主权，欧盟推出"数字新政"，正式部署网络云设施 Gaia-X（"盖亚 X"计划），旨在通过创建面向欧洲的、强大而有竞争力的、安全可靠的数据基础架构，形成完全独立的"云替代方案"。

6. 数据保护监管机构成为标配

从国际社会来看，设立专门数据保护机构是全球个人数据保护的发展趋势，也是各国相关立法的标配。数据保护机构的重要职责之一是确保数据尤其是个人数据的安全，它的设立有利于促进国家数据保护相关法律的落地，提升整个国家的数据保护水平。据不完全统计，目前全球已经有超过 90 个国家和地区成立了专门的个人数据保护机构，而且这一数字还在不断增长。例如，欧盟层面设立了数据专门的监管机构欧盟数据保护委员

---

① 其规定"无论通信、记录或其他信息是否存储在美国境内，电子通信服务和远距离计算服务提供者均应按照本章内容所规定的义务要求，保存、备份或披露关于用户或客户的有线或电子通信内容、所有记录或其他信息，只要上述通信内容、记录或其他信息为提供者所拥有、监管或控制"。参见《美国〈澄清域外合法使用数据法〉译文》，张露予译，载《网络信息法学研究》2018 年第 1 期。

② 例如应用程序中的电子邮件、文本或消息，以及识别犯罪者的信息。

会（EDPB），各成员国也根据欧盟 GDPR 的要求分别设立了个人数据保护专门机构，如德国的联邦数据保护委员会、法国的国家信息与自由委员会。与此同时，部分国家早期个人信息保护立法中虽然没有设立个人信息保护机构，但随着经济社会的发展，也开始设立专门的机构来强化个人信息保护。例如，日本早在 2003 年就颁布了《个人信息保护法》，但是当时并未设立专门的个人信息保护机构，相关部委根据《个人信息保护法》的规定各自负责相应领域的个人信息保护工作。而到 2015 年，日本也发现成立专门的保护机构是非常必要的，于是在个人信息保护法修订之际成立了专门的个人信息保护委员会。

7. 数据安全执法活动愈加频繁

在监管执法层面，各国不断强化数据安全执法力度，维护市场秩序，增加违法处罚频率和金额。例如，2016 年 12 月，美国联邦贸易委员会（FTC）针对全世界最大的婚外情交友网站未采取应有的安全措施导致 3600 万用户的资料被泄露及使用虚假账户来欺骗部分用户等欺骗消费者行为处以 160 万美元的罚款。随着各国个人信息保护法和监管机制的逐渐完善，针对个人信息违法犯罪的执法活动逐渐频繁，并呈现以下趋势：一是从行为对象来看，违反合同约定、超范围处理数据以及因安全措施不到位导致数据泄露成为打击重点，这也侧面反映出数据滥用和数据安全是数据治理中的关键环节。二是从执法对象来看，体量大、黏度高的用户群体使得大型互联网平台公司成为个人信息的聚集地，同时也成为隐私信息被泄露和滥用的重灾区。截至 2019 年，全球十大互联网公司①几乎均涉及用户数据泄露或滥用的争端，大型互联网公司逐渐成为处罚的重点对象。三是从处罚力度来看，个人信息执法案件通常涉及数据体量大、影响面广，因此"天价"罚单屡见不鲜。例如，2019 年 7 月，美国联邦贸易委员会（FTC）宣布与脸书达成 50 亿美元的和解令，以解决脸书向第三方泄露用户信息的问题。四是从保护对

---

① 根据 2019 年 6 月市值排行分别为 Microsoft、Amazon、Apple、Alphabet、Facebook、阿里巴巴、腾讯、Netflix、Adobe 和 PayPal。

象来看，对未成年人等特殊对象的专门保护力度进一步加强。2019 年 2 月，FTC 认定 Tik Tok 在未经父母同意的情况下收集 13 岁以下儿童的个人信息并默认公开，违反了美国《儿童隐私保护法》，因此对其处以 570 万美元的罚款，并要求其引入年龄控制措施。

四 完善我国数据安全监管制度体系的总体思路及对策建议

面对全球数字经济快速发展和数据安全博弈加剧的新形势，以及数据成为重要生产要素的新情况，我国应从数据安全的长远大局出发，结合当前数据安全监管现状和不足，明确数据安全监管工作思路，完善数据安全监管重点制度。

（一）明确我国数据安全监管的思路

一是加强统筹协调，更加注重监管的体系化。根据《全国人大常委会 2020 年度立法工作计划》，包括《数据安全法》《个人信息保护法》等 29 件法律案将进行初步审议。随着《数据安全法》等进入实质立法进程，我国数据安全监管也将迈入一个新的阶段。面对数据安全问题的复杂性，其监管问题不是简单地制定一部《数据安全法》就能全部解决的，数据安全监管的目标应当是建立一个以《数据安全法》《网络安全法》《个人信息保护法》等为基础，包括《密码法》《关键信息基础设施安全保护条例》等数据安全领域相关法律、行政法规、部门规章和规范性文件各层级法律规定，综合性立法和专门性立法相结合，涵盖数据安全监管机制、个人信息保护、数据分级分类管理、数据跨境流动、数据泄露通知制度等的数据安全监管体系。要建立完善这个监管体系，需要国家有关部门强化立法统筹协调，必要时可研究制定《数据安全监管规划》，充分调动各部门积极性，形成监管合力。

二是坚持问题导向，更加注重监管的法治化。法治是党领导人民治国理政的基本方式，也是数据治理和安全监管中不可或缺的重要手段。党的十九大把坚持全面依法治国确立为新时代坚持和发展中国特色社会主义基本方略的重要内容，对全面依法治国作出战略部署，完善网络数据监管制度也必须厉行法治，以法治建设推进数据治理深刻变革。习近平总书记强调，要推动依法管网、依法办网、依法上网，确保互联网在法治轨道上健康运行。当前，各类数据的拥有主体多样，处理活动复杂，安全风险加大，必须通过立法建立健全各项制度措施，切实加强数据安全保护，维护公民、组织的合法权益。要充分利用《数据安全法》等立法契机，密织法律之网、强化法治之力，重点解决个人信息保护、跨境数据流动、重要数据保护等难题，坚持在法治轨道上调节社会关系、规范社会行为，确保数字经济发展既生机勃勃又井然有序。

三是把握两个大局，更加注重监管的国际化。数据治理是全球数字经济发展和社会治理的新兴领域，数据安全问题突破了传统的物理国界，正在成为世界各国共同关注的重要话题以及维护国家安全和拓展国家利益的新领域。"世界各国虽然国情不同、互联网发展阶段不同、面临的现实挑战不同，但推动数字经济发展的愿望相同、应对网络安全挑战的利益相同、加强网络空间治理的需求相同。"① 习近平总书记指出，"网络安全是全球性挑战，没有哪个国家能够置身事外、独善其身，维护网络安全是国际社会的共同责任"。习近平总书记提出构建网络空间命运共同体的重要主张，体现了中国对网络空间全球治理的担当，成为指引我国推进网络空间国际合作和全球数据治理的核心理念。数据安全监管工作要统筹国内国际两个大局，立足国内，面向国际，更加关注和参与数据安全领域国际规则的制定，积极宣介我国在数据安全保护领域的有益经验和主张，推动在多边、双边场合在个人信息保护、跨境数据流动等方面制定被普遍接受的国际规则，推动构建人类网络空间命运共同体，共同对抗数字霸权主义。

---

① 本刊编辑部：《第五届世界互联网大会开幕　习近平向大会致贺信》，载《中国信息安全》2018 年第 11 期。

（二）完善我国数据安全监管重点制度

1. 维护国家数据主权，有效应对数字霸权

数据安全是国家总体安全的重要组成部分，完善数据安全监管机制是应对国际数字霸权，切实维护国家主权、安全和发展利益的必然要求。目前，我国在网络规模、用户规模、应用规模方面都是全球第一网络大国，同时也是世界上最大的数据生产国。应对数据主权面临的问题和数字霸权挑战，我国应当坚持国家安全观，一方面，充分利用数据体量和数字经济发展优势，加强数据开发利用技术基础研究，支持数据开发利用和数据安全等领域的技术推广和商业创新，培育、发展数据开发利用与数据安全产品和产业体系；另一方面，建立健全数据安全保护管理各项基本制度，提升国家数据安全保障能力，在数字治理国际博弈中维护我国数据主权和国家安全。

2. 加快专门立法进程，强化个人信息保护

据不完全统计，目前全球已有近 120 个国家和地区制定了数据保护立法，还有 40 多个国家和地区正在起草数据保护相关法律法规。[①] 进入大数据时代，随着我国数字经济融合发展，个人信息数据化、网络化趋势愈发明显，个人信息保护问题的紧迫性、重要性日益提升，制定专门的《个人信息保护法》成为立法部门高度重视、社会各界广泛关注的优先事项，已列入本届全国人大常委会立法规划，并作为重点立法项目积极予以推进。立法机关应当加快审议出台《个人信息保护法》，确立我国个人信息保护的重大制度和基本原则，把握好立法定位和价值目标，进一步明确个人信息的定义、范围、收集处理原则，合理界定个人信息属性和权利内容，明确企业等个人信息控制者和处理者的个人信息保护义务，建立个人信息泄露通知等重要制度，进一步丰富执法手段、加大惩处力度。与此同时，兼顾数字经济发

---

① See Banisar, David, "National Comprehensive Data Protection/Privacy Laws and Bills 2019," August 1, 2019, https://ssrn.com/abstract=1951416，最后访问日期：2020 年 2 月 19 日。

展趋势和数据要素利用需求,把个人信息的保护纳入安全管理范畴,使得数据控制者能够认识到数据安全是其发展的内在需要,建立激励相容机制保护个人信息和数据安全。

3. 落实数据分级分类管理,加强重要数据保护

要进一步落实国家层面关于数据分级分类管理的要求,加强对重要数据的安全保护力度。可根据数据在经济社会发展中的重要程度,以及一旦遭到篡改、破坏、泄露或者非法获取、非法利用,对国家安全、公共利益或者公民、组织合法权益造成的危害程度,对数据实行分级分类保护,制定相应的数据保护策略,在确保重要数据安全的同时,鼓励对非敏感数据的依法安全合理使用。具体而言,从国家层面,可以在《数据安全法》中根据对国家安全、经济发展以及社会公共利益的影响,统一将数据划分为"重要数据"和"一般数据",借鉴美国"受控非密信息"的管理经验,以"定性+列举"的方式,进一步明确我国重要数据的内涵和外延。与此同时,在对"重要数据"进行重点管理的基础上,鼓励各地区、各行业主管部门对本领域的数据开展分级分类管理,确定本地区、本部门、本行业重要数据保护目录,对列入目录的数据进行重点保护,与其他行业主管部门建立协同监管机制;并根据企业保护能力的不同,结合用户量、信息类型、影响后果等要素,可综合采用自查自纠、审查、监督抽查、公众监督、行业自律等方式实施行业监管。

4. 完善数据跨境流动管理规则,建立安全风险评估制度

数据流动牵涉数据管理规则的内外协同问题,我国是全球网络大国,随着"一带一路"建设的推进,互联网企业"走出去"参与全球化竞争是未来大势,肯定也会在不少国家遭遇数据流动管制壁垒。从参与全球竞争的角度,我国希望对方允许跨境流动,但从维护国家安全考虑,我国又希望禁止国内的数据跨境流动到国外,这种内外不同是制定政策时需要权衡的。一方面,立足维护数据主权和国家安全,在《网络安全法》第37条的基础上完善我国数据跨境流动的基本原则,同时进一步明确具体行业数据本地化、跨境流动限制规定,加强数据安全风险监测,防范来自境外的大规模网络监控。另一方面，建立集中统一、高效权威的数据安全风险评估、报告等机制，实施跨境数据流动安全风险评估，建立技术检测手段。鼓励电信、金融、石油、电力、水利、智能制造等相关企业进行数据跨境流动的安全风险评估，支持第三方机构建立数据跨境流动安全风险评估机制，对提供云计算、大数据业务的服务商、境外智能制造企业进行安全资质信用评级，为境内企业选择合作方提供参考。此外，要加强相关国际数据间的合作，在双边多边谈判中引入分场景的数据跨境流动规则，在强化数据出境管理的同时，通过多边、双边机制加强与他国的数据往来，促进数字贸易。

5. 完善数据泄露通知制度

当前，大规模数据泄露仍然是全球个人数据保护共同面临的难点问题，传统的"数据泄露通知"机制已暴露出其局限性，在实践中，在用户的账号存在安全风险的情况下，互联网企业普遍采用风险提示的方式，提示用户进行验证、修改密码的操作，一定程度上减少了数据泄露带来的风险。未来，需要通过《数据安全法》《个人信息保护法》或者相关立法作进一步的规定，配套以数据泄露通知标准或指南进行细化。对需要报告政府部门和通知用户的情形进行合理区分，明确报告通知的时限和方式，提高数据泄露通知制度的可操作性，切实加强数据安全保护。此外，针对发生和可能发生网络数据泄露、损毁、丢失的情形，除了要求电信业务经营者、互联网信息服务提供者等通知主管部门，还要求同时通知可能受到影响的用户，使用户能够第一时间了解与其有关的数据安全情况以及通过自我保护减小损失。此外，通过发展网络与数据安全保险市场等市场化手段来减小数据泄露可能带来的损害也是一种可行的方法，通过技术的手段来解决数据泄露问题也将是重要的路径。

6. 建立数据安全监管机构，完善数据安全监管手段

依法设立数据保护机构是国际发展趋势和数据安全监管的重要内容，国际数据保护立法和实践表明，只有设立专门的数据保护监管机构并确保其独立性，才能更有效地实施各种制度，跨越行业、部门的界限履行机构法定监

管职能，解决分散管理体制的问题。因此，我国应当充分利用《个人信息保护法》和《数据安全法》立法契机，主动回应各界关切，在法律中设立我国数据保护专门机构，明确其地位和职能，包括监督《个人信息保护法》和《数据安全法》的具体落地执行，制定数据安全保护次级规则和相关指南；接受和处理数据安全方面的举报投诉；开展面向全社会的数据安全教育、咨询服务；向政府部门、公共机构等提供关于数据安全的建议和意见；以及代表中国政府在国际上处理数据安全相关事项，参与国际数据治理有关规则讨论和制定等。此外，建立健全覆盖各行业、各领域的数据监管执法机制，消除行业监管阻碍，丰富数据安全执法手段。

参考文献

张衡：《大数据安全风险与对策研究——近年来大数据安全典型事件分析》，《信息安全与通信保密》2017 年第 6 期。

何波：《数据泄露让"脸书"迎来至暗时刻》，《中国电信业》2018 年第 4 期。

《习近平在中央网络安全和信息化领导小组第一次会议上的讲话（2014 年 2 月 27 日）》，《人民日报》2014 年 2 月 28 日。

惠志斌：《美欧数据安全政策及对我国的启示》，《信息安全与通信保密》2015 年第 6 期。

张茉楠：《跨境数据流动：全球态势与中国对策》，《开放导报》2020 年第 2 期。

何波：《"互联网＋"时代网络数据安全管理的思考》，《互联网天地》2016 年第 12 期。

王融：《数据跨境流动政策认知与建议——从美欧政策比较及反思视角》，《信息安全与通信保密》2018 年第 3 期。

何波、石月：《跨境数据流动管理实践及对策建议研究》，《互联网天地》2016 年第 12 期。

中国信息通信研究院：《互联网法律白皮书（2019）》，2019 年 12 月。

周汉华：《建立激励相容机制保护数据安全》，《当代贵州》2018 年第 21 期。

何波：《数据泄露通知法律制度研究》，《中国信息安全》2017 年第 12 期。

张新宝：《我国个人信息保护法立法主要矛盾研讨》，《吉林大学社会科学学报》2018 年第 5 期。

崔聪聪：《数据泄露通知制度研究》，《西南民族大学学报》（人文社科版）2019 年第 10 期。

杜雁芸：《大数据时代国家数据主权问题研究》，《国际观察》2016 年第 3 期。

何波：《数据主权的发展、挑战与应对》，《网络信息法学研究》2019 年第 1 期。

嵇绍国、王宏：《印度〈个人数据保护法案〉浅析》，《保密科学技术》2020 年第 2 期。

王融：《〈欧盟数据保护通用条例〉详解》，《大数据》2016 年第 2 期。

吴沈括、崔婷婷：《欧盟委员会 2020 年〈欧洲数据战略〉研究》，《信息安全研究》2020 年第 6 期。

何波：《〈2018 加州消费者隐私法案〉简介与评析》，《中国电信业》2018 年第 7 期。

王融、余春芳：《2018 年数据保护政策年度观察：政策全景》，《信息安全与通信保密》2019 年第 4 期。

佟林杰、袁佳杭、盖宏伟：《日本政府信息安全问责制度体系及借鉴》，《信息资源管理学报》2018 年第 4 期。

张红：《大数据时代日本个人信息保护法探究》，《财经法学》2020 年第 3 期。

赵淑钰、伦一：《数据泄露通知制度的国际经验与启示》，《中国信息安全》2018 年第 3 期。

孙宝云：《论美国"敏感信息"管理过程的公开化及启示》，《情报杂志》2015 年第 4 期。

张怡：《越南网络安全法》，《南洋资料译丛》2018 年第 3 期。

《美国〈澄清域外合法使用数据法〉译文》，张露予译，《网络信息法学研究》2018 年第 1 期。

王融、郭雅菲：《2018 年数据保护政策年度观察：趋势展望》，《信息安全与通信保密》2019 年第 4 期。

《习近平在第二届世界互联网大会开幕式上的讲话（2015 年 12 月 16 日）》，《人民日报》2015 年 12 月 17 日。

何波：《〈网络安全法〉为我国数据管理提供了法律保障》，《中国电信业》2016 年第 12 期。

胡宝岭：《中国行政执法的被动性与功利性——行政执法信任危机根源及化解》，《行政法学研究》2014 年第 2 期。

吴沈括、陈柄臣、甄妮：《欧盟〈电子证据条例〉（草案）研析》，《网信军民融合》2018 年第 12 期。

Banisar, David, "National Comprehensive Data Protection," *Privacy Laws and Bills*, August 1, 2019.

Regulation (EU) 2019/881 of the European Parliament and of the Council of 17 April 2019 on ENISA (the European Union Agency for Cybersecurity) and on Information and

Communications Technology Cybersecurity Certification and Repealing Regulation（EU）No. 526/2013（Cybersecurity Act）.

Chander, Anupam and Le, Uyen P. , "Data Nationalism," *Emory Law Journal*, 2015, 64 (3).

The U. K. – U. S. Cloud Act Agreement is Finally Here, Containing New Safeguards, https：//www. lawfareblog. com/uk – us – cloud – act – agreement – finally – here – containing – new – safeguards, October 8, 2019, 最后访问日期：2020 年 2 月 19 日。

完善中国数据市场竞争规则

　　完善数据市场竞争规则、维护竞争秩序对于提升数据要素配置效率、保护消费者权益、促进数据市场健康发展、对接引领国际数据市场新规则有重要意义。由于数据要素具有规模效应、网络效应、多用户归属、专用性等特点以及特殊的成本结构，数据市场的竞争特性有别于传统生产要素。尽管数据市场的反竞争行为及其对市场主体、消费者和行业发展的影响与传统市场类似，但该领域的反竞争行为也有一些新的表现形式，相关行为的判定、福利影响的识别也与传统市场有所不同。要进一步完善我国数据市场竞争秩序规则，需要针对数据市场的特定问题，从数据市场的基础性制度、加强执法、促进多政策协调、加强国际交流与合作等多个方面着手，持续加强制度建设，不断健全数据市场体系。

　　在新一轮科技和产业革命中，数据是核心资源。英国数学家 Clive Humby 曾说过，数据是新时代的石油。如果说石油是工业的血液，那么同样可以说数据是数字经济的血液。在工业时代，少数产油国和跨国公司控制了大部分石油的生产，深刻地影响着全球的经济版图，甚至政治格局。在网络时代，数据的影响力可以说是不遑多让。随着数字经济快速发展，围绕数据尤其是大数据的新产业、新技术、新模式层出不穷，围绕数据开展的市场竞争日趋激烈，越来越多的网络和数字经济巨头开始把掌控数据、利用数据作为其企业战略的核心。与此同时，数据也有向少数大公司集中的趋势。巨型企业不仅把数据作为支撑其业务创新和业务发展的关键因素，还可能利用其在数据方面的市场支配地位，把数据作为打击竞争对手、攫取消费者剩余的重要武器。在此背景下，数据垄断逐渐成为行业监管部门关注的核心问题，构建完善的数据市场竞争规则已经成为促进数据要素高效合理配置、数字经济持续健康发展的当务之急。与传统的生产要素不同，数据要素在经济特性、技术特性、产权归属、市场交易、价格形成等方面都有其独特之处。因此，有必要在充分认识数据要素特征，分析其配置机制，剖析其竞争特性的基础上，结合数据市场存在的问题和新时代发展目标，提出完善数据市场竞争规则的政策举措。

一　数据市场竞争规则概述

数据正在成为一种新的生产要素，界定数据要素与数据市场是我们分析数据竞争和数据垄断问题的基础。

（一）数据、数据要素与数据市场

数据是信息科学中最基本、最重要的概念之一，是信息的重要表现形态。随着计量经济学的兴起，数据这一概念在经济学领域的应用也越来越广泛，近年来信息经济以及相关经济学研究的快速发展加剧了这一趋势。传统意义上的数据主要是指进行各种统计、计算、科学研究或技术设计等所依据的数值，随着数据技术的进步和信息经济的发展，数据的范畴进一步拓展到文字、话音、图形、图像等其他表现形式。

数据要素是近年来在数字经济领域要素数据化、数据要素化这一大趋势下提出的一个新概念，是对传统生产要素范畴的拓展与延伸。一般认为，生产要素是人类进行物质资料生产所必需的各种经济资源和条件。古典经济学把劳动、资本和土地作为生产三要素。随着生产发展和技术进步，人们逐渐认识到技术、知识、管理对于生产的重要性，并将其纳入生产要素。在数字经济时代，随着云计算、大数据、人工智能等新一代信息技术的发展，数据对于各行各业的重要性不断提升，已经成为部分领域生产活动必不可少的投入要素。数据作为一种生产要素，已经具备了与劳动力、土地、资本和技术同等重要的地位，客观上也要求数据应按其贡献参与分配。

作为一种新型生产要素，数据要素在市场主体间的合理配置离不开数据市场。数据市场是市场主体进行数据交易的场所，由数据交易的主体、客体以及保障交易正常进行的一系列市场机制和制度组成的有机体。

（二）数据市场的竞争规则

市场的有序运转离不开有效的市场机制，竞争机制是市场机制的核心，是市场高效配置资源的基础，数据市场同样如此。

对于数据市场而言，构建完善的竞争规则有几个方面的目标，包括：平等的竞争地位，即经营者不论其所有制结构、经营规模、经营期限、所在地域都具有平等的参与数据市场竞争的权利；均等的竞争机会，即经营者在法律和规则允许的范围内具有平等地进入或退出数据市场、平等地在数据市场中展开竞争的权利；公正的竞争手段，即经营者采取的竞争手段需要为法律法规所允许，为道德伦理所容纳，为社会规范所认可；规范的竞争秩序，即经营者不得采取窃取、侵犯隐私等扰乱市场秩序的方式获取数据，参与竞争。

构建完善的数据市场竞争则需要满足几个方面的条件：一是规则统一。竞争规则不能因人而异、因地而异，避免交易者之间可能产生的纠纷。二是规则公平。竞争规则是所有的竞争参与者，或者至少是大部分竞争参与者共同认可的，各方在竞争中具有同等的权利，不能偏袒任何一方。三是规则合意。竞争规则必须符合经济社会发展的目标，有利于提高消费者、经营者和社会的总体福利，有利于促进产品质量提升和创新。四是共同遵守。竞争规则必须为所有的交易参与者共同遵守，不能有任何交易者凌驾于规则之上，或被排除在规则之外。

（三）完善数据市场竞争规则的必要性

完善竞争规则、维护竞争秩序对于提升数据要素配置效率、保护消费者权益、促进数据市场健康发展、对接引领国际数据市场新规则有重要意义。

首先，完善数据市场竞争规则有利于提升数据要素的市场化配置水平。通过竞争可以避免市场势力造成的市场扭曲，提升数据资源在不同行业和不同企业之间的配置效率；通过竞争可以给企业带来外部的竞争压力，鼓励企业改善算法，提升数据利用效率，进而提升企业内部的生产效率。

其次，完善数据市场竞争规则有利于促进行业健康发展。经营者之间围绕数据进行的价格竞争，以及在此基础上开展的产品质量竞争和引入新产品的竞争，会使企业有较高的积极性降低产品价格，提高产品质量，抢占更大的市场份额，还会使企业有更强的动机去开发新工艺和新产品，在市场中抢占有利地位。企业相关行为有利于推动行业健康发展。

再次，完善数据市场竞争规则有利于保护消费者利益。通过公平竞争可以避免消费者在交易者因经营者的垄断行为或不正当竞争行为而承受损失。在完善的市场规则之下，通过竞争，企业有更强的动机保护消费者隐私，顺应消费者需求提升产品质量，努力开发新产品，使消费者不断获得新的产品体验，扩大其可选商品和服务的范围。

最后，完善数据市场竞争规则有利于对接引领国际经贸规则。数字经济发展是大势所趋，也是未来全球产业经济的制高点。各国尤其是发达国家为在数字经济发展中抢占先机，不仅大力推动本国产业发展，还试图在国际规则制定中抢夺更多话语权。完善国内的数据市场竞争规则，不断在发展中规范市场，有利于我国形成科学合理的市场规则，适应国际市场变化，进而寻找合适的机会引领国际经贸规则构建。

二　数据要素的经济特性及竞争问题

数据作为一种新型生产要素，具有很多有别于传统生产要素的经济特性，这些经济特性决定了数据市场的竞争方式、竞争行为及其福利影响与传统市场有很大差别。理解数据要素的经济特性是认识数据市场竞争问题、构建数据市场竞争规则的前提。

（一）数据要素的经济特性

与有形商品相比，数据本身可复制、可重复利用、非对抗性等特点，在作为生产要素投入生产活动后，又具有规模效应、网络效应、多用户归属等特点。

数据的规模效应主要表现为小规模、单维度的数据价值低，大规模、多维度的数据价值高。一般而言，单个或少量的数据价值极低，甚至没有应用价值。只有当多个维度、多个用户、多个区域、多个时段的数据汇集到一起之后，数据才真正蕴含了经济主体的行为特征、经济运行的内在规律，在实际生产中如果能正确加以利用，将产生巨大的经济效益。

数据的网络效应主要表现为产生同一类型数据的消费者越多、利用同一数据的生产者越多，数据的价值就越高。数据网络中消费者和生产者的增长，提升了数据对于其他消费者和生产者的价值。以搜索引擎为例，特定用户对某一关键词的搜索、对搜索结果的点击本身价值有限，在更多的用户开展搜索之后，用户之间的某些共同习惯得以显现，通过搜索引擎采用特定算法对搜索结果进行排序之后，搜索用户的增加方便了其他用户。

数据具有特殊的成本结构。数据主要存在于虚拟世界，不具有有形的实物形态。这一特性决定了数据可以以极低的成本，甚至是零成本在不同的市场主体之间被复制、存储和利用。同样值得关注的是，数据的处理也具有一定的成本递增特征，在使用大规模数据进行经济分析时，数据用量的大幅提升可能只能带来分析结果的小幅度改善，然而却使相关工作所需要的时间、硬件资源、能源消耗大幅增长。

数据要素具有一定的专用性和时效性特征。在特定的市场范围内，资本、土地等生产要素往往具有通用性。尤其是资本，在满足监管要求的条件下，既能用于生产性领域，也能用于服务性领域；既能用于新设企业，也能用于既有企业的扩张；既能在今年投入使用，也能在明年投入使用。与之不同，数据要素往往只能用于特定的行业、区域或时间。比如，反映消费者地理定位或消费习惯的数据和信息，对于改善一款硬件产品的性能可能毫无价值；对某一具有明显地域特点的消费品而言，反映其消费特征的数据对于另一个不消费该产品区域的经营者可能毫无价值；在一个消费持续升级的社会中，反映某一消费群体十年前消费习惯的数据和信息，对于十年后的经营者价值有限。

数据要素在特定环境下具有非对抗性和多属特征。数据的非对抗性表现为当某一市场主体在使用数据时，并不妨碍或者说不能排除其他市场主体获得并使用该数据。在数字经济的具体实践中，就存在大量市场参与者通过各种技术手段获取其他参与者收集或提供的数据。因此，特定的数据往往为多个市场主体所拥有和使用，这种现象即数据的多属（多用户归属）特征。数据的非对抗性和多属特征会削弱数据的稀缺性，并在一定程度上改变数据市场的竞争行为。部分企业为防止消费者或竞争对手获取其数据，可能通过加密、付费以及在未经授权的情况下禁止收集、复制、存储、传播和加工其拥有的特定数据，这在一定程度上会削弱数据的非对抗性，并使得多用户归属成为市场交易的结果。

（二）数据市场的竞争问题

由于数据要素具有一系列有别于传统要素的经济特性，数据市场的竞争行为、影响因素和福利后果也具有鲜明的特点。

1. 市场结构与市场势力

在数据市场，寡头成为最典型的竞争格局。数字经济时代，网络外部性广泛存在于各种细分行业。在网络外部性下，平台型企业往往出现规模收益递增现象，强者可以掌控全局，赢者通吃，而弱者只能瓜分残羹，或在平台竞争中被淘汰。因此，大量数字经济细分行业往往呈现出明显的寡头竞争格局。比如，在社交网络领域，腾讯占据了优势地位，而脉脉等则成为挑战者；在搜索引擎领域，百度占据了大部分市场份额，而搜狗、360搜索等则瓜分了剩余市场份额；在电子商务领域，阿里巴巴的淘宝、天猫占据了大量市场，京东、苏宁等在特定领域也获得了一定的竞争优势。由于数字经济下主要产业往往面临可竞争市场，在巨头企业之下，往往还存在大量的小企业来瓜分少量的市场份额，或者在产业链的特定环节来填补市场的空缺。但随着网络巨头的触角向不同的领域延伸，寡头结构仍然是数据市场的显著特征。在寡头型竞争格局下，占据优势的寡头企业获得了一定的市场支配地位，可能利用其市场势力实施一些垄断行为。数据垄断的主要实施者正是这些寡头企业，相关企业的竞争行为需引起监管者关注。

2. 数据竞争的福利影响

反垄断依据的基本价值标准是垄断行为阻碍排斥了竞争、降低了社会福利。在传统反垄断监管中，做出这些判断时面临的困难主要是技术上的；而在数字经济时代，关于数据垄断行为对竞争和福利的影响具有很大的不确定性，不仅在于技术层面，还在于理念价值层面。

即使是被当前《反垄断法》认定的数据垄断行为，在价值判断上仍会存在争议。这主要是因为，数字经济时代，数据的价值不仅仅在于数量规模，更需要集中整合。只有具备较强的算法设计、数据挖掘和数据应用能力的企业，才能真正让数据要素充分发挥其作用，创造更高的经济价值和社会价值。在某些情况下，数据的集中或者不同企业在算法上的协同带来的正面影响可能会远远大于负面影响。比如，欧盟在数字经济领域的多个重要并购案中已经考虑了数据集中对于竞争的影响，但主要结论认为由于数据可以广泛获得，数据的集中并不会带来明显的竞争问题。因此，对数据市场的竞争行为或者垄断行为的福利后果的判断，需要考虑数据要素的经济特性，以及相应行业的产业结构和特性，采用新的经济模型来进行评估和判断。

三　数据市场的反竞争行为及其危害

数据市场的反竞争行为与传统市场有诸多共同之处，但数据本身与传统的商品和服务相比有一些新的特性，数据市场的商业模式往往具有平台经济特性，因此，数据市场的反竞争行为也表现出一些新的特征。

（一）数据市场的典型反竞争行为

1. 数据市场中具有排除限制竞争影响的经营者集中

我国《反垄断法》第二十条界定了经营者集中的情形。对于数据垄断而言，垄断行为主要表现为占有数据资源的经营者集中导致数据更加集中，损害数据市场的竞争性。

已占有大量数据资源的经营者，通过经营者集中（合并、控股或签订协议）使占有的数据资源更加完整，催生出数据寡头，形成市场支配地位。同时，基于数据资源的特性，由此增加的数据集中度通常会产生明显的规模经济和范围经济，进一步扩大竞争优势。这种经营者集中，一方面有利于发挥数据整合优势、提升产品和服务供给效率；另一方面，数据过于集中且封闭运行，可能导致以相关数据为必须投入品的竞争对手难以获得相关市场所需数据，从而阻碍市场竞争。因而，确定经营者集中是否属于垄断行为，就要评估其对竞争对手或者新进入者获取数据带来的阻碍程度。在我国数字经济发展中，打车软件"滴滴"与"优步"的合并，阿里巴巴收购高德地图等都属于应谨慎审查的垄断行为案例。被称为"科技巨头克星"的欧盟委员会竞争专员玛格丽特·维斯塔格（Margrethe Vestager）曾表示："数据可能成为并购中影响竞争的重要因素。我们正在探索介入那些涉及重大价值数据的并购，即使拥有数据的公司并没有高昂的营业额。"

专栏1　脸书系列收购对数据市场竞争的影响

2007～2014年，脸书（Facebook）收购了各类公司超过40家，其中相当一部分涉及数据的转移或协同。收购Instagram和WhatsApp是脸书系列收购案中规模较大的案例。2012年，脸书宣布以10亿美元收购Instagram；2014年，脸书宣布以190亿美元整体收购WhatsApp。

尽管在并购之初，脸书保持了相关企业一定程度的独立运营，但数据方面的转移和整合从未停止。合并WhatsApp在欧盟获批后，WhatsApp改变了其使用条款和隐私政策，允许用户的电话号码与脸书ID相匹配，便于脸书收集 WhatsApp 平台上的数据。2019 年，脸书提出合并 WhatsApp、Messenger 和 Instagram 等服务的计划，允许用户在不切换应用程序的情况下相互发送消息。

脸书因数据使用方面的原因，在欧洲频频遭遇罚款，其中大量处罚涉及竞争问题。2019 年，脸书因收集不同来源用户的数据，被欧盟委员会罚款 1.1 亿欧元。

2. 数据合谋

垄断协议，是指排除、限制竞争的协议、决定或者其他协同行为。《反垄断法》明确禁止具有竞争关系的经营者、禁止经营者与交易相对人达成相关垄断协议。然而，与传统的垄断协议相比，具有数据优势的经营者更容易使用数据资源采用新型方式达成垄断协议，且这种协议也更稳定。

一是利用数据和算法实现默示合谋。数据的收集和使用大大增加了市场透明度，经营者可以通过算法监视、预测、分析和跟踪竞争对手目前或未来的价格及其他行为，为实施协同行为创造条件。可以说，大数据与算法、人工智能的结合，使得各相关方不需要签订名义上的垄断协议就可实现合谋。如果被认定为妨碍了市场竞争，这种默示合谋也就属于垄断行为。事实上，利用算法实施合谋并不是一个新事物，早在 1993 年，"美国政府诉航空运价发布公司案"（United States v. Airline Tariff Pub. Co.）就出现了航空公司利用订票程序作为合谋工具的做法。

二是利用数据和算法执行垄断协议。企业可以利用数据和算法来执行垄断协议或默示合谋，并通过实时数据分析监视各个企业对合谋协议的执行情况，监督那些背离协议的企业以维护合谋的稳定性。这将提升垄断协议或默示合谋的稳定性。运营打车 App 的知名科技企业 Uber 就曾因涉嫌在出租车司机之间实施算法合谋而被起诉。

专栏2　Meyer 诉优步 CEO 轴辐合谋案

轴辐合谋是一种不同于横向合谋和纵向合谋等传统形式的"第三类"

合谋，是上游多个经营者以下游经营者为中心达成限制产品价格、数量、销售地区等条件的一种横向合谋。轴辐合谋有纵向合谋的表现形式，但产生了横向合谋的效果，一经达成即具有较为严重的排除、限制竞争效果。

2015 年的 Spencer Meyer 诉优步（Uber）CEO 案就是典型的轴辐合谋案。在该案件中，网上叫车平台优步是轴心经营者（hub，轴），而依托该平台提供出行服务的司机是轮缘经营者（spoke，辐）。在提供网约车服务过程中，司机基于优步提供的算法，设定价格收取车费。由于车费的计算使用统一的算法，司机之间不会展开价格竞争，在一定程度上形成了司机之间的横向合谋。尤其是软件中设计了一个"价格激增"模型，通过统一高峰时段价格上涨标准，使车费可以在高峰时段上涨至原标准的十倍。优步的相关行为被认为构成垄断行为，损害了乘客利益。

三是利用数据和算法实施动态垄断协议。经营者可以彼此分享定价算法，通过程序依据市场数据实时调整价格，实现固定价格的效果，形成实质上的动态垄断协议。比如，2015 年美国司法部（DOJ）分别针对 David Topkins 和 Daniel William Aston 及其公司 Trod Ltd. 展开了反垄断调查。DOJ 指出，Topkins 与 Aston 以及其他合谋者利用数据与算法实现合谋，利用特定定价算法与计算机软件达成动态价格垄断协议。

3. 拒绝竞争对手获取数据资源

我国《反垄断法》认为，"没有正当理由，拒绝与交易相对人进行交易"，"没有正当理由，限定交易相对人只能与其进行交易或者只能与其指定的经营者进行交易"均属于滥用市场支配地位的垄断行为。尽管数据的非对抗性与用户多归属属性会弱化数据的集中程度，但在数据资源方面具有市场支配地位的经营者，可能采取限制措施限定交易相对人，妨碍竞争对手收集数据，这可能导致滥用市场支配地位，主要做法如下。

（1）与第三方签订排他性的条款，在数据收集方面设限，阻碍竞争者获得数据。第三方可能是合作经营者，也可能是用户。比如，Facebook 要求未经其同意，其他企业不得收集其平台上用户的数据。谷歌要求第三方网站与其签订搜索广告的排他协议，防止竞争对手获取相关数据资源。

（2）不公平地拒绝向竞争对手或其客户提供数据。在数据市场上居于支配地位的经营者，如果对其他用户开放数据，而专门限制向竞争对手或特定客户提供数据，可能构成拒绝交易行为，被认为是滥用市场支配地位行为。

专栏3 Cegedim 拒绝向竞争对手客户出售数据库案

Cegedim 是法国一家领先的商业信息数据提供商，在医疗信息数据库市场具有支配地位，拥有医疗信息数据库中主要的数据库 OneKey。Euris 是 Cegedim 在健康行业的客户关系管理（CRM）软件市场的竞争对手。Cegedim 拒绝向使用 Euris 的软件用户出售 OneKye，但向其他用户出售。法国执法机构认为这种行为涉嫌歧视，可能限制 Euris 的发展。

4. 基于数据画像实施差别待遇

根据我国《反垄断法》，"没有正当理由，对条件相同的交易相对人在交易价格等交易条件上实行差别待遇"属于禁止的滥用市场支配地位行为。在相关市场中拥有市场支配地位的经营者，通过收集分析数据，为用户精准"画像"，在为用户提供更多便利的同时，也为精准区分客户群体提供了条件，也就更容易采取歧视定价方法将消费者剩余转为生产者剩余，最大化自身利润。典型做法就是，基于用户的购买习惯、对价格的敏感程度等数据信息，精准评估用户对某种产品或服务的支付意愿，进而为不同群体设定不同价格以获得超额利润。比如，近期新闻报道，用户发现在携程网购买机票，同一时间同样产品针对不同群体的价格竟然不同，老会员可能还比新会员支付更高的票价，这就是基于数据优势实施价格歧视的典型案例。再如，电信运营商，基于数据信息分析结果，针对新用户和老用户，使用电话办理和去营业厅办理提供不同的套餐选项，向那些对价格不敏感的用户、针对时间有限不愿去营业厅办理业务的用户提供更少、价格偏高的套餐选项，且在资费下调时不会提供套餐价格变动更新提醒。

专栏4 电子商务平台的"大数据杀熟"行为

一直以来"大数据杀熟"都是电商行业中被消费者诟病的一种行为。所谓"大数据杀熟"就是电子商务平台利用其掌握的消费者收入水平、消费习惯、个人身份等方面的信息，对消费者进行精准"画像"，进而利用消费偏好对消费者进行差别化定价的行为。在该定价模式下，可能出现消费频次越高、消费量越大的消费者反而承受更高价格的情况，与人们传统认识中"量大价优"的典型定价模式完全相反。近年来，在线差旅、在线票务、网络购物、交通出行和在线视频等领域一些规模较大的平台，均频频出现因涉嫌"大数据杀熟"而遭遇消费者投诉的情况。

5. 基于数据占有优势的搭售行为

根据我国《反垄断法》，"没有正当理由搭售商品，或者在交易时附加其他不合理的交易条件"属于禁止的滥用市场支配地位行为。在数据相关市场上居于支配地位的经营者，可能会基于数据优势地位采取搭售行为来增强在其他市场上的竞争优势。比如，基于自身的数据优势，将数据与自己的数据分析服务捆绑出售，以此来增强自身在数据分析服务市场上的竞争优势，这种行为在某些情况下能增加效率，但也可能排挤竞争对手、减少竞争，可能被认定为滥用市场支配地位。

6. 基于数据的行政垄断行为

我国《反垄断法》对行政性垄断的界定是"滥用行政权力排除、限制竞争"，并做出了具体规定。在数据垄断领域的主要表现是，政府将自身行政过程中产生的公共属性的数据资源，以不恰当的"特许经营"方式供给特定市场主体，或者限定或者变相限定相关主体必须使用特定市场主体的数据产品和服务，在实际效果上排除、限制了市场竞争。

7. 涉及数据的不正当竞争行为

随着数字经济迅猛发展，人们的生活方式发生了重大变化，消费模式也相应变化，线上消费蓬勃发展，网络快递、平台直播等业态发展迅猛，相关领域的不正当竞争行为也呈多发趋势。比如，部分直播平台违规开展不正当有奖销售或开展违规促销，奖品、奖金信息不明确，或在开奖等环节欺骗消费者。又如，一些电商直播平台对产品进行虚假宣传，播出违法广告，夸大产品性能，或者低价销售后拒绝发货，严重损害消费者利益。再如，一些电子商务网站通过插入链接、强行跳转等方式引导消费者进入相关页面，或通过诱导消费者下载等方式推广 App，属于典型的不正当网络竞争行为。相关不正当竞争行为也会严重扰乱市场秩序，影响行业健康发展。

（二）数据市场反竞争行为的主要危害

1. 导致数据要素低效配置

一方面，数据市场的反竞争行为可能导致数据要素在行业间、市场主体间低效配置。这种低效配置即反映为数据要素无法配置到能够产生最高回报的领域，也反映为特定的数据要素难以被多个市场主体同时使用，从而也就无法实现最好的社会效益。比如，一些企业在获得消费者数据后，通过市场封锁阻碍其他企业获得相关数据，从而达到维护自身竞争优势的目的，但相关行为会通过减少消费者选择、损害消费的便捷性等方式影响市场规模扩大，进而损害行业利润和社会总体福利。另一方面，数据垄断往往会导致企业内部效率低下。垄断了特定数据的企业可能会由于缺乏外部竞争，或对数据产生路径依赖，缺少外部竞争压力，在管理、生产、销售等方面效率低下。企业垄断了数据和相关业务模式，在缺乏外部竞争压力情况下，员工努力动机不足，导致企业内部效率低下，也会造成一定程度的福利损失。这种由垄断引起的内部无效率也称作 X－非效率。尽管内部效率损失并非只在垄断数据的企业内部出现，但实施数据垄断的企业，其内部效率损失表现得尤为突出。

2. 损害消费者福利

部分企业的数据垄断行为是直接针对消费者的，即便不是直接针对消费者，数据垄断对竞争的削弱也会使消费者成为间接的受害者。数据垄断对消费者福利的损害体现在以下几个方面。

一是数据垄断会产生与传统垄断行为类似的价高质次的后果。实施数据垄断的企业可能通过滥用市场支配地位、达成垄断协议等方式，在数字经济领域实施垄断高价直接损害消费者的福利，或者通过搭售等方式限定消费者的选择权，或者通过提升消费者的转换成本限定消费者的消费行为。同时，数据准入的不平等可能导致服务质量降低。比如，在搜索引擎领域，搜索引擎巨头有动力也有能力优先考虑付费广告商，而不是考虑为用户提供相关性程度高、质量好的搜索结果。

二是一些隐蔽数据垄断行为使消费者遭受损失。数据垄断企业还有可能利用其数据优势，结合其算法和商业模式，实施数据歧视、数据合谋等垄断行为。比如，部分企业利用数据识别消费者的消费习惯和个人偏好之后，对消费频次较高的消费者不仅没有传统意义上的折扣，反而通过价格歧视制定更高的价格，即实施"大数据杀熟"，使消费者承担福利损失。

三是数据垄断巨头在实施垄断行为时也可能通过侵犯隐私等其他方式使消费者受损。虽然先进的大数据技术为消费者提供了便利，但部分个人隐私数据却也赤裸裸地暴露在电子商务、搜索引擎以及社交网络等"第三只眼"的监控之下。而部分垄断企业和不法商户为急于发现商机、牟取利益，恣意收集信息，严重威胁到普通人的隐私权。技术快速进步使一些数据被开发出新用途，但是个人却有可能对此毫不知情。运用新技术收集、分析和使用数据来预测和影响消费者的潜在经济行为，有可能造成伦理和道德上的风险。

3. 阻碍数字经济创新

垄断特定数据的企业可以利用其垄断地位获得高额利润，但与此同时，对数据的垄断也可能降低企业经营效率，削弱企业创新活力。部分实施数据垄断的企业在开发新产品、引入新服务、实施新商业模式等方面动力不足，制约了企业的创新活力。由于垄断了数据入口和数据使用权限，一些企业能够轻易地获取高额利润，缺乏动机为客户创造新的商业模式和产品。比如，在谷歌退出中国之后，百度在搜索引擎领域一家独大，对搜索数据以及基于搜索数据的广告业务具有一定的市场支配地位。由于缺乏外部竞争压力，百度长期实施较具争议的竞价排名业务模式，其贡献大部分收入的医疗广告等业务也广受争议，这与百度缺乏创新动力难以开发新的业务类型和业务模式密切相关。而腾讯也在较长时期内因抄袭和模仿而广受质疑，一些初创企业因产品和业务模式被腾讯模仿而陷入困境，甚至网易也曾指腾讯抄袭其新闻客户端设计。

四　当前完善数据市场竞争规则面临的主要问题

数据市场竞争规则面临的问题，既有法律制度、市场规则和体制机制方面的问题，也有在落实竞争政策、开展反垄断执法过程中的技术性问题。解决两类问题对于促进数据市场公平竞争同样重要。

（一）数据市场面临的体制机制问题

一是支撑数据市场发展的基础制度不完善。在绝大多数情况下，数据产权仍不明晰，缺乏明确认定数据产权规则的法律法规和市场规则，对消费者的数据隐私和数据所有权保护仍不够。由于数据未能确权，数据交易规则不完善，缺乏数据产权划转、变更、转移的规则体系。这一方面的问题突出表现在数据市场规则，尤其是竞争规则的相关立法滞后。从近年来西方国家的数据立法看，欧美发达国家围绕数据隐私保护、数据开放等问题开展了一系列立法工作。比如，欧盟发布《通用数据保护条例》，英国通过《公共部门信息再利用指令》，美国通过《开放政府数据法案》《信息自由法》《隐私法》等法律条文，日本发布《人工智能、数据利用相关签约指南》，对数据权属等问题进行界定。近期，我国市场监管部门先后形成了《反垄断法》修订草案、《关于平台经济领域的反垄断指南》（征求意见稿）等，并向社会征求意见。相关立法工作取得了一定进展，但未来需要进一步加快建立数据市场竞争规则的步伐。

二是优化数据市场竞争的思想认识不明晰。数据市场竞争既是一个行业发展的现实问题，也涉及诸多经济学界广为关注的理论问题。从现实情况看，关于反垄断的一些理论认识在社会乃至学界尚难达成共识，而数据市场反垄断的争议更大。在我国数字经济处于起步阶段时，政府部门更多的是采取包容态度，坚持审慎监管原则，这对于我国数字经济蓬勃发展并迅速壮大提供了有利条件。但随着相关企业的规模不断扩大，数字市场中的一些企业具备了一定的市场支配地位，相关企业的市场行为也具备排除和限制竞争的嫌疑，引起了社会的广泛关注。在这一背景下，明确数据市场的监管导向和监管原则变得至关重要。随着数据市场竞争与居民生活的联系更加密切，数据市场公平竞争对人民日常生活的重要性不断提升，需要适应这些变化进一步深化对数据市场公平竞争地位的认识，加强对数字经济的反垄断监管。

三是数据市场竞争执法的行政力量待加强。我国在新一轮机构改革中，建立了统一的竞争政策主管部门，反垄断行政执法机构具备了形式上的统一性，这使我国竞争政策实施机构得到了一定程度的强化。但我国的竞争政策实施机构在人员配置上仍远少于同等规模的经济体，甚至少于欧洲一些小型经济体，执法力量严重不足。尤其是在反数据垄断方面，亟须大量补充相关领域的专业人才。在充分发挥不同层级执法力量方面，需要进一步探索适应行业发展的体制机制，适当推动执法力量向地方倾斜，适当向地方授权，并在授权方式、授权层级、是否设置派出机构等方面作出系统安排。

（二）反数据垄断面临的技术性问题

1. 新型合谋导致认定困难

一方面，对于现行反垄断法中已有规定的合谋行为，如果其涉及算法，执法部门需要理解技术方法以及算法如何促进或支持合谋行为；另一方面，对于反垄断法并未涵盖的新型合谋，如算法合谋，无须竞争者之间进行任何联系或者不需要任何便利行为即可实现。这种默示合谋既不容易识别，也不容易判定，更不容易打破。在面对新型合谋时，如何认定垄断协议、如何明确法律责任和如何进行有效控制等都面临新的挑战。

2. 市场支配地位认定困难

数据市场的特殊性使得市场支配地位认定存在困难，进而也就难以认定滥用市场支配地位的垄断行为。

一是相关市场不易界定，市场份额难以计算。数据相关的业务主要涉及具有双边市场特征的在线平台，市场边界远不如传统领域那么清晰。从数据交易来看，当前数据资源的产权界定仍不清晰、交易机制仍不健全等，大量数据并未实际交易，也就难以界定相关市场。从数据使用角度看，目前拥有大量数据资源的企业通常将数据用于自身的产品和服务改进，部分与外部合作提供数据服务，数据使用已经全面渗透到各个领域、各个行业，难以界定哪些属于相关市场。同时，数据资源类型多样，通常需要整合起来使用，数据之间的互补性通常大于替代性，界定相关市场通常使用的需求替代分析法失灵。

二是通过其他因素认定支配地位存在困难。《反垄断法》提出的认定市场支配地位的方式方法在数据市场存在执行困难问题。从准入门槛角度来看，数据市场的准入门槛很低，其他经营者获取少量同类数据的成本并不高。从被依赖程度看，下游经营者对海量权威数据的依赖程度，也难以通过简单的调查取证予以确认。从经营者对市场的控制能力、财力和技术条件等来认定，也会面临市场边界不清的问题。

三是数据的跨市场属性使认定存在困难。在数据垄断中，滥用市场支配地位行为可能源于其对关联市场而非本市场中的数据具备市场支配地位。经营者可能在一个市场里拥有支配地位，并以数据为桥梁强化其在另一个市场上的优势地位，为其在该市场上实施滥用行为提供支撑。数据市场的跨界特征使得认定滥用市场支配地位行为变得更加复杂、更加困难。

3. 数据型经营者集中可能会免于审查

我国《反垄断法》第 27 条提出了审查经营者集中要考虑市场份额、市场集中度等硬指标并评估其影响。然而，对于数据型经营者来说，不少参与集中的经营者可能掌握了大量用户和数据或者拥有创新的商业模式或技术，但还属于初创企业，营收较少，特别是在免费商业模式下以营业额衡量的市场份额无法计算。依据现有法律规定和实际操作情况，其可能会因达不到申报门槛而免于审查。

4. 确认垄断收益和处罚存在困难

我国《反垄断法》对垄断行为的法律责任作了明确规定，但对数据垄断的收益和处罚认定存在困难。一是数字经济领域补贴模式广泛存在，大量平台企业关注未来收益。数据市场上的经营者即使被认定实施了垄断行为，但可能当前营业收入仍低、尚未盈利，而数据型企业的盈利模式与传统行业差异较大，业务收入和利润很可能在短期内呈爆发式增长。二是平台企业可能在某一相关市场长期实现免费经营，而通过平台另一边的相关市场来获取收益。这导致很难准确判断其实施垄断行为的获益情况，简单依据销售额进行罚款也并不合理。

五　政策建议

推进数据要素的市场化配置，需要从数据市场的基础性制度、加强执法、促进多政策协调、加强国际交流与合作等方面着手，持续完善我国数据市场竞争秩序规则。

（一）完善数据市场基础制度

一是以社会福利最大化为原则明确数据产权。数据资产具有普遍存在、低成本、可复制性和广泛可得等特点，部分数据还具有非排他性和可替代性特点。因此，数据产权的界定需要结合数据自身特点、产权界定的福利影响来明确数据产权归属，并在此基础上，形成一整套完善的数据产权认定、转让、使用、保护等规则。只有明确数据产权的相关规则，明确数据产权的归属及其使用者的行为规范，数据垄断的相关分析才具备了坚实的基础。

二是建立权威性的数据资产价值评估参考标准。应结合数据收集、积累、储存、处理过程的反复性，成本构成的不确定性，经济效益的未知性以及价值转化或确认过程的风险性等因素，通过市场交易、第三方评估等方式科学确定数据资产价值。只有明确数据资产价值才能够在涉及数据资产的经营者集中、数据垄断案件的结构救济和行为救济中建立明确的分析基准。

三是结合反垄断法修订和补充加强立法工作。加快推动《反垄断法》修订工作，要总结反数据垄断方面的成功经验和实施中遇到的主要问题，以适应数据垄断新形势、解决数字经济发展新问题为目标，将数据垄断相关内容纳入《反垄断法》。结合反数据垄断重点工作，制定涵盖数据经济领域横向并购、纵向并购、纵向约束、滥用市场支配地位、滥用行政权力排除限制竞争等方面的反垄断指南。把反数据垄断的基本原则、分析方法、处置措施纳入其中，有效发挥反垄断指南引导政策预期、事前防范垄断行为的积极作用，引导数字经济健康发展。

（二）加强反数据垄断执法工作

一是在数据垄断方面既要强调审慎监管，又要强调严格监管。对于数据市场领域的一些新商业模式、一些竞争影响和福利后果尚不明确的市场行为，需要采取包容审慎的态度，加强研究，深化认知。对于一些消费者反响较为强烈、社会负面评价较多的反竞争行为，需要调集执法力量，从严监管，规范相关企业行为，有效促进行业健康发展，保护消费者合法权益，鼓励企业创新。

二是完善数据垄断经济分析的方法论，结合数字经济的特点采取反映数据垄断特性的经济分析新方法。要梳理不同类型数据的竞争规则，区分个人数据与公共数据、企业数据与政府数据、工业数据与服务数据，区别对待不同类型、不同领域的数据垄断行为。将产业组织理论的新进展、新方法广泛应用于相关市场界定、福利分析、损害认定、垄断行为救济等领域。

三是结合数据垄断特点构建反垄断执法新模式，充实反数据垄断执法力量。在数据垄断领域，需要对传统执法模式取长补短，充分利用现有规则中与数据经济特点相一致的部分，同时探索适应数据垄断特点的新模式。比如，对于经营者集中审查的门槛问题，对一些资产规模和营业收入不高，但市场估值高、消费者福利影响大的企业并购行为加强审查，修订数字行业并购审查门槛，增强审查力度。同时，需要充实执法力量，加强业务培训，优化干部年龄结构和知识结构，建设高素质、专业化的执法队伍。合理保障技术投入，提高现代科技手段在执法办案中的应用水平。

（三）强化竞争政策与监管政策协调

一是充分认识到协同推进反数据垄断与数据领域监管工作的重要性。反垄断法仅是数字经济领域保护消费者和企业利益的手段之一。一些问题是单纯的反数据垄断问题，但也有一些问题处于交叉领域，比如，不清晰或不公平条款和条件、个人数据滥用，需要通过《消费者权益保护法》《数据隐私法》得以解决。因此，在规则制订、工作推进、调查研究等方面都需要加强部门协同。

二是完善不同机构之间的合作机制。反垄断机构需要与其他执法机构合作，共同追踪有关数据收集和使用的最新进展。不同机构要共同探索确保形成一套协调的执法和监管体系，寻求解决特定问题的最合适的监管方式和手段。部门之间应通过建立日常工作交流机制、成立部际联席会等方式加强沟通与协作。

（四）加强反数据垄断的国际交流与合作

一是通过多种方式加强反数据垄断国际合作。要对接反数据垄断领域的国际标准和国际通行的"游戏规则"。就数据垄断问题加强与国外反垄断机构的交流和研讨，通过与国外反垄断执法机构签署合作谅解备忘录，将数据垄断议题作为双方合作交流的常设议题。就反数据垄断的规则制订、执法进展、国际协调与主要经济体反垄断机构开展政策对话，寻求反数据垄断的共识，推进反数据垄断执法、培训等多个领域的合作。以数据经济方面的跨国并购、跨国垄断协议等为重点，加强与主要反垄断司法辖区的跨国反垄断执法合作。

二是积极参与全球数字治理，引领全球反数据垄断规则的建立。随着我国与全球经济的融合不断深化，可以把竞争政策和反垄断作为我国开展国际合作和参与全球治理的重要内容，把反数据垄断作为其中的重要议题。在"一带一路"国际合作高峰论坛、金砖国家峰会、G20、APEC 等重要双边或多边场合纳入反数据垄断相关议题，在 RCEP 框架下积极推动各国在反数据垄断方面达成共识，充分发挥竞争政策对全球数字经济的促进作用，通过推动公平竞争抵制数字经济领域的贸易保护主义。

参考文献

麦肯锡：《麦肯锡大数据指南》，王霞、庞昊、任鹏译，机械工业出版社，2016。

韩春霖：《反垄断审查中数据聚集的竞争影响评估——以微软并购领英案为例》，《财经问题研究》2018 年第 6 期。

韩伟：《算法合谋反垄断初探——OECD〈算法与合谋〉报告介评（上）》，《竞争政策研究》2017 年第 5 期。

韩伟：《算法合谋反垄断初探——OECD〈算法与合谋〉报告介评（下）》，《竞争政策研究》2017 年第 6 期。

刘志成：《新经济时代反价格垄断面临的挑战与对策》，《中国价格监管与反垄断》2014 年第 10 期。

陆颖：《大数据产业发展倒逼反垄断规制改革探讨》，《广西经济管理干部学院学报》2018 年第 1 期。

宁宣凤、吴涵：《浅析大数据时代下数据对竞争的影响》，《汕头大学学报》（人文社会科学版）2017 年第 5 期。

孙晋、钟原：《大数据时代下数据构成必要设施的反垄断法分析》，《电子知识产权》2018 年第 5 期。

曾彩霞、尤建新：《大数据垄断对相关市场竞争的挑战与规制：基于文献的研究》，《中国价格监管与反垄断》2017 年第 6 期。

曾雄：《数据垄断相关问题的反垄断法分析思路》，《竞争政策研究》2017 年第 6 期。

French Competition Authority and German Federal Cartel Office, "Competition Law and Data," 10th May, 2016.

Stucke, Maurice E. and Grunes, Allen P., *Big Data and Competition Policy*, New York: Oxford University Press, 2016.

OECD, "Algorithms and Collusion: Competition Policy in the Digital Age," www. oecd. org/competition/algorithms – collusion – competition – policy – in – the – digital – age. htm, 2017.

Palmer, M., "Data Is the New Oil," http://ana. blogs. com/maestros/2006/11/data_ is_ the_ new. html, 2006.

数据基础设施规制制度

新型数据基础设施（简称"数据基础设施"），是指在数字经济新时代背景下，基于新一代信息技术演化生成的，用于提供数据感知、采集、传输、存储和管理服务的设施，主要包括5G通信网络、物联网通信网络、数据中心和云计算服务等。数据基础设施为数据成为新生产要素提供基础，是经济社会数字化转型的重要支撑，同时其投资运营存在一定程度的市场失灵，因而需要政府实施必要的规制。总体上看，现行电信规制制度不能适应数据基础设施特点和快速发展的要求，是我国数据基础设施规制面临的主要矛盾。适应5G网络共建共享要求的规制制度尚未建立，网间互联互通和公平接入规制较为薄弱，部分经营者许可证注册地与实际经营地分离加大了规制难度，服务质量和资费透明等问题亟须规范，新技术、新模式给反垄断规制带来新挑战。新形势下建立健全数据基础设施规制制度，既是数据要素高质量供给的内在要求，也是构建和完善数据市场基础性制度的应有之义，包括：建立5G网络共建共享约束与激励制度，完善网间互联互通和公平接入制度，创新规制手段建立跨地区协同规制制度，加强质量规制与消费者保护，强化反垄断规制保障市场公平竞争。

数据是数字经济时代的关键生产要素，与土地、劳动、资本、技术等生产要素不同，数据要素的供给更多地依赖于通信网络等基础设施。

这些数据基础设施为数据成为新生产要素提供基础，是经济社会数字化转型的重要支撑。在 5G、云计算等新一代信息技术快速发展的背景下，传统数据传输、存储等设施与新技术融合发展，不断出现新业态、新模式。建立健全与新型数据基础设施（简称"数据基础设施"）相适应的规制制度，促进行业可持续发展，保护消费者合法权益，既是数据要素高质量供给的内在要求，也是构建和完善数据市场基础性制度的应有之义。本报告从数据基础设施的概念和特征入手，分析我国数据基础设施发展及其规制面临的问题，进而提出建立健全数据基础设施规制制度的对策建议。

一　数据基础设施及其规制的基本概念

（一）基础设施及其规制

通常认为，基础设施是现代社会正常有序运转的基础。广义的基础设施包括物质设施及其提供的服务两个方面，狭义的基础设施仅指物质设施本身，其中后者更为常见。狭义的基础设施分为经济性基础设施和社会性基础设施两大类。经济性基础设施指社会生产和居民生活所需的公共物质工程设施，包括能源、交通、供水、通信、环保等设施；社会性基础设施指社会赖以生存发展所需的教育、医疗卫生、体育及文化服务等社会事业所依赖的设施。

规制经济学领域所称的基础设施特指上述经济性基础设施。这些基础设施的投资运营因同时涉及公共利益和市场失灵，需要政府实施必要的规制，即对基础设施经营主体的经济行为进行限制，从而实现消费者利益的维护和社会福利最大化。基础设施规制的内容包括促进可竞争领域公平竞争，保障自然垄断网络的公平无歧视开放，具体有准入退出规制（特许经营权、许可证等）、网络公平开放、价格规制、质量和安全规制、普遍服务规制，以及旨在促进公平竞争的反垄断规制等。

（二）数据基础设施的概念

数据是数字化技术记录的信息，用于描述人、物或生产生活活动，可由人创建或由机器生成。在数据成为必要和关键的生产要素后，用于提供数据的设施随之也成为支撑经济社会的基础设施。与此前的数据传输、存储等传统设施相对应，新型数据基础设施，指在数字经济新时代背景下，基于新一代信息技术演化生成的，用于提供数据感知、采集、传输、存储和管理服务的设施，主要包括5G通信网络、物联网通信网络、卫星互联网、数据中心和云计算服务等。其中较为特殊的是云计算服务，其利用分布式计算和虚拟资源管理等技术，通过服务器、存储设备、网络设备及数据中心成套装备等硬件设施，以及资源调度和管理系统、云平台软件和应用软件等软件设施，提供各类数据服务。

数据基础设施属于新型信息基础设施。新型基础设施主要包括信息基础设施、融合基础设施和创新基础设施[①]。信息基础设施主要是指基于新一代信息技术演化生成的基础设施，包括以5G、物联网、工业互联网、卫星互联网为代表的通信网络基础设施，以人工智能、云计算、区块链等为代表的新技术基础设施，以数据中心、智能计算中心为代表的算力基础设施等。其中，工业互联网、人工智能、智能计算中心等信息基础设施主要涉及数据的应用或分析，不属于本研究所讨论的数据基础设施的范畴。

数据基础设施提供的数据服务属于电信业务。电信活动是指"利用有线、无线的电磁系统或者光电系统，传送、发射或者接收语音、文字、数据、图像以及其他任何形式信息的活动"[②]。电信业务分为基础电信业务和增值电信业务。基础电信业务是指提供公共网络基础设施、公共数据传送和基本话音通信服务的业务，增值电信业务是指利用公共网络基础设施提供的电信与信息服务的业务。对照现行《电信业务分类目录》，5G通信网络、

---

① 资料来源于国家发展改革委新闻发布会发布内容，2020年4月20日。
② 资料来源于《电信条例》。

物联网通信网络、卫星互联网通信网络属于基础电信业务，数据中心、云计算服务属于增值电信业务中的"互联网数据中心（IDC）业务"①。

（三）数据基础设施的特征

1. 基础性和通用性

基础设施是经济社会发展的重要支撑，基础性和通用性仍是其基本特征。人类社会进入数字经济新时代后，数据作为一种新型生产要素，成为经济活动和社会生活的必需品，由此决定数据基础设施具有基础性和通用性，即不限于为特定需求、特定目的和特定用户提供数据服务。反之，如缺乏提供充足可靠的数据服务所需的基础设施，经济社会将无法正常有序运转。

2. 规模性和网络性

5G网络是数据基础设施的核心，其投资运营具有较强的规模效应。5G基站是5G网络的核心设备，用于提供无线覆盖，实现有线通信网络与无线终端之间的无线信号传输。与前几代通信技术相比，5G频段更高，信号传播过程中的衰减更大，导致5G基站密度更高，投资成本也将更高。在未来可预期的较长时期内，因5G网络重复建设而增加的成本将远高于其竞争收益，一定区域范围内由一家企业建设或几家企业共建共享的成本将低于两家或两家以上企业分别建设。数据基础设施的网络性方面，基础设施服务的产业和消费者越多，积聚的数据资源越多，挖掘利用的价值越高，对经济社会的外溢效应越大。

---

① 互联网数据中心（IDC）业务是指利用相应的机房设施，以外包出租的方式为用户的服务器等互联网或其他网络相关设备提供放置、代理维护、系统配置及管理服务，以及提供数据库系统或服务器等设备的出租及其存储空间的出租、通信线路和出口带宽的代理租用和其他应用服务。互联网数据中心业务经营者应提供机房和相应的配套设施，并提供安全保障措施。互联网数据中心业务也包括互联网资源协作服务业务。互联网资源协作服务业务是指利用架设在数据中心之上的设备和资源，通过互联网或其他网络以随时获取、按需使用、随时扩展、协作共享等方式，为用户提供的数据存储、互联网应用开发环境、互联网应用部署和运行管理等服务。详见《电信业务分类目录》。

3. 系统性和协同性

数据基础设施不是单一的设备或技术，而是由各设备、各技术构成的有机整体，共同协作完成数据的采集、传输、存储和管理。具体而言，5G 网络实现海量数据高速传输，卫星互联网可用于 5G 网络难以覆盖区域从而形成补充，物联网实现设备连接和数据识别、采集、传输；数据中心提供数据存储、处理和交互的硬件设施，云计算服务可在短时间内提供足够的计算资源，对数据进行计算和存储，区块链技术用于保证数据传输和访问的安全。同时，各类数据基础设施之间联系紧密，互为依托。比如，数据中心是支撑云计算服务的基础设施；云计算技术用于数据中心可实现资源的"池化"、数据存储和计算能力的虚拟化，提高数据中心的利用效率；物联网应用层依靠数据中心和云计算，5G 标准中有针对物联网产业广覆盖、低功耗的 mMTC（海量机器类通信）场景。

4. 新技术和新形态

数据基础设施是随着 5G、云计算等新一代信息技术的发展而形成的。5G 是第 5 代移动通信技术，具有大带宽高速率、低时延高可靠和海量连接等新型特性，可适应数字经济时代海量数据传输、万物互联的需要。具体而言，5G 速率较 4G 全方位提升，下行峰值速率可达 20Gbps，上行峰值速率可能超过 10Gbps，从而可以支撑 4G 速度不足以支撑的、对网络速度要求很高的业务；5G 支持单向空口时延最低 1ms 级别、高速移动场景下可靠性 99.999% 的连接，为车联网、智能电网等提供更安全、更可靠的网络连接；5G 网络每平方公里百万级的连接能力和多种连接方式，实现了人与万物的智能互联。[①] 云计算是一种基于互联网的计算方式，利用分布式计算和虚拟资源管理等技术，实现海量数据的计算、存储。根据工业和信息化部（以下简称"工信部"）《云计算综合标准化体系建设指南》，云计算通过网络将分散的计算、存储、软件等资源进行集中管理和动态分配，使信息技术能力如同水和电一样实现按需供给，具有快速弹性、可扩展、资源池化、广泛网络接入和多租户等特征，是信息技术服务模式的重大创新。

---

① 中国信息通信研究院：《云计算发展白皮书（2019 年）》，2019。

表1　5G技术的应用场景和关键特性

场景	关键特性
大带宽高速率 eMBB	用户体验速率：1Gbps 峰值速率：上行20Gbps，下行10Gbps 流量密度：每平方米10Mbps
低时延高可靠 uRLLC	空口时延：1毫秒 端到端时延：毫秒量级 可靠性：接近100%
海量连接 mMTC	连接数密度：每平方公里100万台 超低功耗，超低成本

资料来源：引自IMT-2020（5G）。中国信息通信研究院《"5G+云+AI"：数字经济新时代的引擎》，2019年12月。

在产出形态上，数据基础设施兼具网络与平台服务的特征。交通、通信、电力基础设施具有典型的网络特征，主要发挥传输和通道服务的功能。数据基础设施除通过5G网络、物联网通信网络等提供连接和传输服务外，还通过数据中心、云计算等设施提供算力、算法等平台服务。相应地，与其他领域基础设施相比，数据基础设施更多地呈现软硬结合、虚实结合的新形态特征。如云计算技术的成熟和广泛应用，使得数据中心内部的服务器、存储、网络、应用被池化和虚拟化，用户可以动态、按需调用各种资源。又如，与其他数据基础设施相比，云计算服务更多地表现为一种虚拟状态，就基础设施层面而言，云计算是IT资源池化、提升性能、降低成本和简化管理的必需工具，对区块链、大数据、人工智能等新技术的应用也起到支撑作用。

5. 新需求和新应用

数字经济已成为世界潮流和主要国家发展战略，数据成为影响经济发展的新要素和国际竞争力的核心。互联网的高速发展使得数据量呈现爆发式增长。根据国际数据公司（IDC）发布的数据，2018年全球每年产生的数据为33ZB（1ZB=10万亿亿字节），2020年全球数据量预计达到44ZB，2025年预计达到175ZB，2035年预计达到1.9万ZB。近年来，我国网民数量和移动流量增长迅速，如2019年移动互联网用户流量是2018年的1.69倍，企业数据也呈现爆发式增长。但目前只有不到2%的企业数据被储存下来，其中只有10%被用于数据分析①。

数据的爆发式增长，要求数据基础设施的规模和质量满足海量数据采集、传输、存储和管理的需求。以5G网络为例，根据中国互联网络信息中心（CNNIC）的统计数据，2019年移动互联网接入流量高达1220.0亿GB，较2018年同比增长71.57%。移动互联网流量增长迅速，新应用拓展需5G支持。随着越来越多的设备接入移动互联网，新的服务和应用层出不穷，现有移动通信系统难以满足未来移动数据需求的爆炸式增长，如网络容量难以满足流量急剧增长的需求，难以实现稀缺移动通信频谱的高效使用。5G将实现由移动互联网时代跨向万物互联的物联网时代，由个人应用向行业应用转变。此外，与一般基础设施相比，数据基础设施不仅直接为各行各业提供数据要素，赋能各行各业的数字化、智能化转型，实现产业升级，同时还可作为其他基础设施行业数字化、智能化改造的依托，形成融合基础设施，共同构成现代化基础设施体系。

6. 新主体和新模式

我国大部分基础设施行业以国有国营为主，数据基础设施投资运营主体则表现为多元化特征。目前，5G通信网络设施投资运营主体包括中国电信、中国联通、中国移动、中国广电四家电信运营商以及专门从事基础设施业务的中国铁塔。物联网通信网络投资运营主体为三大电信企业，物联网平台服务商包括基础电信企业、互联网企业等。数据中心服务提供商主要包括第三方IDC服务商，百度、阿里等互联网巨头企业及移动、电信、联通三大运营商。云计算服务商主要包括第三方云计算服务商、阿里等互联网巨头企业以及华为等通信设备服务商。

在投资运营模式上，数据基础设施呈现共建共享、融资模式多元化等新

---

① 前瞻产业研究院：《2020中国5G基站建设行业研究报告》，https：//www.sohu.com/a/405698669_120333769？_trans_=000014_bdss_dkmgyq。

特征。如前所述，与 4G 网络相比，5G 网络频段高、损耗大、覆盖距离短，基站站址更密。根据现有 4G 基站数量推算，中国 5G 基站数量将超过 700 万个。目前，业界在 5G 共建共享上已经达成广泛共识，我国 97% 的 5G 建成基站都是通过共享的方式实现的。[①] 在融资方面，数据基础设施建设规模大，需打破政府和国有企业投资为主的模式，采用 PPP 等多元化融资模式，吸引更多资本参与项目建设，拓宽资金来源、提高投资效率。

（四）数据基础设施规制

为什么数据基础设施需要规制？原因是作为一种生产要素，数据要素的供给直接关系到公共利益且存在市场失灵。数据要素的供给不同于土地、劳动、资本、技术等其他要素，需依赖大量的基础设施。并且，数据基础设施的投资运营存在一定程度的市场失灵。数据基础设施规制属于经济性规制的范畴，且整体上属于电信业务范畴，其规制的内容主要包括业务许可、网间互联和公平接入、电信资费、服务质量和安全、普遍服务以及促进公平竞争的反垄断规制等。因新型数据基础设施尚处于发展初期，本研究不涉及普遍服务规制。

二　我国主要数据基础设施发展现状与市场结构

（一）主要数据基础设施发展现状

1. 5G 网络基础设施发展现状

从全球范围看，相较于过去的"1G 空白、2G 跟随、3G 突破、4G 同步"，目前我国在 5G 时代处于引领地位。我国从 2012 年开始研究 5G 技术，2016 年正式启动 5G 技术研发试验，2017 年政府工作报告首次提出"加快第五代移动通信技术研发和转化"。2019 年 6 月 6 日，工信部向中国电信、

---

① 黄舒：《共建共享为 5G 发展注入强劲动力》，《人民邮电》2020 年 6 月 23 日。

中国移动、中国联通、中国广电发放 5G 商用牌照，同年 11 月中国电信、中国移动、中国联通三大运营商正式上线 5G 商用套餐，我国正式进入 5G 商用元年。截至 2019 年底，全国建成 5G 基站约 14 万个，同时，在基站数量、覆盖范围、商用进展等方面，均呈现出东部沿海领先于内陆地区、南方领先于北方的特点①。2020 年以来，工信部先后出台《关于推动 5G 加快发展的通知》《关于推进电信基础设施共建共享支撑 5G 网络加快建设发展的实施意见》，积极推动 5G 发展。2020 年底，三大运营商计划建成 55 万个 5G 基站，其中中国移动计划建设 30 万个，中国联通和中国电信计划联合建设 25 万个②；工信部预计可实现地级市室外连续覆盖、县城及乡镇有重点覆盖、重点场景室内覆盖。截至 2020 年 6 月底，三大电信运营商在全国已建设开通的 5G 基站超过了 40 万个，连到网上的终端数有 6600 万部。据 GSMA 移动智库发布的《中国移动经济发展报告 2020》预测，到 2025 年，中国 5G 用户的渗透率将增至近 50%，与韩国、日本和美国等其他主要 5G 市场相当；中国信息通信研究院预测，到 2025 年 5G 网络建设投资累计将达到 1.2 万亿元③。

2. 物联网网络基础设施发展现状

"物联网"（Internet of Things）最早于 1998 年由麻省理工学院提出。2005 年 11 月，国际电信联盟（ITU）在其发布的报告中定义了物联网，是从一个新的维度对信息和通信技术进行重新认识，从之前在任何时间、任何地点与任何人的连接延拓至与任何物的连接。④ 物联网旨在实现万"物"（机器，各种通信、计算终端）智联。我国是世界上物联网发展速度最快的国家之一，2009 年提出"感知中国"战略。2013 年，国务院出台《关于推进物联网有序健康发展的指导意见》。2017 年 6 月，工信部发布《关于全面

---

① 资料来源于中国信息通信研究院。
② 前瞻产业研究院：《2020 中国 5G 基站建设行业研究报告》，https：//www.sohu.com/a/405698669_120333769？_trans_=000014_bdss_dkmgyq。
③ http：//finance.sina.com.cn/stock/relnews/hk/2020-03-21/doc-iimxxsth0703587.shtml.
④ 孙松林：《5G 时代经济增长新殷勤》，中信出版集团，2019。

推进移动物联网（NB‑IoT）建设发展的通知》，提出建设广覆盖、大连接、低功耗移动物联网（NB‑IoT）基础设施，发展基于 NB‑IoT 技术的应用，要求基础电信企业加大 NB‑IoT 网络部署力度，提供良好的网络覆盖和服务质量，全面增强 NB‑IoT 接入支撑能力，到 2020 年，NB‑IoT 网络实现全国普遍覆盖，面向室内、交通路网、地下管网等应用场景实现深度覆盖，基站规模达到 150 万个。2017 年作为 NB‑IoT（基于蜂窝的窄带物联网）的商用元年，中国电信和中国移动陆续完成了全球规模最大的 NB‑IoT 网络建设。工信部的《2020 年 1～5 月通信业经济运行情况》显示，截至 2020 年 5 月末，中国电信、中国联通、中国移动三家基础电信企业发展蜂窝物联网终端用户达 10.97 亿户，同比增长 44%，其中应用于智能制造、智能交通、智能公共事业的终端用户增长均达 30%。

3. 数据中心基础设施发展现状

数据中心发展与 IT 设备深度融合，由第一代大型计算机机房发展到第四代云计算大型数据中心。我国众多城市制定了数据中心建设规划。根据工信部发布的 2018 年度《全国数据中心应用发展指引》，截至 2017 年底，我国在用数据中心的机架总规模达到了 166 万架，其中超大型数据中心[①]共计 36 个，机架规模达到 28.3 万架；大型数据中心共计 166 个，机架规模达到 54.5 万架，大型、超大型数据中心的规模增速达到 68%。持证 IDC（互联网数据中心）企业已近千家，贵州、内蒙古等多地区大力发展数据中心基础设施，IDC 产业发展迅猛。[②] 中国信通院统计数据显示，2020 年全国 IDC 机架数量有望增长到 326 万台。国家发展改革委发布《关于 2019 年国民经济和社会发展计划执行情况与 2020 年国民经济和社会发展计划草案的报告》，提出 2020 年将实施全国一体化大数据中心建设重大工程，在全国布局

---

① 工信部《关于数据中心建设布局的指导意见》明确，超大型数据中心是指规模大于等于 10000 个标准机架的数据中心，大型数据中心是指规模大于等于 3000 个标准机架小于 10000 个标准机架的数据中心，中小型数据中心是指规模小于 3000 个标准机架的数据中心。

② 徐恩庆：《保障网络安全需持续强化互联网网络接入服务市场监管》，《通信管理与技术》2017 年第 4 期。

10 个左右区域级数据中心集群和智能计算中心。能源富集地区和大型企业积极布局数据中心，如数据中心建设大省贵州省 2020 年重点建设"中国·南方数据中心示范基地"，阿里云、腾讯宣布数据中心建设的庞大计划，三大电信运营商开始升级传统数据中心，接入第三方服务、开设新型服务，进行新一代数据中心的建设布局。

4. 云计算服务基础设施发展现状

云计算服务按服务对象分为公有云（面向外部）、私有云（企业自用）、混合云，按服务内容分为基础设施类云服务（基础设施即服务 Iaas）、平台系统类云服务（平台即服务 PaaS）、业务应用云服务（软件即服务 SaaS)①。2018 年，以 IaaS、PaaS 和 SaaS 为代表的全球公有云市场规模达到 1363 亿美元，未来几年平均增长率为 20%，预计到 2022 年市场规模将超过 2700 亿美元。2015 年，国务院发布《关于促进云计算创新发展培育信息产业新业态的意见》，提出到 2020 年，我国云计算应用基本普及，云计算服务能力达到国际先进水平，掌握云计算关键技术，形成若干具有较强国际竞争力的云计算骨干企业。2017 年，工信部印发《云计算发展三年行动计划（2017 ~ 2019 年)》，提出到 2019 年，我国云计算产业规模达到 4300 亿元，突破一批核心关键技术，云计算服务能力达到国际先进水平。2018 年 8 月，工信部印发《推动企业上云实施指南（2018 ~ 2020 年)》，提出到 2020 年，云计算在企业生产、经营、管理中应用广泛普及，全国新增上云企业 100 万家。2018 年我国云计算整体市场规模 962.8 亿元，其中，公有云市场规模达到 437 亿元，2019 ~ 2022 年仍将处于快速增长阶段，到 2022 年市场规模将达

---

① 基础设施类云服务负责各种资源（CPU/内存和存储/操作系统等）的整合和虚拟化，将计算基础设施等以出租的方式提供给企业，可提供计算、存储、网络资源服务以及安全防护服务。平台系统类云服务负责云计算资源服务平台的搭建，可提供数据库服务、大数据分析服务、中间件平台服务、物联网平台服务、软件开发平台服务、人工智能平台服务。业务应用类云服务通过互联网向企业提供软件应用能力，包括协同办公服务、经营管理应用服务、运营管理服务、研发设计服务等。参见工信部《推动企业上云实施指南（2018 ~ 2020 年)》和中国信息通信研究院《云计算发展白皮书（2019 年)》。

到 1731 亿元[①]。我国云计算应用正从包括游戏、电商、移动、社交等在内的互联网行业向政务、金融、交通、物流、电信等行业加速渗透。

（二）主要数据基础设施产业市场结构

1. 5G 网络由四大基础电信企业特许运营，铁塔等基站设施由铁塔企业建设

2019 年 6 月 6 日，工信部向中国电信、中国移动、中国联通、中国广电发放 5G 商用牌照（业务经营许可权），批准其经营"第五代数字蜂窝移动通信业务"。这四家企业均为基础电信企业。2008 年 5 月，《关于深化电信体制改革的通告》出台，指出全球范围内移动通信发展迅速，电信市场竞争日益加剧，决定以发展第三代移动通信为契机，合理配置现有电信网络资源，支持形成三家拥有全国性网络资源、实力与规模相对接近、具有全业务经营能力和较强竞争力的市场竞争主体，分别为中国电信、中国移动、中国联通，即三大基础电信企业（运营商）。2016 年 5 月，工信部向中国广播电视网络有限公司（中国广电）颁发了《基础电信业务经营许可证》，允许其基于 700MHz 频率开展业务试点，中国广电成为第四大基础电信运营商。2018 年 12 月 10 日，中国电信和中国联通获得 3500MHz 频段试验频率使用许可，中国移动获得 2600MHz 和 4900MHz 频段试验频率使用许可。2020 年 1 月 3 日，中国广电获得 4.9GHz 频段 5G 试验频率使用许可，可在北京等 16 个城市部署 5G 网络。

基础电信运营商积极建设 5G 基站，初步形成"2 + 2"共建共享"竞争 + 合作"的 5G 网络运营格局。中国电信、中国移动、中国联通三家运营商均在 2019 年度财报中公布了 2020 年 5G 投资计划，分别计划新建 5G 基站 25 万个（其中中国联通、中国电信拟共建 25 万个），覆盖全国所有地市级（含）以上城市。2019 年 9 月，中国联通与中国电信正式签署《5G 网络共建共享框架合作协议书》，明确双方将在全国范围内合作共建一张 5G 接入网络，将划定区域，分区建设、各自负责在划定区域内建设 5G 接入网，谁

---

① 中国信息通信研究院：《云计算发展白皮书（2019 年）》，2019。

建设、谁投资、谁维护、谁承担网络运营成本,通过共建共享方式降低网络建设和运维成本,并提升网络效益和资产运营效率。截至 2020 年 5 月底,中国联通、中国电信累计开通共建共享基站 11.5 万个,在全国 31 省开通 5G 共建共享,实现了 50 多个城市的 5G 正式商用。中国移动与中国广电于 2020 年 5 月签署了 5G 共建共享合作框架协议,明确双方将围绕 700MHz5G 无线网络共建共享,拟按 1:1 比例共同投资建设 700MHz5G 无线网络,共同所有并有权使用 700MHz5G 无线网络资产。同时,中国移动向中国广电有偿提供 700MHz 频段 5G 基站至中国广电在地市或者省中心对接点的传输承载网络,并有偿开放共享 2.6GHz 频段 5G 网络。700MHz 频段具有覆盖广、穿透力强、组网成本低等特点,双方合作有利于中国移动在扩大 5G 网络覆盖范围的同时,降低建设成本。而中国广电则能有偿使用中国移动的 2G/4G/5G 网络,提升了其向普通消费者提供通信服务的能力。

5G 网络中的铁塔建设主体为中国铁塔公司。根据中国铁塔公司网站信息,截至 2020 年 5 月底,中国铁塔累计建成 5G 基站 25.8 万个,均为与三大运营商共享。如中国联通和中国电信 5G 共建共享,是 5G 接入网的共建共享,建设主要由铁塔公司负责。中国铁塔公司成立于 2014 年,主要从事通信铁塔等基站配套设施和室内分布系统的建设、维护和运营。中国铁塔属于电信运营商拥有的铁塔公司,三大基础电信企业既是铁塔公司的股东,又是其用户。在 5G 基站建设以前,中国铁塔一直在接收三大运营商存量铁塔资产,同时统筹三大运营商需求规划建设新塔,三大运营商向中国铁塔租赁铁塔并支付费用。2015 年中国移动、中国电信和中国联通将现有的大约 144 万座铁塔全部转入中国铁塔,中国铁塔在 3 年内又新建了 48 万座铁塔[①]。2018 年,中国铁塔与三大运营商分别订立《〈商务定价协议〉补充协议》及《服务协议》,约定铁塔设施租赁费用及服务事宜。

2.物联网网络层由三大基础电信企业特许经营

NB – IoT(Narrow Band Internet of Things,基于蜂窝的窄带物联网)属

---

① 《全球铁塔行业分析》,https://www.sohu.com/a/276530068_737548。

于超长距低功耗数据传输技术，是物联网主流组网技术之一，可直接部署于蜂窝网络以降低部署成本，在我国属于授权频段。NB－IoT 构建于蜂窝网络中，可直接部署于 2G/3G/4G 网络，现有无线网络基站的射频与天线可以复用，具有低频段、低功耗、低成本、高覆盖、高网络容量等特点，被称为"窄带物联网"，主要面向大规模物联网连接应用。2017 年，工信部第 27 号公告明确了 NB－IoT 系统频率的六项使用要求，要求电信运营商应做好 NB－IoT 系统和现有系统间的频率优化使用工作，按规定基于电信业务经营许可范围开展相关经营活动。到 2018 年，中国电信开通 NB－IoT 基站 40 万个，中国联通实现 30 万个 NB－IoT 基站商用，中国移动已经实现 348 个城市 NB－IoT 连续覆盖和商用；三家基础电信企业完成超百万 NB－IoT 基站商用，建成全球最大的 NB－IoT 网络。[①] 根据工信部 2019 年通信业统计公报，截至 2019 年 12 月底，三家基础电信企业发展蜂窝物联网用户达 10.3 亿户，全年净增 3.57 亿户。目前我国三大运营商 NB－IoT 连接数占全球连接数总量的 30%。2020 年 5 月，工信部出台《关于深入推进移动物联网全面发展的通知》，提出移动物联网（基于蜂窝移动通信网络的物联网技术和应用）是新型基础设施的重要组成部分，要在深化 4G 网络覆盖、加快 5G 网络建设的基础上，建立 NB－IoT（窄带物联网）、4G 和 5G 协同发展的移动物联网综合生态体系，以 NB－IoT 满足大部分低速率场景需求，以 LTE－Cat1（速率类别 1 的 4G 网络）满足中等速率物联需求和话音需求，以 5G 技术满足更高速率、低时延联网需求。到 2020 年底，NB－IoT 网络实现县级以上城市主城区普遍覆盖，重点区域深度覆盖。根据工信部预测，2020 年我国 NB－IoT 基站规模将达到 150 万个，基于 NB－IoT 的 M2M 连接将超过 6 亿。

3. 物联网应用层、数据中心和云计算服务市场呈竞争性结构

在具有网络效应的产业中，"先发优势"是市场竞争的重要特征。除第三方服务商外，三大基础电信企业和大型互联网企业、IT 企业、通信设备制造商积极参与物联网应用、数据中心和云计算服务市场。如在公有云市场

---

① 孙松林：《5G 时代：经济增长新引擎》，中信出版集团，2019。

中，据中国信息通信研究院 2018 年调查统计，阿里云、天翼云、腾讯云居公有云 IaaS 市场份额前三位，光环新网、UCloud、金山云处于第二集团；阿里云、腾讯云、百度云居公有云 PaaS 市场份额前三位，用友、金蝶、畅捷通居公有云综合 SaaS 能力前三位。在数据中心服务市场中，从全球来看，谷歌、微软、亚马逊、苹果、脸书等科技巨头都在大力建设大数据中心。在我国，参与数据中心服务竞争的主要企业有：世纪互联、互联通、首都在线等具有互联网公司背景的企业；中国电信、中国联通、中国网通等电信运营商；清华万博、中关村科技等背靠 IT 技术的企业；首创、盈动等投资公司和后加入进来的有房地产投资背景的公司。

中国移动、中国电信、中国联通除基础电信业务外，近年来积极发展互联网数据中心、云计算等新兴业务。工信部发布的统计公报显示，2020 年 1 ~ 5 月，三大基础电信企业固定增值业务收入 732 亿元，在电信业务收入中占比为 12.7%。如中国联通一直在着力打造沃云数据中心和资源池①，截至 2018 年 4 月，规划布局超大型的云数据中心 12 个，覆盖了 196 个地市 335 个地市数据中心，依托于数据中心基础设施建设覆盖了全国 31 省的云计算资源池。

三　数据基础设施规制现行主要相关政策

基础设施共建共享、网间互联互通和公平接入、业务许可准入、服务质量规范、公平竞争秩序维护等是数据基础设施规制的主要内容。目前在我国，相关政策有《电信条例》《关于推进电信基础设施共建共享的紧急通知》《公用电信网间互联管理规定》《关于进一步规范因特网数据中心业务和因特网接入服务业务市场准入工作的通告》《互联网接入服务规范》《电信业务经营许可管理办法》《关于电信业务资费实行市场调节价的通告》《电信服务规范》等，工业和信息工业化部（以下简称"工信部"）以及各地垂直系统是主管部门。

---

① http：//www.caict.ac.cn/email/hydt/201804/t20180428_162725.html.

（一）电信基础设施共建共享制度

2008 年，工信部国资委发布《关于推进电信基础设施共建共享的紧急通知》，旨在减少电信基础设施重复建设，提高电信基础设施利用率。2015 年至今，工信部国资委每年都会发布关于基础设施共建共享的实施意见。2020 年 6 月，《关于推进电信基础设施共建共享支撑 5G 网络加快建设发展的实施意见》要求，深入推进铁塔等站址设施共建共享；加强杆路、管道等传输资源共建共享，强化干线光缆共建共享，严格重点区域共建共享，鼓励跨行业共建共享；加强住宅区和商务楼宇共建共享。实施意见对基础电信企业省级公司（暂不考核广电）杆路、管道的共建率、共享率，室内分布系统共建率，租用存量站址资源建设 5G 基站的比例设定了考核指标，同时要求中国铁塔省级公司新建铁塔共享率不低于 75% ［新建铁塔站址共享率 = 新建共享塔/（新建独享塔 + 新建共享塔）］。共建共享租用价格由企业依据成本协商确定。2018 年初，铁塔公司和三大基础电信运营商签订了《〈商务定价协议〉补充协议》①，对 2016 年签订的《商务定价协议》中的共享折扣力度进行调整。塔类产品定价相关内容中，成本加成率由 15% 调整为 10%；基准价格共享折扣由两家共享优惠 20%、3 家共享优惠 30% 调整为两家共享优惠 30%、3 家共享优惠 40%，锚定租户（老铁塔的原产权方或者是新建铁塔的首位租户）额外享受 5% 共享优惠不变；调整部分省新建塔类产品标准建造成本地区调整系数、存量铁塔折扣比例。

（二）网间互联网通和公平接入规制

2001 年原信息产业部根据《电信条例》，出台了《电信网间通话费结算办法》《公用电信网间互联管理规定》，建立了电信网间互联的基本规则。首先，主导的电信业务经营者应当按照非歧视和透明化的原则，制定包括网间互联的程序、时限、非捆绑网络元素目录等内容的互联规程，并报国务院

---

① 《三大运营商与中国铁塔签署〈商务定价协议〉》，《通信世界》2018 年 2 月15 日。

信息产业主管部门审查同意。公用电信网之间、公用电信网与专用电信网之间的网间互联，由网间互联双方按照国务院信息产业主管部门的网间互联管理规定进行互联协商，并订立网间互联协议。网间互联双方经协商未能达成网间互联协议的，由信息产业主管部门协调并作出决定。其次，电信业务经营者应当按国家有关规定核算本网与互联有关的收支情况及互联成本，网间结算标准应当以成本为基础核定，在电信业务经营者互联成本尚未确定之前，网间结算标准暂以资费为基础核定。电信业务经营者在互联互通中不得在规定标准以外加收费用。此外，《互联网接入服务规范》规定了电信业务经营者向公众用户提供互联网接入服务应符合的服务质量指标和通信质量指标。《电信网间互联争议解决办法》规定了电信业务经营者之间的互联争议的解决办法。

（三）业务许可准入制度

我国《电信条例》《电信业务经营许可管理办法》规定电信业务经营按照电信业务分类，实行许可制度。电信业务分为基础电信业务和增值电信业务，具体划分在《电信业务分类目录》中列出。电信业务经营者须按规定取得相应类别的业务许可证，在电信业务经营活动中，应当遵守经营许可证的规定，接受、配合电信管理机构的监督管理。

为加快5G商用步伐，工信部于2019年6月6日对《电信业务分类目录（2015年版）》进行了修订，在A类"基础电信业务""A12蜂窝移动通信业务"类别下增设了"A12－4第五代数字蜂窝移动通信业务"业务子类。同日，根据中国电信、中国移动、中国联通、中国广电申请，工信部向四家企业颁发了基础电信业务经营许可证，批准四家企业经营"第五代数字蜂窝移动通信业务"。除业务经营许可证外，频谱资源也是5G业务的必备条件。我国《无线电管理条例》规定无线电频谱资源属于国家所有，国家对无线电频谱资源实行统一规划、合理开发、有偿使用。2018年12月，中国电信获得3.4～3.5GHz的100MHz频谱资源，中国联通获得3.5～3.6Ghz的100MHz频谱资源，中国移动获得2515～2675Mhz的160MHz带宽及4.8～

4.9Ghz 的 100MHz 频谱资源。2020 年 1 月，中国广电获得 4.9GHz 频段。2020 年 4 月，工信部发布《关于调整 700MHz 频段频率使用规划的通知》，中国广电原先持有的 700MHz 频谱资源可转用于 5G 网络。

互联网数据中心和云计算服务属于电信增值业务。2012 年，工信部在《关于进一步规范因特网数据中心业务和因特网接入服务业务市场准入工作的通告》中明确了 IDC 业务经营许可证的申请条件和审查流程，以及申请企业资金、人员、场地、设施等方面的要求。随着云计算等技术的快速发展，基于数据中心设施、利用互联网实现资源灵活调配/共享/协作的相关业务不断创新业务形态，因此 2015 年修订的《电信业务分类目录》明确了"互联网资源协作服务业务"属于"互联网数据中心业务范畴"（IDC）。

（四）电信业务资费和服务质量规制

我国从 2014 年起放开电信业务资费，同时就规范企业价格行为、保护消费者权益作出了规定。2014 年《关于电信业务资费实行市场调节价的通告》明确，所有电信业务资费均实行市场调节价。电信企业可以根据市场情况和用户需求制定电信业务资费方案，自主确定具体资费结构、资费标准及计费方式。文件对电信企业公平合理设计资费方案、提高资费透明度、保护用户选择权、保障用户明明白白消费提出了要求，以规范企业价格行为，切实保护消费者的合法权益。《电信条例》规定，国家依法加强对电信业务经营者资费行为的监管，建立健全监管规则，维护消费者合法权益；电信业务经营者应当根据国务院信息产业主管部门和省、自治区、直辖市电信管理机构的要求，提供准确、完备的业务成本数据及其他有关资料。2017 年 9 月 1 日起手机国内长途费、漫游费全面取消，2018 年 7 月 1 日起手机流量漫游费全面取消。

在服务质量规制方面，《电信条例》就电信业务经营者提供电信服务的质量等进行了规定。《电信服务规范》规定了电信业务经营者提供电信服务的服务质量指标和通信质量指标。服务质量指标是指反映电信服务固有特性满足要求程度的，主要反映非技术因素的一组参数。通信质量指标是指反映通信准确性、有效性和安全性的，主要反映技术因素的一组参数。

（五）反垄断规制

《电信条例》规定，电信业务经营者禁止以任何方式限制电信用户选择其他电信业务经营者依法开办的电信服务，禁止对其经营的不同业务进行不合理的交叉补贴，禁止以排挤竞争对手为目的，低于成本提供电信业务或者服务，进行不正当竞争。

2019年6月，国家市场监管总局颁布了《禁止滥用市场支配地位行为暂行规定》等三部《反垄断法》配套规章。《禁止滥用市场支配地位行为暂行规定》第十一条规定，互联网等新经济业态经营者具有市场支配地位，可以考虑相关行业竞争特点、经营模式、用户数量、网络效应、锁定效应、技术特性、市场创新、掌握和处理相关数据的能力及经营者在关联市场的市场力量等因素。该规定中的市场支配地位是指经营者在相关市场内具有能够控制商品或者服务价格、数量或者其他交易条件，或者能够阻碍、影响其他经营者进入相关市场能力的市场地位。其中"能够阻碍、影响其他经营者进入相关市场"，包括排除其他经营者进入相关市场，或者延缓其他经营者在合理时间内进入相关市场，或者导致其他经营者虽能够进入该相关市场但进入成本大幅提高，无法与现有经营者开展有效竞争等情形。

四　数据基础设施规制面临的主要矛盾

总体上看，现行电信规制制度不能适应数据基础设施特点和快速发展的要求，是我国数据基础设施规制面临的主要矛盾。

（一）适应5G网络共建共享要求的规制制度尚未建立

我国在2008年第三次重组成立全业务竞争的三大基础电信企业时，就倡导和推动电信基础设施共建共享。我国用于5G网络的无线电频率大部分高于4G网络，单个基站覆盖范围小、建设密度高，与此同时，万物互联时代要求大容量、大带宽，导致 5G 网络初期建设维护成本高①。目前我国 5G 商用仍处于初期，亟须大力推动"共建共享"，降本增效，快速实现 5G 网络覆盖。

但目前适应 5G 网络共建共享要求的规制制度尚未建立，共建共享交易成本高、进展慢。首先，在电信行业内部，基础电信企业共享铁塔企业 5G 基站的租赁费用管制缺位，除铁塔等国家强制要求必须共建共享的设施外，基础电信企业共建共享积极性不高。其次，在电信行业与其他基础设施行业和公共部门之间，互利共赢、可持续的共建共享机制尚未建立，特别是与电力、铁路、高速公路等具有较好共享潜力行业的沟通合作亟须加强。最后，5G 建设站址资源需求大，但目前在选址和配套建设方面，与写字楼、居民小区之间缺乏有效合作机制，部分重点项目选址难、物业准入难（进场难）、租金高。此外，中国铁塔垄断铁塔建设，三大基础电信企业既是用户又是股东，铁塔等基础设施租赁费高低直接关系用户利益，但目前对铁塔企业的规制制度缺失，如租赁费由企业协商定价，定价协议不公开等。

（二）网间互联互通和公平接入规制较为薄弱

网间互联互通涉及不同基础电信运营商之间的关系，网络公平接入涉及基础电信运营商与增值电信企业之间的关系。我国自电信行业引入竞争以来，互联互通和公平接入的规制一直是重点和难点。5G 网络架构包括无线接入网、承载网、核心网，其中无线接入网引入了共建共享，而在固网侧基础电信企业之间仍需加强互联互通，实现降本增效和公平竞争。基础电信企业既从事数据中心、云计算、物联网应用等增值电信业务，同时又为各类增值电信企业提供网络接入服务，需保障公平接入质量、防范价格歧视。

现行《电信条例》《公用电信网间互联管理规定》规定了互联互通的基本

---

① 根据中国信通院估算，在同等覆盖情况下，5G 中频段基站数量将是 4G 的 1.5 倍左右，初期网络投资规模将是 4G 的 2~3 倍。除无线网外，5G 网络的部署还包括传输网、核心网。传输网折合到单个基站上的成本为 5 万~10 万元人民币，5G 核心网在部署初期的单程造价为 1000 万~3000 万元人民币。

政策框架，随着我国电信市场的逐步开放，基础电信企业之间、基础电信企业与增值电信企业之间的竞争不断加剧，网间互联互通和接入服务领域暴露的问题和矛盾也日益突出。如基础电信企业以过高价格变相拒绝交易，对互联网服务提供商实行价格歧视。在互联协议方面，[①] 现行政策未明确规定是否采用标准文本格式，未建立互联协议公开制度，未明确互联协议的效力是否取决于备案，未明确规定互联争议方是否具有直接起诉的权利，对主导运营商缺乏约束力，不利于弱小运营商互联互通的实施。在网间结算方面，网间结算标准一直延续以电信资费为基础核定的传统做法，未采用国际上通行的基于成本的网间结算体系且调整不及时，不能适应各类电信业务快速发展的需要。

（三）部分经营者许可证注册地与实际经营地分离加大规制难度

云计算等新技术的广泛应用改变了传统数据中心业务形态，部分增值电信服务经营者的注册地与实际经营行为分离。如经营者可能在异地数据中心租用机柜、部署服务器，或同一业务的不同模块位于不同地区，数据采集在甲地、数据分析在乙地、业务指令下达由公司总部人员完成。[②] 注册地与经营地不一致，同时事中事后规制主要依赖日常现场检查和年检，手段单一，使得颁发许可证机构难以对用户和网站备案、信息安全、机房、接入资源等实现有效规制。部分企业在获得互联网数据中心（IDC）业务资质后存在超范围经营、"层层转租"等违法行为。机房设施所在地的行业管理部门与接入网络所在地的行业管理部门的管理权责边界有待重新划分，规制协作需进一步加强。[③]

（四）服务质量和资费透明度等问题亟须规范

在质量标准方面，部分技术标准和产品服务质量标准修订滞后于行业发

---

① 陈小龙：《电信网互联互通若干法律问题研究》，武汉大学博士学位论文，2013。
② 董宏伟、吴志鹏：《大数据中心发展需监管创新——贵州、内蒙古大数据中心调研启示》，《中国电信业》2015年第7期。
③ 柳青、苗琳：《新业态挑战监管体系》，《人民邮电》2016年5月16日。

展，服务质量和通信质量规制手段缺乏。如新技术、新业态对数据中心 IT 设备、网络的要求逐渐提高，急需加快数据中心相关标准的制定和出台，促进产业的快速发展。[①] 在电信资费方面，基础电信企业资费信息公开不充分，消费者不能做到明明白白消费，有时存在单方面改变服务条款但未充分告知消费者的行为。基础电信企业用户（含下游增值电信企业）在用户服务、网络质量和收费争议方面的投诉时有发生。在违规处罚方面，经营者违规成本过低，缺乏约束力，如电信服务规范规定，电信业务经营者提供的电信服务未能达到该规范或者当地通信管理局制定的服务质量指标的，由电信监管机构责令改正，拒不改正的，处以警告，并处一万元以上三万元以下的罚款。

（五）新技术新模式为反垄断规制带来新挑战

5G 网络基础设施共建共享有助于加速 5G 网络形成，但基础电信企业在 5G 业务竞争中形成"2 + 2"市场格局，可能导致市场竞争弱化，甚至形成双寡头联合垄断，运营商提质降费的动力将大幅下降。此外，中国电信、中国移动、中国联通除从事 5G 网络建设和经营业务外，还经营物联网、数据中心、云计算服务等业务。5G 网络共建共享中"你中有我，我中有你"的格局，可能导致基础电信企业在 5G 业务以及其他数据基础设施市场垄断行为认定难度的增加。如基础电信企业在数据中心业务市场占据优势地位，其在云计算 IaaS（基础设施即服务）市场中也将具有竞争优势，并可能进一步拓展至其他类型云服务。[②]

云计算服务是互联网和 IT 产业融合的产物，上下游产业联系紧密，服务商凭借市场支配地位滥用市场支配力的行为更加隐蔽、形式更为复杂、认定更加困难。云计算服务对硬件设施、技术创新等条件要求高，市场进入壁垒高，基础电信企业、大型互联网企业、IT 企业凭借技术和资金等"先发

---

① http：//www. miit. gov. cn/n1146290/n1146402/c7958698/content. html.

② 王娜、尚铁力：《关于云计算服务监管问题的思考》，《电信网技术》2012 年第 8 期。

优势"占据市场优势地位。云计算产业又具有网络效应（产品对用户的价值与用户规模呈正比）、马太效应（强者恒强），用户一旦选择某一服务商，有可能被长期"锁定"，这些大型企业一旦在某一云服务市场占据支配地位，有可能将支配地位延伸至其他云服务，进而强化其支配地位，有条件实施拒绝许可、搭售等违法垄断行为，直接影响到其他云计算服务中的参与者和正常竞争秩序。[①]

五　建立健全数据基础设施规制制度的对策建议

为实现数据要素的高质量供给，为经济社会数字化转型提供支撑，我国需尽快适应数据基础设施的特点和快速发展的需求，建立健全数据基础设施规制制度。

（一）建立5G网络共建共享约束与激励制度

一是明确基础电信企业、铁塔企业在5G网络共建共享中的责任和义务，加强共建共享考核指标落实，建立相关企业管理层薪酬激励机制。二是规范垄断性共建共享设施租赁费，明确租赁费制定办法，实行基于成本、与共享率挂钩的收益率机制，激励铁塔公司提高铁塔站址资源共享率，合理降低租赁费，使基础电信企业切实从租赁中受益。作为配套，应建立对中国铁塔的规制制度，加强对铁塔企业垄断业务的成本规制，建立适合铁塔行业的成本分类与核算制度，明确折旧费、人工费等各项成本费用确定标准，并建立定期成本监审制度；建立铁塔业务及租赁费信息公开制度。三是建立市场化跨行业共享机制与规制制度，鼓励电信企业加强与电力、高速公路、铁路等具有较大共享潜力基础设施企业的沟通合作。以电力行业为例，二者可共享电力杆塔、变电站站址、电力光缆等资源，相关费用由企业协商确定，协商不一致时再由政府协调，为降低交易成本、提高共享效率，应推动电信企

---

① 岳琳、唐素琴、韩伟：《云计算产业的反垄断规制》，《中国物价》2013年第8期。

业与电网企业在集团总部层面签订战略合作协议和框架，建立合作机制，明确相关费用标准，电网企业因此获得的收入的一定比例用于降低主营业务准许标准，剩余部分允许保留，以调动其积极性。

（二）完善网间互联互通和公平接入制度

为保障网间互联互通和公平接入，应建立相关标准、规范和信息公开制度，重点增强对主导运营商的约束。一是制定互联协议标准文本格式，建立互联协议报批制度，避免主导运营商利用其优势地位设置不合理互联条件。二是完善互联争议解决制度，给予互联争议方民事诉讼权，如对规制机构做出的裁决不服，可提交法院，并引入举证责任倒置制度。[1] 三是建立互联互通年度报告制度，基础电信运营商按规制机构要求的内容，报送互联协议签订、履行及争议解决等情况；规制机构组织评估并公布评估报告，增强服务和价格的透明度。

在网络公平接入方面，尽快修订《电信网间互联管理暂行规定》《互联网交换中心网间结算办法》《电信网间通话费结算办法》等相关部门规章，建立以成本为基础、公平合理的成本分摊和网间结算价格（标准），促进网间互联和公平竞争。建立网络接入服务标准和价格公开制度，防止基础电信企业对增值电信业务竞争对手实施价格歧视、降低服务质量。在网络接入竞争较弱的地区可探索建立网络中立制度，确保网间互联的技术要求和制度规范严格执行。[2]

（三）创新规制手段建立跨地区协同规制制度

丰富互联网数据中心等业务事中事后规制的手段，改变主要依赖于日常现场检查和年检、手段单一的局面，通过大数据技术建立信息统计平台，要求服务器、机柜等硬件设备必须纳入统计平台，进行"实名制"管理，做

---

① 陈小龙：《电信网互联互通若干法律问题研究》，武汉大学博士学位论文，2013。
② 袁玮、姜涵：《ICT新生态监管挑战与机遇》，《信息通信技术与政策》2019年第4期。

到实际使用人和设备一一对应。① 进一步加强业务许可、网站备案、网络接入、IP 地址库等全国性统一平台的建设，建立部省联动共享规制平台，实现信息共享、实时查询，解决属地之间信息割裂和规制不协同的问题。② 完善年检管理制度，联合多部门开展定期整治，对无证经营、超范围经营等违规行为严厉打击，将违规经营的企业纳入信誉不良名单。贯彻"两个随机"精神，完善重点抽查制度，对诚信度较低的企业增大抽样比例。

（四）加强质量规制与消费者保护

在质量规制方面，根据数据基础设施行业发展定期评估电信服务质量指标和通信质量指标，根据评估结果适时修订完善。利用大数据等信息手段加强服务和通信质量监测。要求电信业务经营者按规定的时间、内容和方式向规制机构报告服务质量保障情况，并向社会公布。完善《电信服务质量通告》，提高通告信息的详尽程度，补充违规企业整改落实情况。

在电信资费等消费者（含增值电信企业作为基础电信企业用户的情形，下同）保护方面，一是保障消费者知情权和选择权，做到明明白白消费。要求基础电信业务经营者在其营业场所、网站显著位置提供各类电信服务的种类、范围、资费标准和时限，为用户交费和查询提供方便。借鉴国际经验，规制机构定期对电信资费信息等进行监测比较并向社会公开，为用户对比选择提供便利。二是加强事中事后执法，加大对违规行为的处罚力度，如美国 AT&T 公司曾因对已签署"无限宽带数据计划"的用户进行网速限制而被电信规制机构处以 1 亿美元的罚款。③ 三是在规制机构内部设立专职的消费者保护部门，负责受理消费者服务质量和资费等方面的投诉建议，跟踪监测消费者保护相关情况并定期发布报告。

---

① 董宏伟、吴志鹏：《大数据中心发展需监管创新——贵州、内蒙古大数据中心调研启示》，《中国电信业》2015 年第 7 期。
② 李乃青：《"互联网＋"时代下的协同监管》，《人民邮电》2016 年 11 月 22 日；何霞：《2017 年 ICT 行业监管：法制与创新并行》，《通信世界》2017 年第 2 期。
③ 贺佳、刘丽文、姜涵：《全球电信资费监管转型对我国有何启示》，《人民邮电》2017 年 5 月 23 日。

（五）强化反垄断规制保障市场公平竞争

一是加强行业规制与反垄断机构协同，加快研究云计算服务等融合型业务不正当竞争行为判定标准，加快出台规范云计算服务等重点市场经营行为规范，探索对不正当竞争行为高发领域制定专门规则，加强行业规制与反垄断机构信息共享和联合惩戒，建立跨部门联合审查、评估、竞争争议协调和处理机制，提升融合监管效能。[①] 二是开展电信业务市场监测和反垄断风险评估，以跨行业、跨上下游产业链视角衡量大型服务商的规模及市场支配力，重点加强对基础电信企业、大型互联网企业市场份额及相关业务开展情况的监测。三是加大对滥用市场支配地位、排挤竞争对手、扰乱市场秩序等违法行为的查处和惩戒力度，对在电信业务经营活动中进行不正当竞争的，应在现行电信条例规定（处 10 万元以上 100 万元以下罚款）基础上大幅提高最高处罚标准，以切实起到防范和约束作用。四是要求基础电信企业提交其开展基础电信业务、增值电信业务情况的全面报告，跟踪监测评估 5G 共建共享新模式对基础电信企业之间、基础电信企业与下游增值电信企业之间公平竞争的影响，研究建立事前防范不正当竞争行为的规制制度。

参考文献

孙松林：《5G 时代：经济增长新引擎》，中信出版集团，2019。

吴志刚：《从多个维度理解数据要素》，《中国电子报》2020 年 5 月 22 日。

董宏伟、吴志鹏：《大数据中心发展需监管创新——贵州、内蒙古大数据中心调研启示》，《中国电信业》2015 年第 7 期。

岳琳、唐素琴、韩伟：《云计算产业的反垄断规制》，《中国物价》2013 年第 8 期。

《"新基建"具有鲜明的时代特征，"新"主要表现在三个方面》，https：//

[①] 袁玮、姜涵：《ICT 新生态监管挑战与机遇》，《信息通信技术与政策》2019 年第 4 期；罗珞珈、熊惟楚、王颖：《我国基础电信企业与互联网企业竞争规制研究》，《信息通信技术与政策》2018 年第 11 期。

tech. china. com/article/20200609/20200609535368. html，2020 年 6 月 9 日。

杨亚龙：《以新体制新机制发展新基建新产业》，http：//finance. sina. com. cn/roll/2020 - 06 - 24/doc - iirczymk8649285. shtml，2020 年 6 月 24 日。

李晓华：《"新基建"的内涵与特征分析》，中国经济形势报告网，https：//baijiahao. baidu. com/s? id = 1665281248075073563&wfr = spider&for = pc，2020 年 5 月 24 日。

黄舍予：《共建共享为 5G 发展注入强劲动力》，《人民邮电》2020 年 6 月 23 日。

孟月：《我国需打造共性基础加速 5G 共建共享规模落地》，《通信世界》2020 年第 5 期。

孟月：《中国铁塔深化共享协同，加速 5G 规模建设》，《通信世界》2020 年第 6 期。

许长帅：《数据规制的基本原理：数据通信改变经济社会》，《中国信通院》2020 年 4 月 3 日。

中国信息通信研究院：《中国公有云发展调查报告（2018 年）》，2018。

中国信息通信研究院：《云计算发展白皮书（2019 年）》，2019。

中国信息通信研究院：《"5G + 云 + AI"：数字经济新时代的引擎》，2019 年 12 月。

王娜、尚铁力：《关于云计算服务监管问题的思考》，《电信网技术》2012 年第 8 期。

徐玉：《云计算发展推动数据中心转型我国应加强监管积极应对》，《世界电信》2011 年第 11 期。

李乃青：《"互联网 +"时代下的协同监管》，《人民邮电》2016 年 11 月 22 日。

李乃青：《"十三五"开局，电信监管强调"放、管"结合》，《人民邮电》2016 年 1 月 15 日。

何霞：《2017 年 ICT 行业监管：法制与创新并行》，《通信世界》2017 年第 2 期。

袁玮、姜涵：《ICT 新生态监管挑战与机遇》，《信息通信技术与政策》2019 年第 4 期。

贺佳、刘丽文、姜涵：《全球电信资费监管转型对我有何启示》，《人民邮电》2017 年 5 月 23 日。

徐恩庆：《保障网络安全需持续强化互联网网络接入服务市场监管》，《通信管理与技术》2017 年第 4 期。

徐恩庆、张石：《保障网络安全需进一步加强 IDC 监管》，《通信世界》2016 年第 9 期。

李以华、曹磊、任明、党曦明：《如何用大数据技术提升电信监管水平》，《人民邮电》2016 年 2 月 16 日。

柳青、苗琳：《新业态挑战监管体系》，《人民邮电》2016 年 5 月 16 日。

宋连波：《铁塔公司的监管要理顺三种关系》，《人民邮电》2015 年 5 月 13 日。

罗珞珈、熊惟楚、王颖：《我国基础电信企业与互联网企业竞争规制研究》，《信息通信技术与政策》2018 年第 11 期。

陈小龙：《电信网互联互通若干法律问题研究》，武汉大学博士学位论文，2013。

叶晓敏、鞠鹏：《从电信联通涉嫌垄断事件看我国互联网互联互通现状》，《江苏电信》2012 年第 4 期。

ITU, Global ICT Regulatory Outlook, 2018.

ITU, Regulatory Challenges and Opportunities in the New ICT Ecosystem, 2018.

完善中国数据市场基础性制度
相关法律问题研究

　　随着中国数据市场的快速发展，国内与数据有关的争议变得更频繁和复杂。法的规范作用和指引作用要求我们通过法制建设去塑造产业发展的底线和轨道。通过梳理现有制度可以得出，我国的数据法律制度已建立起了基本框架，构建起公权规制、私权救济和共权治理的法律体系，但是仍存在系统性不足、层次性破碎、可操作性差的问题。国际上以欧盟和美国为主的法域经验显示，上述问题在各个法域都不同程度地出现过，通过参考主要法域的法制经验，我们以本土化为出发点，提出符合我国数据市场发展实际的建议。解决这些问题的有效路径有：具有根本性地位的顶层设计立法不可或缺；通过行业标准、地方立法和协会公约等形式的法制建设能够丰富数据法制体系的层次性；以建立专门执法机构、队伍、细化操作标准为主的执行建设可以极大增强数据法制的可操作性。

　　构建系统性、层次分明、可操作性强的数据法制体系，是当前我国数据市场发展的法制需求。数据的非排他性、物理载体特殊性等特征使数据在流通过程中产生了个人信息保护缺位、企业不当获取数据等诸多纠纷。国家互联网信息办公室于 2016 年 12 月 27 日发布并实施《国家网络空间安全战略》，其部署的战略任务包含"完善网络治理体系"，该内容的实现也对数据法律规范的构建提出了急迫的要求，并要求形成一个行政监管、行业自律、技术保障、公众监督、社会教育相结合的网络治理体系和联动机制。我国以促进数据流通和共享为目标对数据权益予以保护，企业数据和其他增值数据的合理保护应当有利于数据产生更大的价值。在不进一步区分企业数据和个人数据的情况下，要对数据的保护秉持类型化与场景化保护原则。法律还应当协调保护个人数据与企业数据，在优先保护个人数据的前提下，实现个人数据隐私期待与企业数据权益的共赢，然而却具有明显的顶层法律缺位、法律体系结构碎片化、法律法规可操作性差等问题。以欧盟为代表的强监管和保护个人信息为核心的适法模式和以美国为代表的衡平法赔偿模式都与我国数据市场的实际不符，我国应当在充分吸取域外立法成果的基础上，以本土化为出发点构建数据法制体系。

一　我国数据法律制度的现状与逻辑

目前我国数据保护的救济结构，表现出以刑事打击为主、行政处罚缺位、私权救济罕见的特征。而这种救济结构的失衡是由我国数据法律制度的结构性不足造成的。此外，市场领域的数据纠纷反映出频繁地通过反不正当竞争法寻求救济，呈现出强烈的竞争属性。我国现有的数据法律，从权益保护的角度来看，可以先按照公权救济与私权救济分为两大类，公权救济是以国家机器等方式对数据的流通进行规制，私权救济则是通过民法、合同法、侵权责任法等以民事主体行为的方式予以规制。

我国现有的数据法律制度体系按照法律强制力度可以大致划分为公权救济与私权救济。其中，公权救济是底线路径。如数据与刑法结合的危险首先在隐私领域引起社会的关注，通过刑事制裁的形式对数据行为进行规制已经进入数据犯罪的领域。

（一）公权规制

1. 刑法强制力

数据犯罪最先在侵犯公民个人信息领域显现出巨大危害并引起关注，这种行为侵害的是数据作为符号所记载信息内容的权益。从《刑法》中的相关规定及其配套的司法解释也可以看出，当前刑事制裁对数据作为载体承载的信息内容进行保护。如我国《刑法》设置的与保护信息、打击侵害数据信息相关的罪名，包括非法获取计算机信息系统数据罪（第 285 条第 2 款）、破坏计算机信息系统罪（第 286 条）、帮助信息网络犯罪活动罪（第 287 条之二）。正如学者指出的，我国目前"正经历着从'计算机信息系统'保护到'公民网络个人信息'保护再到'人与数据'保护的转变，即'信息系统防护—个人信息安全防护—大数据的整体性防护'"。

此外，针对个人数据（信息）保护专门设定了侵犯公民个人信息罪（第 253 条之一），与知识产权相关规定进行配套的侵犯商业秘密罪（第 291 条），意在规制符合商业秘密特征的大数据实施的犯罪行为。从已有的司法案例来看，侵犯公民个人信息的犯罪情况比较普遍且形成了一种低效维权的困局，被窃取的公民个人信息经过加工、转卖，又被用于诈骗、敲诈勒索、暴力追债等下游犯罪活动，进而造成严重的社会危害。近年来，公安机关连续开展专项打击整治，国内大数据行业违法违规获取数据的行为有所收敛。此外，以侵犯商业秘密罪、破坏计算机信息系统罪保护数据权益的刑事案例也较为常见。不论从案件数量还是实际效果上看，刑事制裁在我国个人信息保护、数据保护方面都发挥着举足轻重的作用。

最高院与最高检联合出台的两则司法解释以数据、信息犯罪为主要打击目标。《最高人民法院、最高人民检察院关于办理侵犯公民个人信息刑事案件适用法律若干问题的解释》是为了惩治侵犯公民个人信息犯罪活动、保护公民个人信息安全和合法权益，根据我国《刑法》和《刑事诉讼法》在办理侵犯公民个人信息刑事案件适用法律的若干问题的解释。在实践中，该司法解释主要是解决在审理侵犯公民个人信息罪的案件中，就具体定罪量刑和法律适用中产生的争议。《最高人民法院、最高人民检察院关于办理非法利用信息网络、帮助信息网络犯罪活动等刑事案件适用法律若干问题的解释》明确了关于应当履行的网络安全义务、利用信息网络犯罪的客观形式等禁止性行为，以及对相关犯罪分子依法宣告职业禁止或者是禁止令，以及加大财产刑的适用力度、剥夺再犯罪的能力等相关规定。为依法惩治拒不履行信息网络安全管理义务、非法利用信息网络、帮助信息网络犯罪活动等犯罪，维护正常网络秩序，根据《刑法》《刑事诉讼法》规定适用的法律解释。

2. 行政执法与行政诉讼的规制

以《网络安全法》为代表的专门立法，代表了国家在顶层设计上对数据法制安全建设的重视，法律的颁布与实施明确了保障数据安全与发展的总体规划。第 10 条规定，维护网络数据的完整性、保密性和可用性。第 18 条对于数据的流通与共享表达了宣誓性的鼓励，但是缺乏具体的细则，"国家鼓励开发网络数据安全保护和利用技术，促进公共数据资源开放，推动技术创新和经济社会发展"。第 21 条、27 条、34 条、37 条及第 66 条都是以保障数据安全为宗旨，为"防止网络数据泄露或者被窃取、篡改""保障网络安全，防止数据被窃""数据保护及容灾备份""数据跨境流动安全性规定"。《网络安全法》的正式实施明晰了相关机构对网络安全的保护和监管职责，明确了网络运营者应履行的安全义务，协调了政府管制和社会共治的网络治理关系，给出了以法律为根本治理的基础治理模式。《网络安全法》在数据安全方面也有诸多规定。包括第 18 条，国家鼓励开发网络数据安全保护和利用技术，促进公共数据资源开放，推动技术创新和经济社会发展。第 40 至 45 条明确规定了网络运营者收集、使用个人信息应当遵循合法、正当、必要的原则，以及用户知情同意、修正等权利。其中第 42 条规定，网络运营者不得泄露、篡改、毁损其收集的个人信息；未经被收集者同意，不得向他人提供个人信息。但是，经过处理无法识别特定个人且不能复原的除外。这一条说明立法并没有完全限制非经个人明示同意的信息数据的流动，给出该类敏感数据共享、使用和挖掘及发挥价值的出路。

此外，《中华人民共和国治安管理处罚法》第 29 条第 1 款第（三）项规定，对计算机信息系统中存储、处理、传输的数据和应用程序进行删除、修改、增加的行为规定了拘留的行政处罚措施。从文意解释和体系解释角度看，该款规定旨在处罚破坏计算机信息系统的违法行为，"计算机信息系统中存储、处理、传输的数据"自然包括本文讨论的个人数据以及作为数据集存在的大数据,因此,该款可以作为涉数违法行为的行政处罚依据。但是,鉴于行政处罚奉行严格的法定主义,该款规定的违法行为仅限于"删除、修改、增加"三种,对于针对个人数据惯常实施的非法提供、获取、买卖、公开等违法行为却不能适用,导致我国在个人数据保护上行政处罚缺位。

因为数据的权属不清、标准化问题尚未解决,各地、各部门都在积极探索本区域的治理和发展对策。2019 年 5 月 28 日国家互联网信息办公室发布《数据安全管理办法》(征求意见稿),明确管理范围是中华人民共和国境内利用网络开展数据收集、存储、传输、处理、使用等活动(第二条),数据安全分为个人信息和重要数据安全(第一条)。其主旨在于赋予用户和数据主体更多权利,同时,要求企业和数据再加工者承担更多的义务。征求意见稿包括数据收集、数据处理使用和数据安全监督管理等内容。其中最值得关注的是第 23 条,网络运营者利用用户数据和算法推送新闻信息、商业广告等(以下简称"定向推送"),应当以明显方式标明"定推"字样,为用户提供停止接收定向推送信息的功能;用户选择停止接收定向推送信息时,应当停止推送,并删除已经收集的设备识别码等用户数据和个人信息。针对已逐渐侵害用户隐私的"画像型"推送,管理办法对于个人信息的保护做出了特别规定,与包括《个人信息安全规范》、《个人信息去标识化指南》(征求意见稿)和《个人信息安全影响评估指南》(征求意见稿)等在内的法律规范形成了呼应。国家互联网信息办公室于 2017 年发布了《关键信息基础设施安全保护条例》的征求意见稿,该条例还未正式颁布。2019 年,中央网信委对关键信息基础设施安全保护作出了专门部署,《关键信息基础设施安全保护条例》的主要内容在于对通信、能源、交通、金融等行业,作为关键信息基础设施的安全予以保护。

2014 年 12 月 31 日,我国地方数据法制建设和数据交易迈出了实践的第一步,我国第一家大数据交易所——贵阳大数据交易所设立。贵阳大数据交易所在权属未定的情况下进行数据交易面临着极大的法律风险,也没有国际先例可参考，属于"摸着石头过河"的典型。但是，自发布了《贵阳大数据交易所702公约》以后，我国数据发展开启了市场化交易的纪元，唯一有局限性的地方在于，交易所交易的数据严格限制在已经清洗和分析之后的"成果性"数据。2019年8月1日，《贵州省大数据安全保障条例》获得通过并于2019年10月1日起正式施行。条例以安全保发展、以发展促进安全为宗旨，坚持问题导向、需求导向，以主体责任和监管责任为重点，对大数据安全保障的重点问题和主要方面作出规定，明确了大数据的内部安全责任，规定在采集、使用、处理数据时需要采取必要的措施保证数据流通安全，并明确了违反条例要承担的法律责任，使禁止条令具备威慑性的惩罚保障。全国多地如天津、上海、北京、浙江、深圳等都陆续出台了数据安全管理办法的暂行规定或是征求意见稿。

（二）私权救济

私权救济，是指平等的民事主体为救济请求与被请求方，救济对象为私权利的救济。以最新出台的《民法典》为首，包括《反不正当竞争法》《侵权责任法》《合同法》《著作权法》以及与知识产权相关的法律规定等。总体而言，涉及数据规制的私权救济已经提供了相对完善的路径，但是，值得注意的是在现有实践中，尤其是在企业间数据获取行为的纠纷中，频繁出现适用《反不正当竞争法》解决争议的案例。比如，"北京淘友天下技术有限公司等与北京微梦创科网络技术有限公司不正当竞争纠纷案"（新浪诉脉脉案）首次在反不正当竞争领域因数据保护问题而引起社会的广泛关注。有的纠纷是关于原始数据的争夺，比如"大众点评诉百度抄袭复制点评信息案""脉脉非法抓取使用新浪微博用户信息案"，有的则是围绕衍生数据产品展开，比如"淘宝诉美景大数据产品纠纷案"。有学者认为，大数据的交易与流转因数据本身呈现出的强竞争特性而使反不正当竞争之诉成为纠纷双方的首要选择。

《最高人民法院关于审理利用信息网络侵害人身权益民事纠纷案件适用法律若干问题的规定》（以下简称《规定》）是根据《民法通则》、《侵权责任法》以及《民事诉讼法》等法律的规定，结合审判实践，为正确审理利用信息网络侵害人身权益民事纠纷案件而制定的规定。《规定》以权利保护为目标，从程序法与实体法两个层面，保障了权利的实现。拓展了人格权保护范围，列举了网络环境下新的人格权内容。除了个人隐私之外，增加了其他个人信息的人格利益，并区分信息类型和区分保护。

关于数据保护，《民法典》第127条规定，法律对数据、网络虚拟财产的保护有规定的，依照其规定。此外，依据《民法总则》第110条、第111条判决擅自公开自然人姓名、身份证号码和银行卡号的行为人承担赔礼道歉的侵权责任。除上述几起案例外，通过私权救济途径保护个人数据的案例十分罕见。已有实践表明，私权救济在数据规制上产生的最大挑战或许在于权属的争议。

1. 竞争属性趋显的数据不正当竞争

近年来，通过反不正当竞争法规制的典型性数据纠纷频发[1]。作为数据集合的大数据以竞争资源的形态出现已经得到了实务与学界的认可。此外，利用数据干预竞争、垄断资源的现象初现端倪，大数据与竞争可谓相生相伴、交汇融合。为此，有学者提出，大数据及其规制应该具有竞争法属性。[2] 通过《反不正当竞争法》解决数据交易、流转的纠纷，主要的应用条款有商业秘密条款、一般条款和兜底条款（第12条，互联网专条）。[3]《反不正当竞争法》第2条规定："经营者在市场交易中，应当遵循自愿、平等、公平、诚实信用的原则，遵守公认的商业道德。本法所称的不正当竞争，是指经营者违反本法规定，损害其他经营者的合法权益，扰乱社会经济秩序的行为。"反不正当竞争法具有高度抽象性和个案中宽泛解释的弹性，能够对权利形成兜底的保护。《反不正当竞争法》第10条第3款规定了商

---

① 如2010年大众点评诉爱帮网不正当竞争案件、2013年百度诉360违反robots协议案、2015年新浪诉脉脉非法抓取微博用户数据案件、2016年大众点评诉百度地图抓取用户点评信息案、2017年酷米客诉车来了非法抓取数据案、2018年淘宝诉美景不正当竞争纠纷案。

② 宁立志、傅显扬：《论数据的法律规制模式选择》，《知识产权》2019年第12期。

③ 刘继峰、曾晓梅：《论用户数据的竞争法保护路径》，《价格理论与实践》2018年第3期。

业秘密条款："本条所称的商业秘密，是指不为公众所知悉、能为权利人带来经济利益、具有实用性并经权利人采取保密措施的技术信息和经营信息。"根据该项规定，满足秘密性、保密性、实用性的技术信息和经营信息即可以作为商业秘密保护。随着司法实践对商业秘密认定不断倾向做宽泛解释，通过主张商业秘密权保护数据的案例呈增多趋势。以商业秘密成功保护了数据的一个案例是衢州万联网络技术有限公司诉周慧民等侵害商业秘密纠纷案①。以民事利益作为反不正当竞争法的基本法益，在利益侵害式侵权认定范式的基础上，围绕竞争秩序的保护，建立不正当性认定的标准和方法。就内在机理而言，反不正当竞争法将私法自治融入竞争秩序建构的内在逻辑，从根本上确立了两种属性的结构性关联，使其成为二者"关联交错的场合"。当越来越多地强调抑制政府干预而扩大行为自由时，反不正当竞争法的侵权法色彩逐渐"隐去"，竞争法属性日益"凸显"。关于竞争法规制的实施路径，有学者提出，对数据信息不享有法定权利并不意味着无法获得法律的保护，若事实上造成市场竞争秩序损害的后果时，可以考虑适用反不正当竞争法一般条款。

数据日益成为许多科技公司的核心资产，因而，上市公司的新类型数据权利侵权纠纷不断涌现。②数据集合以著作权（数据库权）、汇编作品模式等形式得到保护的案例日渐增多，数据集合在不同情况下可能会出现多个不同部门法交叉保护的情况，根据现行私权救济路径，在著作权法之外，商业秘密权、隐私权、人身权、合同债权以及不正当竞争保护都可能成为被主张

① 一审被告周慧民等是一审原告万联公司的前员工，在从万联公司离职后创办与原告相竞争的网站，利用从万联公司擅自截取的50多万个注册用户信息，通过在互联网公告和通过QQ群通知等方式引导原告注册用户到被告网站。两审法院均认为虽然单个用户的注册用户名、注册密码和注册时间等信息是较容易获取的，但是（原告）网站数据库中的注册密码和注册时间等信息形成的综合的海量用户信息却不容易为相关领域的人员普遍知悉和容易获得，此外，上述用户信息又具有实用性，万联公司也对上述用户信息采取了保密措施。法院论数据的法律规制模式选择由此认定万联公司的网站用户注册信息属于商业秘密，判决被告共同赔偿原告经济损失100万元。
② 上海钢联电子在上海、江苏、北京、广东等全国各地法院起诉多家网站未经许可使用原告网站的钢材交易数据。

权益的请求权基础。根据《著作权法》第14条的规定，汇编作品是在选择或者编排中体现独创性的作品集合或其他信息集合。从以上著作权法规定可知，著作权所保护的汇编作品可以由电话号码、交易行情、股票走势等不能单独构成作品的信息、数据或其他材料组成，这一点使著作权保护在理论上延及数据。但汇编作品并不能覆盖很多极具利用价值的数据库，以汇编作品版权模式保护大数据有先天不足，致使立法本意与法律实践可能产生南辕北辙的效果。尤其在对不满足版权法对独创性要求的数据集合进行保护的案件中，禁止不正当竞争往往成为原告和法院的最终选择。①

2. 意思自治下的数据交易与流通

当前，学界对通过合同法规制数据的问题已有丰富研究，数据交易的合同性质分类往往成为争议焦点。比如，在不同情形下可能构成买卖合同、承揽合同或租赁合同。市场主体在数据采集、存储、分析、服务等活动中，合同的应用与保护应当是最广泛的，只要涉及两个以上主体之间的权利义务关系，均可通过合同的形式实现意思自治。数据提供者与收集者之间，基于契约自由原则，可自由设定数据收集、使用、披露的行为方式以及权益分配机制。在数据控制者、使用者、服务者之间，数据的存储、交易、共享、分析、服务等活动更离不开合同法的规制，合同法在数据的行为规制方面具有不可或缺的地位。在数据权属争议一直没有定论的情况下，以数据治理合同确定数据的合法"访问权"或许是更契合当前经济发展的一条路径，因其在实现数据流通与商业模式创新上更具灵活性，本质是数据许可合同的规范性问题。我国数据治理合同路径应当构建以数据许可合同为一类典型合同作

---

① 如上海霸才数据信息有限公司与北京阳光数据公司技术合同纠纷案二审中，北京市高级人民法院认为一审原告霸才公司的SIC实时金融信息作为一种新型的电子信息产品应属电子数据库，在本质上是特定金融数据的汇编，这种汇编在数据的编排和选择上并无著作权法所要求的独创性，不构成著作权法意义上的作品，不能受到著作权法的保护。但霸才公司作为特定金融数据的汇编者，对数据的收集、编排，即SIC实时金融信息电子数据库的开发制作付出了投资，承担了投资风险。该电子数据库的经济价值在于数据信息的即时性，阳光公司正是通过向公众实时传输该电子数据库的全部或部分而获取收益，阳光公司对于该电子数据库的投资及由此而产生的正当利益应当受到法律保护。

为数据时代的基础合同，并参照国外相关立法实现此类合同的专门立法。学界对数据法律规范的讨论主要集中在数据权属和赋权的问题上，不少学者都主张将数据视为财产权进行治理。这一路径将数据法律规制依托于财产规则，通过传统财产权形成数据的法律规范。数据合同在一定程度上也能为数据提供合同法上的保护，但其更为重要的作用在于实现数据的流通与使用。在域外，欧盟也有学者认为将来的数据治理应当是以数据合同为基础的"数据访问权"。数据合同路径的逻辑起点在于数据的流通与获取，而非数据权属，数据的权属问题不应成为制约数据流通与利用的法律障碍。这一路径被认为更符合数据经济的发展，不应把数据所有权作为数据经济监管的出发点，而是要消除数据获取与共享的障碍。

3. 数据法益侵害的兜底保护

《侵权责任法》第 2 条第 1 款、第 6 条第 1 款是一般条款，明确了侵权法的保护对象是"民事权益"，既包含民事权利，也包含民事利益。从权利保护思路来看，这一思路从探究数据与数据主体的关系、数据包含的利益类型出发，进而厘定数据的权利属性并将其对应到现有民事权利中的一种，依托传统民事权利体系对其实施保护。从法益保护思路来看，法益保护的立论基础在于数据包含人格利益和财产利益，法益保护不需要以明文规定的权利为前提，由此成为一些新兴（新型）利益诉求寻求保护的常用路径。2017年第十二届人大五次会议上，《个人信息保护法（草案）》的公布对上述立法层级问题做出了回应。在内容上，该草案由 6 个章节组成，涉及 44 个条款，对个人信息保护的基本原则、个人信息主体的基本权利、国家机关信息处理主体和非国家机关信息处理主体对应的操作准则等方面都作出了相关规定，回应了当下数据与信息安全的实际需求。私权救济效果不理想的重要原因在于私权救济成本太高而收效甚微。首先，被收集的数据主体和收集者之间的实力和地位往往悬殊。自然人主体耗费了大量的时间、精力、金钱进行诉讼，法院的判决结果即使是停止侵权和赔偿损失，但在数据已经被披露、被他人感知之后，停止侵权的判决不再具有实际意义，这种情况下适用填平原则去衡量数据主体的损失，并确定一个赔偿额度，从数据主体遭受的损失和维权付出的成本来看，最好的结果也不尽如人意。

此外，针对自然人数据的违法行为，基数极大，起点就是几百上千万条，在这种情况下，私权救济的力量可以忽略不计。也正因为此，欧洲法域和我国香港地区都设立专门的数据监管机构，通过不断强化监管机构的职能职权，推进数据市场中的行为规制，在市场中双方地位极其失衡的情况下，凸显公权的担当和效率。因此，针对我国个人数据权益救济的失衡状态，改善方向和出路应当是尽快明确数据监管机构和职能，弥补行政执法缺位的制度漏洞，以此实现救济途径的再平衡。

值得一提的是，明确何为重要数据是标准化数据的重要部分，也是数据治理的当务之急。以国家标准的形式制定重要数据识别指南对于国家数据安全和治理有着基础性意义。据悉，正在起草中的"重要数据识别指南"明确了三个原则。首先是聚焦国家安全，重要数据应该紧紧围绕国家安全、公共利益的角度衡量。其次在界定重要数据时应着眼于全球化发展需要，要促进数据安全有序流动，为此需充分借鉴国外已有做法；同时要适应国情，如国内移动互联网应用和互联网业态的发展远比国外复杂，大量重要数据分布于商业领域。最后是以定性定量相结合的方式识别重要数据，反对单纯定性或定量的方法。

（三）共权治理

国务院于 2015 年 8 月发布了《促进大数据发展行动纲要》，确定了"加快建设数据强国"的总体目标，分析了发展形势和重要意义，并明确了发展的指导思想和总体目标、主要任务、政策机制。

《电子商务法》的治理在本质上属于行业立法，它集合了许多其他部门法的规定。对于数据流通的规制也是以专条的形式呈现的。《电子商务法》第 25 条属于数据保护和存储的条款，"有关主管部门依照法律、行政法规的规定要求电子商务经营者提供有关电子商务数据信息的，电子商务经营者应当提供。有关主管部门应当采取必要措施保护电子商务经营者提供的数据信息的安全，并对其中的个人信息、隐私和商业秘密严格保密，不得泄露、出售或者非法向他人提供"。第 69 条规定"国家维护电子商务交易安全，保护电子商务用户信息，鼓励电子商务数据开发应用，保障电子商务数据依法有序自由流动。国家采取措施推动建立公共数据共享机制，促进电子商务经营者依法利用公共数据"，这带有明显的产业性质。而《密码法》在明确鼓励商用密码产业发展、突出标准引领作用的基础上，对涉及国家安全、国计民生、社会公共利益，列入网络关键设备和网络安全专用产品目录的产品，以及关键信息基础设施的运营者采购等部分，规定了适度的管制措施。《密码法》是在总体国家安全观框架下，国家安全法律体系的重要组成部分，其颁布实施将极大提升密码工作的科学化、规范化、法治化水平，有力促进密码技术进步、产业发展和规范应用。在工业互联网平台下，传统的工业数据由企业内部闭环流动转为可能通过公共互联网、公有云传输，数据遭泄露、篡改、伪造的风险增加。工业互联网涉及大量生产设备之间的数据传输，其数据具有来源广泛、种类多样、产生速率快、数据量大等特点且更具价值属性和产权属性，通过密码技术保障工业互联网数据可用性、完整性、保密性，确保工业生产正常运营具有现实紧迫性，也是维护国家网络空间主权安全的重要举措。法律的稳定性和滞后性使行业规范和自律公约等形式的文件充分发挥了调节社会矛盾、提高社会运行效率的作用，当行业内部出现问题却没有相应的法律来解决时，可以先通过行业内部的规范来协调，尽量将问题在意思自治的范围内解决。因为立法是一个漫长的复杂的过程，当行业内部规范不能解决问题的时候，则有必要进行立法通过国家强制力来保护数据安全。《个人信息保护技术指引》旨在指导协会会员单位信息科技工作，加强个人信息保护，由中国支付清算协会技术标准工作委员会起草。《线下大数据行业自律公约》分为获取自律、存储自律、应用自律三大部分，号召各类线下大数据行业相关企业加入公约，共同推动中国线下大数据产业蓬勃健康发展。

综上所述，以上法律法规以及其他效力等级的规范性文件构成了我国目前的数据法制体系。但我国的数据法制建设目前在整体上仍呈现出顶层设计缺位、系统性不完善的局面。在每年的两会中也不断有人大代表提出应制定顶层设计的数据法，明确数据各类主体的责任义务，规范数据采集、流通与使用，保护数据产权、安全和隐私，兼顾市场效率与公平。总体而言，我国已经初步形成了立法规制和行业规制并存、他律与自律相结合的数据规制架构，但仍然存在立法片面强调数据保护、忽视数据流通的问题。

二 我国现有数据法律体系的不足

根据前述分析，我国的数据保护制度，虽然已具备基本的法律体系架构，但是存在明显的碎片化问题，以及结构不系统、可操作性差的问题。这又进一步导致了数据权益纠纷频发以及执法部门定位和权限不明等困境。针对系统性不足、层次性不足和可操作性不足这三大问题，本研究将在后续部分结合制度梳理的结论进一步分析，并在分析的基础上提出符合我国数据法律制度发展需求的解决方案。

（一）系统性不足

系统性不足的问题突出体现在顶层立法的缺失，缺乏顶层设计法律的统筹。截至 2018 年 4 月，国务院及各部委共出台 23 项综合及单项大数据发展政策。前述纲领性文件虽然在战略规划层面为我国数据制度的发展提供了指引，但是因数据属性不明晰而不断引起争议。并且，仅有指导性文件不足以统筹国内数据市场的健康发展，不足以真正推进国家大数据战略。虽然政府和企业逐步开始重视数据治理的重要性，地方各级也在摸索出台符合地方实际的数据监管制度，但是自上而下、协调一致的全局性数据治理体系还未建立，国内数据市场在不同区域、不同行业的发展差异化使数据流通成本高居不下。

在现有法律体制下，物权、知识产权、债权等都难以作为大数据交易的基础权利，分场景化讨论权利的形式在当下能够缓解这些矛盾，但直接造成个案正义的司法成本过高。法律未对市场交易的主体资格、交易过程作出明确规定，客观上造成了数据市场门槛低、交易缺乏程序化的现象。实践中，主要靠数据交易平台的规定和行业自律保障交易的进行，这在赋予交易主体较大自决权的同时也带来了不确定性，而后者亦是产生诸多纠纷的根源。正在制定中的《个人信息保护法》《数据安全法》呼应了数据作为生产要素日益重要的角色，应当加快出台与"新基建"地位相匹配的数据顶层立法。国家立法具有强制性，从顶层设计出发，为数据保护制定统一的保护原则，有助于加速探索数据保护立法，立法保护通过国家强制力对侵害个人数据权的行为加以制裁，从而有效保障数据流通和共享。

现有的体系建设和维权路径应当突破传统法理的框架，数据作为一种可以"万物数化"的"基本要素"，从法律属性角度来看，具备作为种类物抽象出来的条件。因为与行业的快速发展极不协调，数据管理立法呈现出落后于经济社会发展的状态，即滞后性表现得更加明显。现有的规制网络空间的法律法规的效力不高，缺少一部能够具有统领性管理的基础立法，由于数据权属的不确定，与数据管理的立法多是由法规和部门规章予以规定，导致多头管理、协调不畅、职责不清的情况常有发生，无法对网络管理行为做出统一规定。因此，我国急需在数据管理方面构建完备的法律体系，以进行有效管理。我国需要尽快推出关于数据资源控制的法规，从而实现国家对数据资源流通的科学和高效的管理。党的十八届五中全会提出"实施国家大数据战略"。

当前我国在信息技术产业的法律法规以及政策方面存在较大的不足，仅从数量上看，相关规定与政策所占比重很低，所以我国还应当进一步细化数据产业相关法律制度，构建与信息产业相关的系统性法律体系，并且在建设过程中还可以充分借鉴域外先进国家的经验，同时根据我国数据产业发展情况，尽快针对当前我国数据产业核心技术严重依赖国外技术的现实制定有针对性的产业扶持政策，淘汰落后的、不合发展实情的制度政策，为保障数据主权、营造数据发展良好生态打下坚实的基础。

（二）层次性不足

如前所述，我国目前已基本形成具有不同层次、多领域分布的多种属性的数据保护法规体系。但是，制度断层和碎片化规定的问题仍然突出，这其中有立法技术带来的阻碍，也有数据产业特性的问题。因为，除了立法层次的科学分布以外，数据分类、标准化以及转化利用也在考验着数据制度体系。比如，市场中流通的数据种类非常多、转化标准也大多不统一，除了考虑技术层面的转化效率损失，这种不统一也给执法和司法机构的适法实践带来极大挑战。我国现有的行业数据管理标准大致分为人类遗传资源、科学数据、金融、健康医疗数据、公共数据和国防科工数据等，但是，这些分类中有不少认定标准存在交叉、标准模糊的问题。缺少标准化数据的根源在于标准匮乏和非强制普及，"指导性"标准因为不要求统一，往往会形成疏于应用的局面，但是，标准化的缺失是数据得以进一步创造价值的障碍。因此，无论从产业发展角度还是法律完善角度，都有必要在细分领域制定统一的、层次有序的数据标准，根据技术标准来完善法律法规配套的实施细则，技术的发展不应该成为法制建设的阻碍。并且，标准化数据是可以解决许多数据交易、流通过程中因权属不明而产生的假阳性法律矛盾。

此外，直接对数据进行规制的法律普遍层次、效力偏低，存在立法部门众多、操作性和系统性差的问题。顶层立法中对数据的内容有限，法律条款内容过于笼统宏观，对信息网络安全无法实现直接全面的保障。其余行政法规与部门规章适用范围与力度都非常有限，且因部门利益与领域差异而存在互相冲突与矛盾之处，立法中相关部门与当事人的权利、义务与职责规定有待衔接、整合。许多禁止性规定并没有明确行为责任，当出现纠纷时，具体义务的落实与保障会因责任的不健全而受到影响，需要后续立法的进一步完善。

（三）可操作性不足

法律的不完全、不协调、不明确都是实现法律可操作性的障碍。一般地，如果存在可行的方法在有穷步内将某法律条文适用于某一具体案件，则称该法律条文是可操作的，否则，是不可操作的。法律的不可操作性就是不确定性，增强法律的可解释性也是提高可操作性的重要途径。

我国数据法律制度可操作性不足直接来源于数据法律制度的层次性不足和系统性的缺失。在实践中主要体现在数据综合性监管体系不健全，法律监管理念和监管机构与现有数据市场的发展需要并不适配。人工智能时代产业发展和科技创新呼唤数据共享，当前我国法律监管依然侧重于数据安全保护，规定了数据收集规则、数据泄露报告制度、数据存储制度等，却缺乏促进数据流通的监管措施。缺乏专业的监管机构，其影响对于数据产业的发展犹如"聋人的耳朵"，我国现行的法律监管是按照传统分业监管模式授权各监管机构在各自所涉及领域进行监管，但是数据行业显现出明显的混业经营态势，比如网络购物平台、网络借贷平台、物流企业甚至医药公司都有可能通过数据收集成为数据控制者。在这种形势下，首先又混合了多部门具有执法权的交叉赋权情况，其次，在没有专业数据监管机构对整体数据行业的监管进行协调的执法中，极易出现多重监管、监管空白、监管推诿等监管漏洞。此外，提高监管机制的透明度，在法律法规实施层面，还要完善具体领域的单行法与配套法，增强法律规定的可操作性，并完善执法规范。我国已经出现以《网络安全法》为处罚依据的案例，对违反信息安全等级保护制度导致学生信息泄露的淮南职业技术学院进行了处罚，这对其他负有信息安全保护义务的单位起到了威慑作用。但是，网络安全中存在公权力与私权利的冲突、权利外延的界定与认定、不同安全义务的处罚责任不同等等问题，所以潜在的立法冲突、执法困难等问题还不可能一下子通过案例涌现出来。因此，在实践中，加强配套立法与执法规范是非常必要的。

三　域外数据立法及制度经验借鉴

在域外数据现有的立法成果中，引入国内较多的依然是数据保护相关制度。其中，欧盟建构的以"基本权利"为基础的数据治理模式被大陆法系国家广泛借鉴。而美国建构的是"自由式市场＋强监管"数据治理模式。从现有的法律文本来看，中国试图建构的是"安全风险防范为主，兼顾数字经济发展"的数据法律模式。这三种模式表面上看互不兼容，但未来却很有可能是殊途同归。

（一）欧盟

在欧洲，《通用数据保护条例》占据着数据基本法的地位，其适用范围不仅包括欧盟成员国境内企业的个人数据也包括欧盟境外企业处理欧盟公民的个人数据。尽管《通用数据保护条例》等法律设立了很多关于个人数据保护的规则体系，但这些规则体系实际上犬牙交错，相互抵牾。这部法律以数据保护的强度而闻名，而之所以被称为"史上最严"数据保护法，主要体现在两个方面：一方面，给予数据主体极大的权力范围，如同意权、访问权、更正权、被遗忘权、限制处理权、拒绝权及自动化自决权等广泛的数据权利和自由，同时明确了数据控制者和处理者应尽到采取合法、公平和透明的技术和组织措施保护数据权益的法定义务，以及履行对监管部门及数据保护认证组织的法定义务。另一方面，规定了详尽且极严的罚款规则，以1000万欧元或企业上一财年全球营业总额的2%中较高者为准。欧盟GDPR法案于2016年出台颁布，2018年生效执行，颁布至今，越来越多的国家或地区着手制定相关数据保护方面的法案或修订本地区的数据保护立法，在结构和内容上也多有循欧盟GDPR的权利路径和制度设计思路之处。而《欧盟数据库指令》（EU Database Directive）（以下简称《指令》）在21世纪以前制定，且于1998年1月1日生效。《指令》已经对数据库权做出了基本而全面的规定，从版权保护的角度延伸，保留了数据库领域的版权制度，还专门为不具有"独创性"的数据库创设了一种新的专有权利，从而构成了完整、全面的数据库保护体系。欧盟《个人数据保护指令》还将对个人数据的保护上升为对基本人权的保护，而这一规定，也成为后来GDPR将数据权更多地赋予个人的思想来源。《通用数据保护条例》中规定的"行为守则"直接适用于欧盟各成员国，同时还将其适用范围扩展到欧盟成员国之外的第三方主体，进一步加强了对个人数据的保护力度，弥补了原来各成员国转化使用不同"行为守则"的弊端。此外，还扩充了数据主体的权利，如被遗忘权和删除权；在数据处理方面也做出了更详细的规定，如对特定风险的信息处理有更严格的要求，扩充了数据主体对数据处理的同意权利。

《欧盟非个人数据自由流动条例》中的非个人数据则是指 GDPR 规定的"个人数据"以外的数据，比如匿名化数据、设备之间的数据。另外，它的目的在于与已经实施生效的 GDPR 形成统一的数据治理框架，以此平衡个人数据保护、数据安全和欧盟数字经济发展。条例旨在促进欧盟境内非个人数据的自由流动，消除欧盟成员国数据本地化的限制。以数据安全为基本前提，在一定程度上减轻提供数据存储、处理服务的企业的负担。此外，条例的核心内容还包括与数据本地化要求有关的规则、向主管部门提供数据的可用性以及专业用户的数据迁移等。提案旨在统一有关非个人数据（Non-Personal Data）的自由流动规则，试图为欧盟数字单一市场带来良性的竞争环境，同时为开拓更为安全的数据存储空间提供新的治理框架。

（二）美国

与欧盟不同，美国从程序上采取的是分散立法的数据保护模式，一方面，这缘于其判例法的法律体系；另一方面，这种模式具有灵活性和精确性，能够兼顾对个人数据各方面的保护，也能根据社会经济发展的需求随时做出调整。美国实行分散立法模式与其政治体制密不可分，有利于法律在规制整体数据流通的同时更好地兼顾个人数据的保护和个人数据的经济效益，也可以使立法权力在科技的进步中及时作出调整，适应社会发展的需求，从而平衡个人数据保护方面的各种利益。然而，这种分散立法模式的局限性也是显而易见，比如，不能很好地协调各个规范的内部关系。另外，美国对于私法主体对个人数据的保护比较欠缺，这需要美国的行业自律制度来弥补，美国对个人数据的安全保护除了政府制定的部分法律规范外，很大程度上都依赖于行业自律。但美国对于涉及个人隐私的重要行业和特殊主体仍然采取了专门的立法予以保护，虽然在联邦层面没有对个人数据保护进行太多立法，但美国联邦贸易委员会通过执法在具体案例中逐渐确立了数据隐私保护的规则。

美国《计算机欺诈和滥用法》（CFAA）成文法规于 1984 年起实施，最初是用于控告与黑客相关的计算犯罪行为。此后 CFAA 所禁止的犯罪行为的范围远远超越了传统黑客攻击的概念。CFAA 将未经授权的访问行为以及使用越权所得信息引起政府或其他方损失的越权访问行为或构成对该等主体的欺诈的越权访问行为都定性为犯罪行为。除了具有公权力打击的犯罪行为之外，CFAA 还为遭受上述行为损害的个人提供了民事救济的选择，同时规定了损害赔偿和衡平法救济。在 HiQ Labs 诉 LinkedIn 一案中，美国第九巡回上诉法院曾就此做出裁决，认为抓取公开网站的信息没有违反计算机欺诈和滥用法而《统一计算机信息交易法》（UCITA）（Uniform Computer Information Transactions Act）为数字信息时代的信息交易提供了一个法律框架，它是一部用于调整计算机信息交易的示范法。但由于其调整对象的特殊性以及在制度设计上与传统法律制度和法律原则的差异性，UCITA 从制定到适用以来，引起了非常大的争议。迄今为止，全美仅有两个州通过了 UCITA。作为一部与知识产权密切相关的合同法，关于 UCITA 的争议，主要在于 UCITA 在制度设计上对于合同法、知识产权法的突破。

综上所述，从上述两个主要法域的法律对比以及适用经验来看，美国立法虽与我国的法律体系不同，但是对数据产业的发展追求是相似的，即更加重视数据流通带来的整体社会价值，因而倾向于弱化数据的权属界定、减少纠纷以加速数据流通与共享。然而在司法实践上，仍然出现如 hiQ 诉 LinkedIn（支持数据爬取行为）和大众点评诉百度案（否定数据爬取行为）这样的取向差异。我国在产业政策上，与美国数据保护立法的宗旨相比呈现出高度的相似。但是，就法律制度来看，我国的数据法律制度依然以保护数据、信息权利为主，目前并没有直接促进数据流通与共享且立法层级较高的法律法规。因此，在借鉴英美法域的数据法律（判例）时，应结合我国数据产业发展的实际情况，结合个案分析，以本土化发展为出发点，有选择地移植和参考。

四 完善我国数据制度体系的建议

欧盟与美国在数据立法经验上各有优劣，我国应结合国情"扬长避短"。我国是典型的成文法国家，对法律制度的安排已习惯了固定的表达模式，因此，欧盟统一的立法模式更适合我国，制定一部统领性的部门法，从而为不同领域内相同问题的法律保护提供原则性的法律支撑。同时，吸收美国行业自律保护模式的优点，通过行业自律有效地解决立法滞后性、僵化性等缺点，弥补政府法律监管的不足。通过借鉴不同立法模式的优点，最终结合我国社会经济发展的情况，制定最佳的个人数据保护体系。根据科技立法的指导原则，应当从本国国情出发，坚持以人为本、全面发展、协调发展的建设原则，以本土化为出发点，结合技术、标准制定具有可操作性的法律，最终形成系统性、科学性、可操作性的数据法律体系。法是国家组织和管理科技活动的重要手段，健康的法律体系对科技与人的冲突关系也起到协调作用。

（一）借鉴域外立法经验，以本土化为出发点

前文分析了欧盟和美国的数据保护立法模式，我国应当根据国情和国内立法现状扬长避短，吸取欧盟统一立法模式的长处，规避美国分散立法模式的短处，采取多元化的立法模式。将国家立法和行业自律结合起来，通过双重保护的模式对数据安全加以保护。虽然我国的法律体系更类似于欧洲大陆法系国家，但这不等于我国就要模仿其具体保护措施。欧盟国家普遍采取保护全体公民的隐私权和个人数据是有深刻的历史背景的，这种保护模式其实也限制了大数据产业创新的速度，而后者是我国通过立法要促进的。而美国是采取相对宽松的保护措施，将个人信息抽离出来，区分人身权利（隐私严格保护）和财产权利的规制路径。

而我国的市场情况是，要鼓励市场主体创新，在不伤害其权利的基础上给予商业创新更多机会。不同的政策目标决定不同的政策取舍，在各国关于

本地化的立法及国际规则制定中，重点需要对服务本地化、设施本地化和数据本地化进行区分，确定采取哪一类本地化措施，是在将数据存储在境内以备安全为目的的审查还是要求设施本地化以促进投资的增长等不同政策目标之间进行平衡。

欧盟在数据监管（尤其是个人信息）方面设立的标准最为严苛，美国在数据保护方面强调企业合规以及内部监管的治理模式。中国虽然追求市场发展，也非单一强调监管，但是根据正在立法中的《个人信息保护法》《数据安全法》的进程来看，通过立法形式赋予个人更多的救济权力，或许会使企业合规成本增加。反观我国数据规制的现状，在"入刑"与"无责"之间存在断层，美国 FTC 的行政和解机制可以填补我国在这一方面的规制断层。《2019 中国大数据产业发展白皮书》《促进大数据发展行动纲要》等规范性文件的出台和实施也都表明，我国本土数据市场发展处于国际领先地位，且有丰富的本土实践经验。因此，我国数据法律建设应充分基于自有经验，建立科学、完备的法律体系，逐步确立起数据法领域的国际话语权。目前，在数据法律规制方面，利用和流通规制存在两种倾向。一种是注重数据方面的隐私权保护，以 2018 年正式实施的欧盟《通用数据保护条例》为代表。另一种则是倾向于保障数据作为一项个人财产在社会中的自由流转，不重视数据隐私的保护。实践中，美国一般奉行"个人有权对自己的信息作出决定"，即通过法律允许企业使用、出售或者公开其所获得的消费者数据。我国需要在实现两个基本数据法律建设目的的情况下构建包括跨境数据流通规则在内的数据法律系统。

立法本土化的合理性在于对"自生自发秩序"和"有限理性"的承认，在我国现阶段，新型的信息权利类型的引入应当是经过充分的必要性和可行性讨论的，在法律移植中，对于一些不适应我国信息发展实况的权利类型应当限制引进速度，正在进入拟定程序中的个别权利引进的必要性应当被讨论，而不是一味选择追求立法的先进性而忽视本国的经济和社会需求。因此，在当下法制建设中，我们所需要的并不是简单地复制西方法律制度。此外，数据本地化立法的国际经验告诫我们，只有立足中国面临的现实基础，才能做出最适合的数据本地化立法模式选择。中国目前网络数据安全形势复杂，在网络安全法中进行数据本地化建设时应当坚持安全与发展并重的立法原则，针对不同数据的安全性要求差异，妥善规定数据本地化的标准，并审慎确定数据本地化义务主体范围。立足开放的国际环境，着眼于全球化发展维度，以促进数据安全高效流动为目标，充分借鉴国外已有的做法。但是针对国内发展的互联网移动应用以及日益丰富的互联网业态，数据法制建设应当准确反映中国的市场现状。

（二）制度与技术结合，构建非权利化监管模式

在数据市场的规制中，毫无边界的扩大保护和干预的范围只会造成负面效果。明确以保护权益为原则的制度建设原则，使制度与技术充分结合，通过行业规范、公约等形式建立更标准化的数据规范才是解决我国数据法律体系层次性不足的方法。科学技术的发展给现实的科技立法带来极大的影响，科技立法如果要适应科技社会调整技术与人类关系的需要，与可持续发展的理念相吻合，在立法技术、手段和内容上必须符合各类立法对象的具体技术标准，使科技法规在原则性的前提下具有较强的技术性。通过符合技术规范的细化的规定，使科技法律既适应技术发展和经济增长的需要，又避免技术发展带来的负面效应。在已有法律的基础上，结合行业需求，主管部门制定细化要求，出台应用细则等政策指导文件，完善互联网数据流转中的保护规范，加强相关机构及应用行业的管理，打造数据安全流通、应用的环境。

构建标准化数据的意义在于保证数据流通和共享的质量，弱化权属之争，保护权益而非权利。当前数据权属的理论依然不成熟，因此在当前阶段对数据权属做出抽象性的划分或者创设一项新的权利进行保护，客观上是无法实现的。在这种薄弱的基础上进行权属的争论，则会阻碍数据市场的发展。因此，对数据权益保护的认知应当通过规范化的形式变成行业标准，以此满足数据流通与共享的客观发展需要。数据标准规范就是要对各类数据进行规范化定义和统一解释，实现不同部门之间对数据资源的统一理解和规划，增进数据的一致性，减少数据格式转换，促进数据的集成和高效共享，

提供高质量的数据服务。数据标准规范是数据管理和利用的基础。

不同部门对数据业务管理的要求不同，主要体现在不同的数据采集口径、转换和加工规范。统一数据交换标准，整合各部门发布的数据资源，保证数据畅通。确立数据规制模式，推进数据立法，可以为数据提供者、控制者、使用者等相关主体设定行为规范，制定出具有普适性的数据治理一般制度。以标准化数据建设为目标，用立法的方式化解数据因标准不统一而造成的流通障碍，以专业化立法为导向，推动数据的整体治理。加快标准的制定，形成完整的互联网行业数据标准体系，规范行业数据应用。

从宏观层面来看，目前我国数据法律制度层次性不足的问题要得到根治，根本方法是通过不同层级的立法和制定规章来完善基本制度，但是立法是一项旷日持久的事业，需要设计有助于法律制度落实的以行政法规、部门规章、地方性法规和地方规章为主要位阶的行政管理制度体系。因此，应当在充分利用好现阶段我国业已构建的网信、国安、公安等成形的治理协同机制，深化合作空间，将跨区域、跨部门合作制度化、体系化、常态化。同时，通过细化、具体化的制度设计，并配之以具体的议事协调机制，明确不同组织架构间的职责划分、协作共治问题。在制度建设方面，虽然我国以促进数据流通与共享为目标，但是当前的客观实际是法律监管都集中在数据安全保护上，规定了大量的数据收集规则、数据泄露报告制度、数据存储制度等，却缺乏促进数据流通的监管措施。这样的监管制度极有可能会导致数据流通阻滞，致使政府、企业、公众等数据主体为规避法律风险，缺乏共享数据的激励。然而规则属于行业自律规范，并不具备普遍的法律效力。此外，过度重视数据保护也是阻碍数据流通与共享的重要障碍。在执行机制上，可以充分发挥大数据自律机制。大数据自律机制是一种立足于市场机制、依赖市场主体自发自觉、自下而上形成的旨在约束数据收集、处理、交易等行为的机制。团体或行业的自律规范、各类技术标准是自律机制的重要表现形式。在自律规范方面，我国主要的大数据服务机构都进行了有益探索。

合理借鉴国际社会数据保护的主要原则。在国际范围内，关于数据保护的研究主要围绕个人数据展开，具有重要影响的个人数据保护立法或国际规则主要有：世界经济合作与发展组织（OECD）的《隐私保护和个人数据跨境流通指南》、欧洲委员会的《个人数据自动化处理中的个人保护公约》、欧盟的《数据保护指令》和《通用数据保护条例》。纵观国际社会个人数据保护规则，立法目的都包括个人数据保护与促进数据流通两个方面。OECD《隐私保护和个人数据跨境流通指南》在第二部分确立个人数据保护"八项原则"的同时，在第四部分确立了"数据自由流通和合法限制原则"。《个人数据自动化处理中的个人保护公约》在前言部分开宗明义地提出"协调尊重隐私与保障信息自由流通两者的基本价值"。《数据保护指令》则是在第 1 条同时强调了保护权利与数据自由流通的目标，《通用数据保护条例》也在第 1 条作出了类似的规定。我国采取基本原则与具体规范相结合的立法模式，没有将数据确立为一项权利。从立法结构看，OECD《隐私保护和个人数据跨境流通指南》在确立八项基本原则的基础上，用专章明确了数据控制者的实施责任；欧洲委员会《个人数据自动化处理中的个人保护公约》在第二章确立"数据处理合法性和数据质量"等几项原则，然后分别规定数据主体权利、数据控制者义务等内容，设定相关主体的行为规范；《数据保护指令》与《通用数据保护条例》采取类似架构。以上文本的结构都是首先确立个人数据保护基本原则，然后明确数据主体的"可为"与数据控制者的"不可为"情形，确立相关主体行为规范。虽然这些法律文本在具体行为规范中赋予了数据主体（个人）一定的权利，但是个人并没有因此取得可以排他控制其个人信息的权利。

（三）立足现有经验，全面推进数据的综合治理

从现有分析来看，制度体系中存在的系统性和层次性不完善问题，会随之带来可操作性弱的直接后果，并进一步影响到数据市场的综合治理效果。制度层面的结构缺失和系统性矛盾解决以后，在充分吸取已有适法经验的基础上，可以通过以下几项改善措施实现全面推进数据综合治理的目标。

首先，在行业、部门层面建立灵活性的规范，满足当前大数据产业发展的迫切需求。事实上，在行业自治方面，一些行业已出现了自治规约，有效

地配合了法治的运行，但是存在行业利益优先保护倾向、执行机制乏力、与法律规定矛盾等问题，这需要强化企业与行业的社会责任，加强法律的指导等。此外，在技术规范与创新机制上，我国针对大数据和网络技术也出台了一些规定，确立了一些技术标准，这为法律制定与落实提供了基础。在出台本土化立法进行顶层统筹的同时，在现行法律框架内尽可能地消解因数据交易中所有权问题而产生的障碍。引导建立行业惯例，依据行业惯例解决问题，通过标准化来促进因权属纠纷而引发的流通障碍。

其次，建立具备技术执法能力的法律队伍。在国家层面出台相应的数据基本法和交易条例的同时，灵活性执法与清晰执法赋权要共同建设。在避免多部门赋权造成交叉执法的情况下，保留数据纠纷的场景化保护空间。比如，对侵犯个体隐私的大数据交易提供司法和行政上可行的救济手段，以充分保障所有权的实现。在美国数据纠纷的司法实践中，对个体数据权利的保护，往往采取禁令衡平补偿和法律赔偿。我国现有的保护方式主要是从个体权利的角度施行的，但大规模数据处理过程的实际客体往往是对个体数据的整合，所以交易中对数据源的保护应该从群体层面着手，也能减轻数据搜集者和利用者需要承担的告知成本，有利于数据产业的全面发展。按照科技立法适配原则的要求，当前我国数据的规制应当突出引导鼓励和弱约束的基调。具体到数据的规制模式而言，立法赋权模式必然需要明确的权利边界，而权利一旦设定，对数据相关行为就具有极强的约束性，这与我国当前以促进数据流通的发展目的并不适配。从基础条件看，我国当前的数据发展环境，应当确立数据必要保护与开放共享并重的原则，设置数据收集利用的行为底线，构建数据行为的规范体系。

最后，针对已有实践，以定性与定量相结合的方式探讨制度实施的具体可操作性，实现数据的综合治理推进。就制度建设的可操作性问题，仍然以完善与法律法规配套的实施细则为前提，在确保预测性、稳定性的同时也明确法律实施的准确性。在制定法律法规等规则、条款的同时还要确保本身含义明确、规范性要件完整，不会产生歧义。虽然当前我国数据保护高度依赖场景化，但是就已有成效来看，通过在具体场景中确定数据的性质与类型，并根据具体场景中各方的合理预期来确定相关主体的数据权益，是解决数据权属与数据争议的最好方式。在实践中，个人数据保护也采取了场景化的路径。传统的法律领域常常强调法律规则的重要性，主要通过规则与例外规则的设定来划分各方的权利边界。但就数据而言，由于数据问题的高度场景化特征，采取理性规则将更有利于个人和企业数据的利用与保护。

五 总结

综上所述，从全球产业视角来看，数据已经成为国家发展的重要战略规划和全社会主体的重要资产。国际通行的治理手段都对企业数据权益和个人数据安全进行了分类、分级等合理保护措施和交易原则。需要注意的是，与欧盟强监管和美国衡平法补偿原则不同，我国现阶段对企业数据不宜进行绝对化与排他性的财产权保护。我国保护企业数据权益应当以促进数据流通和共享为目标，对企业数据和其他增值数据的合理保护应当有利于其产生更大的价值。从数据分级形态来看，对企业数据应当进行类型化与场景化保护；对于非公开的数据，应当提供商业秘密保护或者个人隐私保护；对于半公开的数据库数据，应当提供类似于欧盟的数据库特殊权利保护；对于公开的网络平台数据，应当采取竞争法保护，避免恶性的"搭便车"行为。法律还应当为主动公开信息的数据主体提供特殊类型的保护，即允许企业设置白名单与黑名单。此外，法律也应当协调保护个人数据与企业数据，在优先保护个人数据的前提下，实现个人数据隐私期待与企业数据权益的共赢。"万物数化"构建的网络空间是传统现实社会空间在向网络延伸中发展起来的新的现实社会空间，该空间随着技术的发展已然形成相对独立的社会结构，许多现实问题给社会治理与法律规制带来了极大的挑战。《国家网络空间安全战略》明确的战略任务包含"完善网络治理体系"，这对法律规范的构建提出了急迫的要求，同时要求形成一个行政监管、行业自律、技术保障、公众监督、社会教育相结合的网络治理体系和联动机制。

数据流通的基本原则、交易过程、主体规则、救济方式、数据权属以及不同主体对数据控制权利的先后顺序等问题对数据市场的发展起着决定性作用。就具体实施而言，目前需要修改和制定的法律法规主要涉及公共信息资源保护和标准化开放、政府信息资源管理、个人信息保护、基础信息网络和关键行业领域重要信息系统保护、数据流通特别是重要敏感数据跨境流动等方面，同时，既有立法的可操作性也需要加强。此外，完善法律框架之外的协作保障体系、完善具体领域的单行法与配套法，增强法律规定的可操作性；完善法律框架之外的协作保障体系，并与《网络安全法》和正在起草的《个人信息保护法》《数据安全法》相结合，构建和完善我国的数据法律体系。关于数据立法的研究，对不同权利理论的阐释、具体权能的设计固然需要，但是回归大数据自身所处的发展阶段、审视我国数据市场的基本国情、考证数据规制与自律的发展状况、总结数据失范与救济选择的倾向更应是我们选定数据规制模式的根基所在。

参考文献

杨志琼：《我国数据犯罪的司法困境与出路：以数据安全法益为中心》，《环球法律评论》2019 年第 6 期。

于志刚：《"大数据"时代计算机数据的财产化与刑法保护》，《青海社会科学》2013 年第 3 期。

于志刚、李源粒：《大数据时代数据犯罪的类型化与制裁思路》，《政治与法律》2016 年第 9 期。

《最高人民法院、最高人民检察院关于办理侵犯公民个人信息刑事案件适用法律若干问题的解释》，中华人民共和国最高人民法院官网，最后访问时间：2020 年 6 月 28 日。

《最高人民法院、最高人民检察院关于办理非法利用信息网络、帮助信息网络犯罪活动等刑事案件适用法律若干问题的解释》，中华人民共和国互联网信息办公室官网，最后访问时间：2020 年 6 月 28 日。

王春晖：《〈网络安全法〉六大法律制度解析》，《南京邮电大学学报》（自然科学版）2017 年第 1 期。

王忠：《大数据时代个人数据交易许可机制研究》，《理论月刊》2015 年第 6 期。

《深圳市政务服务数据管理局〈深圳经济特区数据条例〉立法起草项目招标公告》，最后访问时间：2020 年 6 月 28 日。

《最高人民法院关于审理利用信息网络侵害人身权益民事纠纷案件适用法律若干问题的规定》，中华人民共和国最高人民法院官网，最后访问时间：2020 年 6 月 28 日。

张占江：《反不正当竞争法属性的新定位一个结构性的视角》，《中外法学》2020 年第 1 期。

程啸：《论大数据时代的个人数据权利》，《中国社会科学》2018 年第 3 期。

纪海龙：《数据的私法定位与保护》，《法学研究》2018 年第 6 期。

龙卫球：《数据新型财产权构建及其体系研究》，《政法论坛》2017 年第 4 期。

刘维、张嘉莹：《马克斯·普朗克创新与竞争研究所就欧盟委员会"关于构建欧洲数据经济征求意见书"的立场声明》，《电子知识产权》2017 年第 7 期。

金耀：《数据治理法律路径的反思与转进》，《法律科学》（西北政法大学学报）2020 年第 2 期。

宁立志、傅显扬：《论数据的法律规制模式选择》，《知识产权》2019 年第 12 期。

《〈中华人民共和国密码法〉解读》，http://www.oscca.gov.cn/sca/c100236/2019 - 12/25/content_ 1057308.shtml，2019 年 12 月 25 日。

李兆宗：《新时代密码工作的坚强法律保障》，中国法院网，2019 年 10 月。

《邵志清代表：应制定大数据法，加快数据开放共享》，全国人民代表大会官网，最后访问时间：2020 年 6 月 28 日。

杨张博、王新雷：《大数据交易中的数据所有权研究》，《情报理论与实践》2018 年第 6 期。

王基岩：《国家数据主权制度研究》，重庆大学学位论文，2016。

刁胜先、郑浩：《大数据战略视野下我国信息网络安全立法分析》，《重庆邮电大学学报》（社会科学版）2018 年第 1 期。

王洪：《论法律中的不可操作性》，《比较法研究》1994 年第 1 期。

李明阳：《论欧盟通用数据保护制度与中国的法律应对》，华东政法大学学位论文，2019。

曹建峰、祝林华：《欧洲数据产权初探》，《信息安全与通信保密》2018 年第 7 期。

胡坚：《数据库保护制度的里程碑——欧盟"数据库指令"评析》，《科技进步与对策》2005 年第 9 期。

王元：《论我国个人数据权法律制度的构建》，兰州大学学位论文，2019。

吴沈括、霍文新：《欧盟数据治理新指向：〈非个人数据自由流动框架条例〉（提案）研究》，《网络空间安全》2018 年第 3 期。

张志胜：《美国〈计算机欺诈和滥用法〉评述》，https://zhuanlan.zhihu.com/p/882690177，最后访问时间：2020 年 6 月 28 日。

刘颖、张庆元、刘山茂：《美国〈统一计算机信息交易法〉的产生背景与意义》，

《经济师》2002 年第 5 期。

卢春荣：《〈统一计算机信息交易法〉在美国法律体系中的地位》，暨南大学学位论文，2008。

王元：《论我国个人数据权法律制度的构建》，兰州大学学位论文，2019。

张文显主编《法理学》，法律出版社，2007。

叶明、王岩：《人工智能时代数据孤岛破解法律制度研究》，《大连理工大学学报》（社会科学版）2019 年第 5 期。

李明阳：《论欧盟通用数据保护制度与中国的法律应对》，华东政法大学学位论文，2019。

魏干：《全球化语境中的中国法制建设问题研究——以法律全球化和法律本土化模式为范例》，《公民与法》（法学）2011 年第 3 期。

王玥：《试论网络数据本地化立法的正当性》，《西安交通大学学报》（社会科学版）2016 年第 1 期。

宁立志、傅显扬：《论数据的法律规制模式选择》，《知识产权》2019 年第 12 期。

何小龙、柳彩云、李俊、陈雪鸿：《〈密码法〉背景下工业互联网平台数据保护研究》，《中国信息安全》2020 年第 4 期。

武长海、常铮：《论我国数据权法律制度的构建与完善》，《河北法学》2018 年第 2 期。

龙卫球：《数据新型财产权构建及其体系研究》，《政法论坛》2017 年第 4 期。

刁胜先、郑浩：《大数据战略视野下我国信息网络安全立法分析》，《重庆邮电大学学报》（社会科学版）2018 年第 1 期。

杨张博、王新雷：《大数据交易中的数据所有权研究》，《情报理论与实践》2018 年第 6 期。

陈金钊：《警惕"可操作性"在法律思维中的标签化蔓延——从司法角度反思法律的可操作性》，《国家检察官学院学报》2012 年第 1 期。

丁晓东：《数据到底属于谁？——从网络爬虫看平台数据权属与数据保护》，《华东政法大学学报》2019 年第 5 期。

治理探索：国内外研究与实践

国内外关于数据市场制度
相关研究观点评述

数据是新型的生产要素，数据市场是现代市场经济的重要组成部分。我国正在加快推动数据要素市场化配置改革，而构建和完善数据市场基本制度是推动数据要素市场化配置的关键因素。现有国内外学者已经从数据要素的市场属性、产权制度、交易制度、监管制度和收入分配制度几个层面对数据市场的基础性制度进行了深入研究，但观点依然比较分散，特别是从数据市场整体构建角度研究的文献并不多，也缺乏针对我国国情以及数据资源现状的研究，这些都需要在未来的研究中进行拓展和深化。

十九届四中全会审议通过的《中共中央关于坚持和完善中国特色社会主义制度 推进国家治理体系和治理能力现代化若干重大问题的决定》（以下简称《决定》），第一次将数据与劳动、资本、土地、技术归为同等重要的生产要素，并提出健全其由市场评价贡献、按贡献决定报酬的机制。构建数据市场并推动数据要素市场化配置，是数据在经济社会运行发展中真正实现生产要素功能的关键环节。从现有国内外关于数据市场制度的研究看，不少学者从数据要素的市场属性、产权制度、交易制度、监管制度和收入分配制度几个层面对数据市场的基础性制度进行了深入研究。但是，现有的研究观点依然比较分散，特别是从数据市场整体构建角度研究的文献并不多，也缺乏针对我国国情以及数据资源现状的研究，这些都需要在未来的研究中进行拓展和深化。

一 关于数据要素特征和市场属性相关研究

数据要素是生产和服务过程中作为生产性资源投入，创造经济价值的数字化信息、知识等事物的集合。作为一种新的生产要素，数据具有独特的技术和经济属性以及对应的市场运行特征。

（一）数据要素的技术特征

进入新世纪以来，伴随互联网、大数据、云计算、物联网和人工智能等新一代信息通信技术叠浪式创新、存储能力和计算机算力的快速增长以及各类智能终端产品持续普及，海量的数据快速聚集，全球数据规模出现爆发式增长，人类社会正式进入"大数据时代"[①]。数据成为新的关键生产要素是与大数据时代到来密切相关，数据从小数据到大数据，深刻印证了辩证法所讲的量变引起质变的原理，其在技术上更多体现为大数据的某些特征。对数据要素技术特征的研究可以分为以下两大类。

一是从数据物理性质的角度来界定其技术特征。Mayer-Schonberger 和 Cukier 通过与小数据对比，指出大数据具有更多（More）、更杂（Messy）、更好（Better）的特点。[②] 然而，这种观点并没有真正解释数据在技术上所具有的特征。相比之下，高德纳（Gartner）数据分析专家 Doug Laney 从数据增长的角度界定了数据具有"大容量（Volume）、快速度（Velocity）、多

---

① MGI, "Big Data the Next Frontier for Innovation, Competition and Productivity," McKinsey Global Institute Report, 2011; Mayer-Schonberger, V. and K. Cukier, "Big Data: A Revolution that Will Transform How We Live, Work, and Think," Eamon Dolan_ Houghton Mifflin Harcourt, MA: Houghton Mifflin Harcourt, 2013.

② Mayer-Schonberger, V. and K. Cukier, "Big Data: A Revolution that will Transform How We Live, Work, and Think," Eamon Dolan_ Houghton Mifflin Harcourt, MA: Houghton Mifflin Harcourt, 2013.

样性（Variety）（3V）"的技术特征；① SAS 公司认为数据除了具有 Laney 所说的"3V"特征以外，还具有"变异性（Variability）、真实性（Veracity）、高价值（Value）（3V）"的技术特征。在 Laney 和 SAS 的基础上，目前，业界普遍认为（大）数据具有规模海量、流转快速、类型多样、价值巨大四大特征。

二是从数据内在本质的角度来界定其技术特征。王磊指出数字化、网络化、智能化是数据要素的三大技术特征。② 其中，数字化是数据要素最基本的特征，网络化则体现为数据的服务载体特征，智能化体现了数据要素内在的质量属性。正是基于这三大特征，数据还具有高可扩展性、高度异质性等特征。

（二）数据要素的经济特征

对数据要素的经济特征的研究有着多维的视角，主要有以下几类。

一是从比较的视角来综合判断数据的经济特征。Shapiro 和 Varian 指出，数字化的信息即数据通常具有生产成本高但复制成本很低的特点，存在成本方面的规模经济特征。③ 在 Shapiro 和 Varian 的基础上，结合微观经济学原理，通过与传统的土地、资本、劳动力等传统生产要素进行对比，王磊发现，数据要素本身新颖且独具特色，其作为生产要素既有传统生产要素的一般性经济特征，如要素需求的引致性和相互依赖性，还具有无形资产性、规模经济性和范围经济等经济特征。④

二是从信息经济学角度来认知数据的经济特征。尽管数据可以通过人为

---

① Mayer-Schonberger, V. and K. Cukier, "Big Data: A Revolution that will Transform How We Live, Work, and Think," Eamon Dolan_ Houghton Mifflin Harcourt, MA: Houghton Mifflin Harcourt, 2013.

② 王磊：《数据要素市场化配置研究》，国家发改委市场与价格研究所内部研究报告，2019。

③ Shapiro, C. and H. R. Varian, *Information Rules: A Strategic Guide to the Network Economy*, Boston, Massachusetts: Harvard Business School Press, 1999.

④ 王磊：《数据要素市场化配置研究》，国家发改委市场与价格研究所内部研究报告，2019。

或者技术手段来建立排他性，但学者们通常还是认定数据具有公共产品属性，[①] 具有非竞争性和非排他性的经济特征，理论上，某企业对数据的使用不会阻止其他企业收集和使用相同的数据。Sokol 和 Comerford 认为，因为用户多重归属（Multi-homing）和数据专有用途方式的存在，数据具有非排他性特征。[②] Jones 和 Tonett 则强调数据的非竞争性属性，这种非竞争性使得数据具有递增规模报酬性质，然而，非竞争性会导致企业不愿意分享其数据，造成数据的低效运用。[③] Acemoglu 等进一步指出数据的外部性特征，并认为数据外部性特征会导致其数据定价过低和过多的无效分享。[④] 以互联网搜索数据为例，Schaefer 和 Sapi 通过实证研究发现存在数据直接网络效应和间接网络效应，即同一类用户数据积累会增加该组用户的价值，同时还会对平台另一边用户产生间接网络效应。[⑤] 加拿大竞争局在一项政策咨询报告中也指出，大数据具有网络效应。[⑥]

（三）数据要素的市场特征

与土地等物理性生产要素不同，数据从生产到交易流转，再到使用消费，需要依托互联网等特定的载体，因此在数据要素市场化配置过程中会呈现出独特的市场组织形态和竞争方式。FTC 专门对美国数据经纪商行业进行了市场调查，指出数据要素市场呈现出市场中介（平台）的组织特征。Nuccio 和 Guerzoni 认为数据要素市场上，数据供需双方通过居

---

① Nuccio, M. and M. Guerzoni, "Big Data: Hell or Heaven? Digital Platforms and Market Power in the Data-driven Economy," *Competition & Change*, 2019, 23 (3).

② Sokol, D. D. and R. Comerford, "Does Antitrust Have A Role to Play in Regulating Big Data," in Blair, R. D. and D. D. Sokol, Cambridge Handbook of Antitrust, Intellectual Property and High Tech, Cambridge: Cambridge University Press, 2016.

③ Jones, C. I. and C. Tonetti, "Nonrivalry and the Economics of Data," NBER Working Paper, No. 26260, 2020.

④ Acemoglu, D., A. Makhdoumi, A. Malekian and A. Ozdaglar, "Too Much Data Prices and Inefficiencies in Data Markets," NBER Working Paper No. 26296, 2019.

⑤ Schaefer, M. and G. Sapi, "Data Network Effects: The Example of Internet Search," Brown Bag Seminar Paper, 2019.

⑥ CBC, "Big Data and Innovation," Competition Bureau Canada Paper, 2018.

中的数据平台互动，使得数据交易流转呈现出双边市场特性，平台成为数据要素市场重要的市场组织方式。[①] Bergemnn 等也对数据市场的平台组织模式特征进行了分析，指出数据存在外部性，且数据平台可以通过最优数据策略设计，最大化数据的市场价值。Pfeiffer 也对数据市场的双边市场组织方式进行了研究，指出许多数据服务是通过双边平台组织方式提供的，在这种市场中，中间人（通常称为平台）使两个或更多边的用户群之间可以进行交互。[②]

二 关于数据要素产权制度相关研究

鉴于界定数据权利的制度至关重要性，学者们高度重视数据产权制度相关问题研究，并围绕数据产权的属性、结构、确权原则和方式等问题进行了大量而深入的探讨，现综述如下。

（一）健全数据产权制度的意义

相关学者普遍认为，数据产权制度是数字经济有序发展的基础性制度，是鼓励权利主体有序参与数字经济发展的关键，通过对于各种类型的数据确权、明晰数据主体权利义务边界，有利于构建数字经济良性生态圈，加速数据在市场上的流通，同时可以有效保障数字权益，确保各相关主体基于数据市场评价贡献确定报酬。目前仅有极少数专家仍停留在"虚拟财产"时代，认为虽然数据具有经济价值，但是未必构成财产权客体，不具有独立财产意义。

---

① Nuccio, M. and M. Guerzoni, "Big Data: Hell or Heaven? Digital Platforms and Market Power in the Data-driven Economy," *Competition & Change*, 2019, 23 (3).

② Pfeiffer, R., "Digital Economy, Big Data and Competition Law," *Market and Competition Law Review*, 2019, 3 (1).

（二）数据产权基本属性

从数据权、数据权利到数据产权，数据确权正经历权利范式、权利—权力范式和私权—经济范式的嬗变。从更宏观的权力—权利谱系来看，数据权包括数据主权和数据权利。所谓数据主权，强调的是数据的国家主权和安全特性，明确国家对其辖域内产生的数据管理、控制、利用和保护等权利，对跨境数据流动的管理和控制是数据主权的主要内容。数据权利则主要体现为民事法定的产权。按照数据产生主体的不同，其产权的基本属性也有所不同。依据新制度经济学逻辑，个人数据通常体现为私有产权的基本属性，非个人或对个人信息进行脱敏、脱密和不可识别处理的商业数据体现为数据挖掘者的产权，公共数据则体现为公共产权的基本属性。[①] 然而，由于数据主体与数据控制者的分离，社会各界对于包含个人信息的商业数据和公共数据的权利属性认知存在较大的分歧，由此产生了数据生产者权论、数据人格权论、人格权论、隐私权论、知识产权论、商业机密论、物权论、新型财产权论等多种观点。

（三）数据产权基本结构

依据经典的新制度经济学理论，产权是一组权利束，主要包括所有权、占有权、支配权、使用权、收益权和处置权等权利组合，其中排他性的所有权是核心。国内研究者主要根据经典的产权权属进行论述，认为数据产权主要由所有权、占有权、管理权、收益权和让渡权等构成。

国外研究者对数据产权问题的研究主要以厘清数据客体上所承载的权利为出发点，认为数据所有权指的是信息的掌握和责任，信息的掌握不仅包括生成、修改、使用、删除的能力还包括分配这些访问权限的权利。也有部分学者强调数据产权与物权法意义上的所有权存在概念上的区别，数据产权应该与对数据质量所负有的责任相对应，在内涵上与

---

① 王磊：《数据要素市场化配置研究》，国家发改委市场与价格研究所内部研究报告，2019。

"管理权"更为接近。EU《通用数据保护条例》（GDPR）从个人基本权利保护和促进数据要素流通的角度，创设了数据主体访问权、限制处理权和拒绝权、数据可携带权和被遗忘权等权利。国外学者的研究丰富了数据产权结构的外延。

（四）数据产权确权原则

学者们还对产权的确权原则进行了讨论。考虑数据产生主体不同，有学者认为产权确定应遵循分类原则。数据资源产权的主体可以是个人，也可以是企业、政府、科研人员等。一切能够对数据资源实施一定行为的主体，都可以是数据资源产权的主体。在数据的生产、整理、分析、应用、销毁等不同生命周期阶段，数据资源的产权主体可以拥有所有、占有、管理、收益四个基本权利中的一个或者多个。此外，效率原则也是数据产权界定考量的重要因素。Lawrence Lessig 等经济学家认为，从数据经济活动的价值实现角度来讲，数据产权赋予用户（事实的数据主体）更有效率。也有学者以平台数据产权界定为例，从交易成本经济的角度阐述了由平台企业而非消费者拥有数据产权将更有效率。Jones 和 Tonetti 则从市场竞争和最优配置效率的角度论证数据产权应授予数据使用者。[①] 还有学者认为应该采用公平原则即公正合理原则来确定数据产权。根据"额头出汗"原则（谁有付出，谁就拥有相关权利），由于个人产生数据、企业收集数据、平台脱敏建模数据，三者均有参与并付出努力，产权单纯划给某主体都无法处理好公平问题，数据产权应该在不同主体之间共存。从现实来看，学者提出应该平衡效率与公平。如果仅按照效率将产权划分给平台企业，虽然数据资源配置效率最优，但这必然导致个人消极甚至抗拒产生数据，阻碍数据市场的可持续发展；但如果仅考虑公平原则来划分产权，可能会僵化数据并影响利用效率与社会公共利益。所以，兼顾效率与公平是数据产权得以落到法律层面的必然出路，

---

① Jones, C. I. and C. Tonetti, "Nonrivalry and the Economics of Data," NBER Working Paper, No. 26260, 2020.

即底层直接数据属于个人，集合数据中使用权属于数据收集企业，脱敏建模数据产权属于处理平台。

（五）数据产权划分方式

当下，学者对数据的产权应该归谁所有存在较大的分歧，如何划分数据主体与数据控制者的产权边界，各方莫衷一是。

有学者依据个人隐私权论，认为产生数据用户拥有数据产权。人们认为应当对用户数据设立"财产权利"，强调个人对数据享有的优先财产权利，并以此对企业的数据利用、交易行为予以制约。数据交易产生的数据商品化现象将给个人隐私带来极大的伤害，并产生难以预计的信息安全问题，大范围失控的数据交易也将为违法活动提供温床。因此，对数据这一新型生产资料，在法律上应该归为另一财产类别，或称为"数据财产"，与现有法律认可的无形财产分开。这一新型财产权利的设立应当重新定位价值顺序，权利的出发点是人而非物，数据的主体（即生产数据的本人）应拥有优先的权利。

还有学者认为将数据产权划分给搜集数据的企业更为有效。认为不能因重视隐私而否定企业对数据的产权，不能因对"数据垄断"的恐惧而否定企业对数据的产权，在数据安全问题上要防范过度，赋予数据控制者对数据拥有绝对所有权。若由数据主体和数据控制人共享数据权，则会因产权不明晰而导致法律关系混乱等一系列的问题。部分互联网企业认为，如果用户数据没有被采集，这些原始的记录很难被直接用于分析，甚至很难被用于机器学习，原始记录不以数字化的形式存在，根本就不存在数据权利一说。再加之，企业为数据的采集和管理投入巨大的成本，其合法权利应当得到法律认可，才能激励其更好地搜集、使用数据。同时学者还进一步认为，只有承认企业对数据的产权，才能有效发挥数据的规模经济和范围经济。

上述两种观点有着不同的价值取向，前者以用户个人为优先项，通过用户行使个人数据产权，间接地对企业数据交易活动起到限制作用；后者则从产业的立场出发，明确企业对于数据的完全的、绝对的所有权，为企业的数据处理活动松绑，最大程度地减少来自外界的干扰。然而笔者认为，数据主体对其个人数据享有权利的法理基础并非均为人格权或隐私权，应对个人数据进行类型化分析，与人格尊严和隐私权相关的个人数据应该严格受到保护，如若与之无关不需进行保护。目前应该区分个人数据权与数据产权各自的边界。个人数据权属于人格权兼具有财产收益，个人数据是数据产权的前提和基础，个人数据权并非绝对的权利，在个人数据权的基础上还可以派生数据企业的数据财产权。

（六）健全数据产权制度的路径选择与机制构建

健全数据产权制度，要制定数据确权的相关制度。在数字经济与大数据产业发展进程中，应当加强对市场流通数据的合规审查，明确可交易的数据类型，以及禁止交易、限制交易的数据类型，厘清市场上各数据主体之间错综复杂的关系，以法律制度的方式明晰其产权归属，进而推动数据整合，加速数据共享与流动，促进数字经济与数据产业发展。相关学者认为，健全数据产权制度，要制定数据开放的相关制度，要健全数据作为生产要素由市场评价贡献、按贡献决定报酬的制度。同时，还需要完善数据产权保护制度。学者普遍认为数据产权到底划分给谁很重要，但同时产权究竟应该通过什么方式来进行保护，也很重要。将法律经济学大师圭多·卡拉布雷西曾经提出的财产规则、责任规则、不可转让性规则等产权保护规则运用到数据产权保护中，可以有效解决隐私数据的交易所产生的外部性和数据垄断问题，数据交易的有效性将得到大幅提升。

整体来看，既有研究成果对数据产权定义还未形成统一，大部分研究成果陷入特殊物权说、知识产权说困境。对权能的研究，国内研究者主要根据经典的产权权属的定义界定数据产权结构。既有研究成果很少涉及数据产权客体，少数成果将"数据集"或公共数据资源、企业数据资源和个人数据资源视为数据产权客体。不少研究成果认为难以确定数据归属，但更多的研究成果是建议将数据归属于数据产生者、数据控制者、平台企业、数据编辑者、国家或投资者等。也有学者从隐私权保护出发进行延伸，主张数据主体即用户个人以人格权为基础对其数据享有排他性的所有权，即个人数据控制和收益的权利。可见，鉴于相关基础问题的研究尚未达成共识，数据产权等方面实质性研究还需要进一步深入。

三　关于数据市场交易规则与制度相关研究

数据开放和交易是实现数据价值的关键，它可以进一步分为数据开放、数据流通和数据交易三个子环节。例如，政府和企业之间围绕数据购买形成政企互动，个人与企业实施数据使用许可，在数据中心或交易平台购买数据等。

（一）数据开放规则与制度

目前，数据开放研究主要集中在政府侧，规则与制度研究主要围绕技术规则、政策保障、制度借鉴和成效评价四个方面展开。

一是在技术规则方面，强调完善技术标准的重要性。涉及数据开放范围、元数据标准、数据质量等议题。例如，政府应承诺开放环境、财金、社会保障、健康、科研、交通与设施类"高价值数据集"并明确"数据"内涵；要建立统一的元数据标准，发布多种格式并设置专门标准管理机构；通过立法明确开放的数据必须符合可发现、可访问、符合标准、可信赖、可重用的标准；等等。

二是在政策保障方面，健全支撑数据开放的政策法规体系。这主要包括法律及其修订、许可协议、门户网站、指导性原则、组织管理体制、问责制、公共服务外包透明度、信息再利用制度、个人隐私保护、无歧视访问以及有关开放、许可、收费、格式、元数据、合同标准条款等具体规定，也包括设置首席数据官及其委员会、健全在部分学科加大数据官培养力度的体制机制等。

三是在制度借鉴方面，学习英、美、澳、韩、日等国数据开放先进体制机制。从开放模式上看，美国和韩国均为政府主导且效果最好，英国是政府与公民社会网络合作，日本为实用导向但效果较差。例如，美国新的"联邦数据战略"被纳入"总统管理议程"和跨机构优先项目；韩国形成了开放数据战略委员会管总、开放数据中心实施、开放数据协调委员会协调、公共数据供给专员支持的格局。从体制性措施上看，澳大利亚在战略性政策、平台性门户、工具性指南、应用性策略方面的体制机制安排颇具代表性。

四是在成效评估方面，建立数据开放成熟度的评价跟踪制度。例如，部分研究发现英国开放的数据大多是信息性数据而不是粒度数据，必须修正已有对开放度的度量。我国数据开放中低容量数据、碎片化数据现象普遍，重复创建、格式问题、无效数据问题较多，高价值数据偏少且可视化程度低，必须通过加强数据质量监测与反馈提升数据开放质量。

（二）数据流通和交易规则与制度

数据流通和交易高度关联，在许多情况下呈现一体化特征，其相关规则与制度主要包括两个方面。

一是与数据流通方式和范围相关的规则与制度。从方式来看，数据流通本质上是数据使用许可，涵盖一对一许可、一对众许可和相互许可三种方式，三种许可全面构筑了数据社会化利用的模式。但目前数据许可使用仍存在规范不统一、监管不完善、配置不高效等问题。此外，数据共享也是一种重要的数据利用方式，但数据共享规则的设计应妥当平衡数据流通与信息主体权利保护之间的关系，在具体设计数据共享规则时，应在区分不同个人信息类型的基础上，设计信息主体的授权规则。从范围来看，主要包括国内跨域流通和跨境数据流动两方面。王建冬等认为，我国"东数西算"格局正加快形成，但数据要素资源跨域流通机制仍不健全将会极大限制数据跨域流通。[①] 数据跨境传输是一个更加充满争议的敏感议题。目前，约束跨境数据

---

① 王建冬等：《东数西算：我国数据跨域流通的总体框架和实施路径研究》，《电子政府》2020 年第 3 期。

存留的趋势已经越来越明显，尽管如此，我国仍有必要进一步细化个人数据存留和跨境传输的规则。

二是与数据交易范围、机制、模式和定价相关的规则与制度。交易行为体现为数据信息所有权的转让、数据信息许可使用及信息化服务等多种方式。目前，由于缺乏统一且符合标准的交易渠道和交易规范，加之当前的大数据交易平台组成来源十分复杂，我国大数据交易受到约束。大量研究指出，数据交易必须有明确的范围。对特殊种类和特殊领域的个人信息应该基于特殊制度予以保护，对于非法购买个人数据的主体给予相应处罚。但终端用户所存储的各种大数据与经过分析与甄别处理后的组合数据均具有财产属性，可以作为标的进行商事交易。在机制层面，数据及其服务的性质决定了其不同的种类，它们需要有差别化的交易机制。例如，政府公开数据应该具有公共物品属性，但政府向企业购买数据以及个人信息交易主要以市场机制进行调节、辅以必要的国家干预的信息资源配置行为。在模式层面，我国大数据平台存在不同的交易模式和盈利模式。张敏、朱雪燕发现平台是否参与处理、储存数据给平台交易带来实质性影响，应该制定不同的制度和规则。[①] 郭明军等认为我国现有三类大数据交易平台，在产权归属和收益、数据交易方式等维度制定了不同的规则，目前仍无法定论其优劣，但应该防止"多头管理""数据交易割据"，建立统一的跨部门合作与协调机制。[②] 李成熙和文庭孝认为我国大数据交易现有四种模式，分别是平台（中介）盈利模式、大数据交易卖方盈利模式、数据持有型大数据交易平台盈利模式、技术服务型大数据平台盈利模式。[③] 在定价方面，目前数据交易仍然采用协议定价、拍卖定价、集合定价等方式，数据定价方法无法实现人工智能时代自动化定价的目标。大数据交易需要重点解决多主体、交易公平性、隐私保护、第三方交易平台等问题。未来可考虑的是，在不同情况下，有针对性地采取基于博弈论的协议定价模型、基于数据特征的第三方定价模型、基于元

---

① 张敏、朱雪燕：《我国大数据交易的立法思考》，《学习与实践》2018 年第 7 期。
② 郭明军等：《关于规范大数据交易充分释放大数据价值的研究》，《电子政务》2018 年第 1 期。
③ 李成熙、文庭孝：《我国大数据交易盈利模式研究》，《情报杂志》2020 年第 3 期。

组的定价模型和基于查询的定价模型。

总体来看，政府数据开放的研究重点已经逐渐从开放、可访问转向提高数据质量和可用性、关注数据隐私安全和价值。数据流通和交易的规则与制度更加庞杂，但初步形成了涵盖主要流程、重要环节、关键模式的比较分析。已有研究也存在三方面不足：一是缺乏对我国政府数据开放、流通和交易基础性制度体系的设计；二是数据开放基础性制度方面与发达国家比较明显不足，对于大数据交易盈利模式等重要环节也缺乏深入比较；三是对我国政府数据开放（尤其是政企数据开放互动）中的责任与风险缺乏充分的讨论。

四　关于数据交易市场和安全监管相关研究

市场机制是数据交易市场有效运行和数据要素有效配置的基础，但与其他市场一样，数据市场同样存在市场失灵的情况，因此，必须通过有效的市场监管来矫正数据市场中的市场失灵。现有文献对数据市场监管的研究主要集中在反垄断监管、隐私保护和安全监管等方面。

（一）数据交易市场的新特征

数字经济时代的数据表现出体量巨大、类型众多、存取速度快等特点，海量的数据改变了企业之间的竞争模式与竞争格局。数据市场表现出一些新的特征。

一是数据成为行业竞争的核心。在数字经济时代，数据被看作"新石油"，成为产业赖以运行的血液。大量企业把数据作为重要资产，甚至一些企业把数据作为核心资产与竞争优势的来源。

二是平台成为最重要的竞争媒介。随着信息网络技术飞速发展和互联网应用普及，越来越多的平台型企业迅速崛起，平台经济迅猛发展。据不完全统计，全球最大的100家企业中，有60家企业大部分收入来自平台类业务。

三是跨界传导成为最普遍的竞争方式。数字经济时代大量成功的企业都有效地采用了跨界竞争方式，把单一领域获得的数据优势向更多领域延伸，并实现不同领域之间的协同发展，以此获取更多收益。

四是寡头成为最典型的竞争格局。数字经济时代，网络外部性广泛存在于各种细分行业。在网络外部性下，平台型企业往往出现规模收益递增现象，强者可以掌控全局，赢者通吃，而弱者只能瓜分残羹，或在平台竞争中被淘汰。因此，在大量数字经济细分行业中往往呈现出明显的寡头竞争格局。

（二）数据市场的反垄断监管

在新的市场格局下，数据市场的垄断行为有一些新的表现形式。一是使用数据和算法达成并巩固垄断协议，主要包括利用数据和算法实现默示合谋、利用数据和算法监督垄断协议执行情况等。[1] 二是基于数据优势滥用市场支配地位，主要包括利用数据和算法实施动态垄断协议、拒绝竞争对手获取数据资源、基于数据画像实施差别待遇、基于数据占有优势的搭售行为等。三是经营者集中引致排斥竞争的数据集中。其福利损害后果包括数据集中可能产生的封锁效果、数据集中可能导致隐私保护水平降低等。[2] 四是数据相关的行政性垄断行为。[3]

反垄断也存在一些区别于传统市场反垄断的新特征，数据反垄断面临一些新的困难。一是新型合谋导致认定困难。使用算法和人工智能等可以实现默示合谋，并能够通过算法来监督这种合谋行为，还能够实施动态协议。这使得数字经济时代处理企业合谋行为面临更多困难。[4] 二是市场支配地位认

---

① 韩伟：《算法合谋反垄断初探——OECD〈算法与合谋〉报告介评（上）》，《竞争政策研究》2017年第5期；韩伟：《算法合谋反垄断初探——OECD〈算法与合谋〉报告介评（下）》，《竞争政策研究》2017年第6期。

② 曾雄：《数据垄断相关问题的反垄断法分析思路》，《竞争政策研究》2017年第6期。

③ 刘志成、李清彬：《把握当前数据垄断特征 优化数据垄断监管》，《中国发展观察》2019年第8期。

④ OECD, " Algorithms and Collusion: Competition Policy in the Digital Age," available at www.oecd. org/competition/ algorithms - collusion - competition - policy - in - the - digital - age. htm, 2017；韩伟：《算法合谋反垄断初探——OECD〈算法与合谋〉报告介评（上）》，《竞争政策研究》2017年第5期；韩伟：《算法合谋反垄断初探——OECD〈算法与合谋〉报告介评（下）》，《竞争政策研究》2017年第6期。

定困难。其原因在于相关市场不易界定、① 市场份额难以计算，数据的跨市场属性也增加认定困难等。三是数据型经营者集中可能会免于审查。目前审查经营者集中要考虑的因素包括市场份额、市场集中度等硬指标以及一些影响评估，但由于数据所有权不明晰，可能侵犯用户隐私，数据交易欠缺统一标准，难以定价和估值等，② 部分审查可能难以推进。即便是审查能够实质推进，也面临着兼具多边市场、网络效应、多归属性、动态性、隐私保护等特殊性，分析更加复杂。③ 四是确认垄断收益和处罚存在困难，主要反映为数字经济领域补贴模式广泛存在，大量平台企业关注未来收益；平台企业可能在某一相关市场长期实现免费经营，通过平台另一边的相关市场来获取收益。④ 五是对竞争和福利影响具有不确定性。反垄断依据的基本价值标准是垄断行为阻碍排斥了竞争、降低了社会福利。在数字经济时代，关于数据垄断行为对竞争和福利的影响具有很大的不确定性，不仅在于技术层面，还在于理念价值层面。⑤

（三）数据市场的安全监管

数据安全是数据要素得以充分有效利用的前提和保障，是各国重点监管的内容。数据安全监管制度研究涉及个人数据（信息/隐私）保护、数据分级分类管理、数据跨境流动、数据安全审查、数据泄露通知以及数据安全监督执法等诸多内容，目前国内外的研究主要侧重点在个人数据保护、跨境数据流动、数据泄露通知等方面。

一是关于个人数据保护制度。从国际上来看，强化个人数据保护正在成

---

① 邓志松、戴健民：《数字经济的垄断与竞争：兼评欧盟谷歌反垄断案》，《竞争政策研究》2017 年第 5 期。
② 曾雄：《数据垄断相关问题的反垄断法分析思路》，《竞争政策研究》2017 年第 6 期。
③ 韩春霖：《反垄断审查中数据聚集的竞争影响评估——以微软并购领英案为例》，《财经问题研究》2018 年第 6 期。
④ 吴绪亮、刘雅甜：《平台间网络外部性与平台竞争策略》，《经济与管理研究》2017 年第 1 期。
⑤ 曾彩霞、尤建新：《大数据垄断对相关市场竞争的挑战与规制：基于文献的研究》，《中国价格监管与反垄断》2017 年第 6 期。

为发展趋势，个人数据保护立法持续升温，截至 2018 年，全球近 130 个国家和独立的司法管辖区已采用全面的数据保护或隐私法律来保护个人数据，另有近 40 个国家和司法管辖区有待批准此类法案或倡议。2018 年欧盟个人数据保护改革成果《通用数据保护条例》（GDPR）正式实施，推动全球个人数据保护进入新的阶段，美国《2018 加州消费者隐私法案》生效，标志着欧美两种个人数据保护模式的确立。[①] 中国在数字经济快速发展的同时，需要把个人信息的保护纳入安全管理的范畴，建立激励相容机制保护数据安全。[②]

二是关于数据跨境流动制度。数据跨境流动是数据安全监管中的焦点问题，也是各国之间博弈最为激烈的内容。跨境数据流动概念最早是 OECD 于 1980 年在《隐私保护和个人数据跨境流动指南》首次提出来的，并对个人数据的跨境流动做了简单解释，于 2013 年进行了修订。[③] 联合国贸易与发展会议在 2016 年发布的《数据保护规则与数据全球流动》中提出，应设计更为可靠的制度和机制保障数据跨境流动和数据安全。目前，国际社会对于跨境数据流动的管理并未形成统一的规则或框架，各国基于政治、经济、法律传统等因素考量，制定了特色鲜明的数据跨境流动政策。[④] 例如，美国倡导数据跨境自由流动，欧盟要求数据流出国符合"充分性保护"要求，俄罗斯则严格限制数据出境。[⑤]

---

① 王融、余春芳：《2018 年数据保护政策年度观察：政策全景》，《信息安全与通信保密》2019 年第 4 期；何波、石月：《跨境数据流动管理实践及对策建议研究》，《互联网天地》2016 年第 12 期。

② 周汉华：《建立激励相容机制保护数据安全》，《当代贵州》2018 年第 21 期。

③ 何波、石月：《跨境数据流动管理实践及对策建议研究》，《互联网天地》2016 年第 12 期。

④ 李海英：《数据本地化立法与数字贸易的国际规则》，《信息安全研究》2016 年第 9 期；王融、陈志玲：《从美欧安全港框架失效看数据跨境流动政策走向》，《中国信息安全》2016 年第 3 期；王融：《数据跨境流动政策认知与建议——从美欧政策比较及反思视角》，《信息安全与通信保密》2018 年第 3 期。

⑤ Chander Anupam and Le, Uyen P., "Data Nationalism," *Emory Law Journal*, 2015, 64 (3)；何波、石月：《跨境数据流动管理实践及对策建议研究》，《互联网天地》2016 年第 12 期。

三是关于数据泄露通知制度。数据泄露通知是数据安全保护制度的重要组成部分，是在发生数据泄露或具有数据泄露风险时，及时通知和采取补救措施的重要环节。数据泄露通知制度为美国隐私保护立法首创，近年来，作为强化数据保护的有效制度手段，被各国立法广泛采用。欧盟 2011 年修订《电子通信行业隐私保护指令》（即 2009/136/EC 指令）时引入了数据泄露通知制度，随后一些欧盟成员也制定了其数据泄露通知制度。面对越来越严峻的数据泄露形势，中国《网络安全法》也顺应国际立法趋势，对数据泄露通知做了相关规定，但未来仍需要通过《个人信息保护法》或者相关立法作进一步的规定。①

五 关于数据要素收入分配制度的相关研究

数据作为生产要素参与收入分配是一个全新的研究角度和领域，近几年国内外学者开始关注这方面的内容，但是相对于其他层面来说，研究相对较少，系统性也不强。

（一）数据参与收入分配的矛盾

较之其他生产要素，数据要素具有极为特殊的要素特征和市场属性，因此其由市场评价贡献、按贡献决定报酬的操作相较于其他生产要素要面临更多的矛盾。

一是数据市场初始投资巨大，收益分配的产权不明晰。数据基础设施建设关系到数据的产生、收集、传输、处理和储存整个过程，从通信基站的建设、通信传输层面的光纤通道搭建到设备终端运行及数据分析平台的搭建，无一不需要前期大量资金的投入，这些数据市场的基础设施在后续数据收益分配中起到了极为重要的作用。但是，与其他传统基础设施不同，现有不少数据基础设施是由私人部门而非公共部门投资建设，政府的投入成本和私企

---

① 何波、石月：《跨境数据流动管理实践及对策建议研究》，《互联网天地》2016 年第 12 期。

的投入成本的基本边界并不清晰，使得在后续数据要素收益分配过程中出现了收益权不甚明晰的问题。

二是数据要素边际成本为零，收益分配的机制难以明确。要素的价格与价值应该由边际成本来决定，并决定收益水平和收益归属。但是，数据一旦产生并被收集打包，若不加以限制，每个人可以使用它，且不会增加额外成本。随着数据的积累，细分行业和各个企业收集到的数据将会更为精准、有效，再利用高级分析方法处理数据进而创建预算法和自动化系统，以此改进其热动力效率，可极大地提高企业及行业的生产效率，并将整个价值链的边际成本降低到接近于零。虽然数据的边际成本为零，具有消费使用的非竞争性，但是在不加限制的情况下可能还存在先行者优势现象，使得收益分配机制难以形成。

三是数据产品具有强外部性，收益补偿索取难度较大。数据产品具有很强的外部性特征，主要表现在正外部性和负外部性两个方面。从正外部性来看，数据的作用完全可能超出其最初收集者的想象，也完全可能超越其最初信息系统设计的目的，即同一组数据可以在不同的维度上产生不同的价值和效用，如果我们能不断发现、开拓新的使用维度，数据的能量和价值就将层层放大。与此同时，数据负外部性主要集中为数据安全问题，一旦数据被不法分子利用，就会造成隐私泄露之类的伦理问题。正外部性使得数据生产者或拥有者给其他人带来收益，而其无法根据收益索取补偿；而负外部性正好相反，生产者或拥有者会增加其他人的成本，但出于利润最大化的考虑，其并不会顾及该外部性成本，第三方也无权因增加成本而索要补偿。因此，由于外部性的存在，数据收益的索取及其造成相关社会成本的补偿难度较大。

（二）数据参与收入分配的机制

要素参与收入分配要同时考虑发挥市场作用和更好发挥政府作用，在市场机制实现合理的一次分配的基础上，政府通过规制和税收政策强化二次分配，使得数据分配机制更为合宜。

一是完善市场化分配机制。一些研究认为，数据要素市场会存在市场失灵现象，数据产品具有非排他性和非竞争性导致市场不能自发有效地调节其供应量；与此同时，由于没有外部性交易市场，无论存在正外部性还是负外部性都会扭曲资源的配置。因此，在市场经济条件下，完善数据要素市场化分配机制的核心是健全数据产权制度，明晰的产权是数据要素自由流动、交易配置和参与收益分配的重要前提，通过比较确定的产权，决定使用数据要素产生的经济收益，到底该分配给数据原始产生者个人，还是该赋予数据收集、加工者、使用者的政府或企业。

二是优化政府二次分配机制。市场机制本身来的缺陷很难靠市场本身来调节，为了弥补公共产品的市场失灵，需要借助政府部门的介入进行政府规制。数据涉及产生、收集、传输、分析、储存等不同阶段，随着互联网、传感器和数字化设备终端的普及，数据无时无刻不在产生。各大公司通过移动设备终端的应用软件收集数据，经由电信运营商最终传输至公司的数据分析平台，用户移动设备终端会与数据分析平台发生交互关系。若要实行政府规制，则应从以上这些阶段入手，限制相关企业进入，制定收费和服务标准。当数据生产使用外部性效应为负时对外部性生产者征收庇古税；若因数据泄露的负外部性影响社会福利，则可对泄露数据的企业进行处罚；当外部性效应为正时，给予外部性生产者补贴。与此同时，还可以广泛征收数字税，通过二次分配调节数据的收入分配格局。

三是构建激励兼容的分配机制。市场缺陷和政府缺陷并存，使得需要考虑从机制设计的角度来探讨数据作为生产要素参与收入分配的方式。数据作为生产要素，企业利用数据是为了利润最大化，在合法的情况下开发互联网产品，满足人们的日常所需，从而增加消费者的效用，与此同时将收集到的数据进行分析和处理，进一步优化自身的互联网产品，形成正反馈。通过建立兼顾公平和效率的社会目标函数，采取以最优化社会福利函数为目标的要素分配方式，是数据要素分配机制设计中最核心的内容。同时基于一定的社会目标，这一机制设计要达到企业、政府和个人三方的激励相容，以及调动各方积极性的目的。基于此机制设计，政府利用手中掌握的政策工具，制定相应的行业服务标准，规制企业的道德底线，在尽可能提升效率的同时兼顾公平。

参考文献

邓志松、戴健民：《数字经济的垄断与竞争：兼评欧盟谷歌反垄断案》，《竞争政策研究》2017 年第 5 期。

何波、石月：《跨境数据流动管理实践及对策建议研究》，《互联网天地》2016 年第 12 期。

惠志斌：《美欧数据安全政策及对我国的启示》，《信息安全与通信保密》2015 年第 6 期。

李海英：《数据本地化立法与数字贸易的国际规则》，《信息安全研究》2016 年第 9 期。

韩春霖：《反垄断审查中数据聚集的竞争影响评估——以微软并购领英案为例》，《财经问题研究》2018 年第 6 期。

韩伟：《算法合谋反垄断初探——OECD〈算法与合谋〉报告介评（上）》，《竞争政策研究》2017 年第 5 期。

韩伟：《算法合谋反垄断初探——OECD〈算法与合谋〉报告介评（下）》，《竞争政策研究》2017 年第 6 期。

刘志成、李清彬：《把握当前数据垄断特征 优化数据垄断监管》，《中国发展观察》2019 年第 8 期。

宁宣凤、吴涵：《浅析大数据时代下数据对竞争的影响》，《汕头大学学报》（人文社会科学版）2017 年第 5 期。

王磊：《数据要素市场化配置研究》，国家发改委市场与价格研究所内部研究报告，2019。

王融、陈志玲：《从美欧安全港框架失效看数据跨境流动政策走向》，《中国信息安全》2016 年第 3 期。

王融、余春芳：《2018 年数据保护政策年度观察：政策全景》，《信息安全与通信保密》2019 年第 4 期。

王融：《数据跨境流动政策认知与建议——从美欧政策比较及反思视角》，《信息安全与通信保密》2018 年第 3 期。

吴绪亮、刘雅甜：《平台间网络外部性与平台竞争策略》，《经济与管理研究》2017 年第 1 期。

曾彩霞、尤建新:《大数据垄断对相关市场竞争的挑战与规制:基于文献的研究》,《中国价格监管与反垄断》2017 年第 6 期。

曾雄:《数据垄断相关问题的反垄断法分析思路》,《竞争政策研究》2017 年第 6 期。

周汉华:《建立激励相容机制保护数据安全》,《当代贵州》2018 年第 21 期。

周汉华:《探索激励相容的个人数据治理之道——中国个人信息保护法的立法方向》,《法学研究》2018 年第 2 期。

Acemoglu, D., A. Makhdoumi, A. Malekian and A. Ozdaglar, "Too Much Data Prices and Inefficiencies in Data Markets," NBER Working Paper No. 26296, 2019.

Banisar, David, "National Comprehensive Data Protection," Privacy Laws and Bills, 2019.

Chander Anupam and Le, Uyen P., "Data Nationalism," *Emory Law Journal*, 2015, 64 (3).

CBC, "Big Data and Innovation," Competition Bureau Canada Paper, 2018.

Jones, C. I. and C. Tonetti, "Nonrivalry and the Economics of Data," NBER Working Paper, No. 26260, 2020.

Kehoe, P. J., B. J. Larsen and E. Pastorino, "Dynamic Competition in the Era of Big Data," Stanford University Working Paper, 2018.

Mayer-Schonberger, V. and K. Cukier, "Big Data: A Revolution that will Transform How We Live, Work, and Think," Eamon Dolan _ Houghton Mifflin Harcourt, MA: Houghton Mifflin Harcourt, 2013.

MGI, "Big Data the Next Frontier for Innovation, Competition and Productivity," McKinsey Global Institute Report, 2011.

Nuccio, M. and M. Guerzoni, "Big Data: Hell or Heaven? Digital Platforms and Market Power in the Data-driven Economy," *Competition & Change*, 2019, 23 (3).

OECD, "Algorithms and Collusion: Competition Policy in the Digital Age," available at www. oecd. org/competition/ algorithms – collusion – competition – policy – in – the – digital – age. htm, 2017.

Palmer, M., "Data is the New Oil," http://ana. blogs. com/maestros/2006/11/data_ is _ the_ new. html, 2006.

Pfeiffer, R., "Digital Economy, Big Data and Competition Law," *Market and Competition Law Review*, 2019, 3 (1).

Schaefer, M. and G. Sapi, "Data Network Effects: The Example of Internet Search," Brown Bag Seminar Paper, 2019.

Shapiro, C. and H. R. Varian, "Information Rules: A Strategic Guide to the Network Economy," Boston, Massachusetts: Harvard Business School Press, 1999.

Shkabatur, J., "The Global Commons of Data," *Stanford Technology Law Review*, 2019,

22 (2) .

Sokol, D. D. and R. Comerford, "Does Antitrust Have A Role to Play in Regulating Big Data," in Blair, R. D. and D. D. Sokol, Cambridge Handbook of Antitrust, Intellectual Property and High Tech, Cambridge: Cambridge University Press, 2016.

世界主要国家数据市场基础性制度建设
进展及启示

　　加快培育数据要素市场能够释放技术红利，发挥超大规模的市场优势，助力经济社会高质量发展。而完善相应的基础性制度是发挥我国数据要素市场潜能的前提条件。世界一些主要国家和地区在健全数据产权制度、完善相应规则体系、优化利益分配机制、整合数据反垄断体系、提升数据安全监管效能等方面提供了成功经验，我国要结合数据要素市场制度环境、开放程度和交易模式的实际情况，加强顶层设计，健全制度规则，创新治理手段，最终为构建和完善我国数据要素市场的制度体系提供有效支撑。

　　党的十九届四中全会提出，"健全劳动、资本、土地、知识、技术、管理、数据等生产要素由市场评价贡献、按贡献决定报酬的机制"。2020年4月出台的《关于构建更加完善的要素市场化配置体制机制的意见》（以下简称《意见》）也提出"加快培育数据要素市场"，并对加快培育数据要素市场和完善体制机制提出了框架建议。可见，加快培育数据要素市场能够充分激活我国经济高质量发展的潜在势能，进而实现在危机中育新机、于变局中开新局。因此，要加快完善数据要素市场的基础性制度建设。国外在明确数据要素属性、完善相应规则体系、优化要素分配机制、提升数据反垄断效率及加强数据安全监管等方面提供了较好的参考经验，我国要充分吸收其成功做法，健全数据市场规则体系。

一 世界主要国家数据市场基础性制度建设经验

（一）完善规则体系，促进数据交易有序推进

一是通过数据资源整合和规则统一打破"数据孤岛"，为数据市场培育创造基础条件。2012~2014年，意大利、西班牙、瑞典和土耳其四国政府资助开放数据体系结构和基础设施项目，通过建立统一的数据池，旨在打破各政府部门间的"数据孤岛"现象。2015年6月，欧盟委员会启动了《单一数据市场战略》（Digital Single Market Strategy），旨在消除成员国间的管制壁垒，将28个成员国统一成一个数据大市场。2016年通过的GDPR除了强调个人数据保护外，还致力于消除欧盟各国因数据保护差异而带来的数据流动障碍，在加强个人信息保护的同时促进数据自由流动。2018年，欧盟委员会发布《建立一个共同的欧盟数据空间》（Towards a Common European Data Economy），以促进公共部门和私营部门的数据开放。2009年美国奥巴马政府依据《透明和开放的政府》推出统一数据开放门户网站Data.gov，要求各联邦机构将公开的数据和文件按统一标准分类整合，上传至网站，实现政府数据的标准化、开放和共享。2008年，新加坡政府推出了《新加坡地理空间信息库》（SG－SPACE），从国家层面将已有的土地、人口、商业和公共安全四大数据中心整合，极大地促进了新加坡数据市场的发展。2010年，新加坡又推出智慧地图平台Onemap，进一步整合公共数据，为公众提供综合性数据服务。

二是通过发展数据经纪产业促进数据交易规模扩大。美国当前发展最为迅速的数据资产交易模式是数据平台B2B2C分销集销混合模式，在这种交易模式中，数据经纪商扮演了关键角色，其所起的作用不是简单地撮合交易，而是通过数据平台搜集各种数据，再将搜集处理后的数据进一步转让，这种模式极大丰富了数据交易产品种类，提高了数据交易的便利性。数据经纪商主要通过政府来源、商业来源和其他公开可用来源三个途径收集数据，

而不是直接从用户处收集。他们会将收集到的原始数据和衍生数据进行整合以及进一步处理，从而生成符合市场需求的数据产品。目前美国主要的数据产品有三类：①市场营销产品，即数据经纪商向其客户直接出售消费者的相关信息，包括邮箱、兴趣爱好等等，便于客户向其消费者投放广告；②风险降低产品，可以使得客户确认消费者的身份或发现欺诈行为；③人员搜索产品，用户可以通过数据经纪商的"人员搜索"调查竞争对手、找到老朋友、查阅潜在的爱人或邻居、获取消费者的法庭记录及其他信息。数据经纪商的客户不仅包括终端数据用户，还包括其他数据经纪商，数据经纪商之间互相提供的数据甚至远远多于通过其他渠道获得的数据。目前，美国代表性数据经纪商包括 Acxiom、Corelogic、Datalogix、eBureau、ID Analytics、Intelius、PeekYou、Rapleaf、Recorded Future 等。为了防范数据经纪商侵犯个人隐私，美国联邦贸易委员会（FTC）出台了《数据经纪商：呼吁透明度与问责制度》，对提供以上三种数据产品的数据经纪商都提出了具体的约束性要求，试图在促进数据交易发展和隐私保护之间寻求平衡。

三是建立数据跨境流通机制推动数据要素在国际市场的利用。主要发达国家尽管在数据隐私权保护的严格程度上存在差异，但都致力于推动数据跨境流动。作为数字经济强国，美国在政策取向上鼓励数据跨境流动。2000 年 12 月，美国商业部与欧盟签订《安全港协议》，确立了美国和欧盟之间个人数据跨境流动框架。随着《安全港协议》的失效，欧美开启新一轮谈判，并于 2016 年达成《隐私盾协议》，确保美欧个人数据跨境流动新框架。双多边协定方面，最先由美国主导的跨太平洋战略经济伙伴关系协定，美国、墨西哥和加拿大《美墨加协定》以及 2019 年底美国和日本签署的数字贸易双边协定等都包含了高水平的跨境数据流动条款。欧盟分别于 2016 年和 2018 年通过了《通用数据保护条例》（GDPR）和《非个人数据在欧盟境内自由流动框架条例》。GDPR 在成员国层面的直接适用，消除了成员国数据保护规则的差异性，实现个人数据在欧盟范围内的自由流动。《非个人数据在欧盟境内自由流动框架条例》则致力于消除各成员国的数据本地化要求差异，确保成员国能够及时获取数据，保障专业用户能够自由迁移数据。日本是 APEC 主导的跨境隐私规则体系（CBPR）的成员国，通过建立认证制度，能为本国企业遵循 CBPR 规则与其他成员国企业实施跨境数据传输提供保障。日本积极对接欧盟的数据保护规则，制定补充规则（Supplementary Rules）以消除欧盟和日本在数据保护规则上的差异，2019 年 1 月 23 日，欧盟通过了对日本的数据保护充分性认定，实现了日欧之间的双向互认。

表 1　欧盟数据跨境流动的主要方式

通过方式	适用情形	相关要求
白名单机制	一般情况	通过审查确认进口方所属国达到欧盟数据保护要求
采用标准合同	如果进口方所属国未达到欧盟数据保护要求	采用欧盟颁布的标准合同文本
制定具有约束力的企业规章制度	企业内数据的跨国流动	通过欧盟数据监管机构的审核
为保护公共利益、个人合法权益等	例外情况	例外情形受到严格限制
经批准的认证机制、封印或标识	公共机构之间的数据转移活动	相关机制获得批准
成员国对某些特殊情况作出的另行规定	特殊情况	包括数据主体已给予明确同意，而数据传送又是偶尔为之，且对于合同或法律索偿来说是必要的，涉及公共利益的重要理由要求进行数据传送等

资料来源：张莉：《数据治理与数据安全》，中国工信出版集团，2019。

（二）秉持高效公平，厘清数据要素收益分配机制

一是当前数据要素收益分配都偏向于提供数据服务的企业或平台。从各国法律法规上看，目前，欧洲、美国、日本和韩国等国家和地区都出台了数据保护的法律法规，对数据主体拥有保护数据的支配权（如知情权、访问权、闲置处理权、修正权、被遗忘权、可携带权、反对权）达成了共识，但对数据主体是否拥有受保护数据的所有权和收益权、收益分配应按照什么机制进行，缺少明确规定，或没有达成共识，由于信息不对称以及缺少

相关制度安排，数据主体很难参与数据增值收益的分配。从实践层面看，尽管数据主体围绕数据价值做出了贡献，但很难获得收益。一方面，单个用户数据的价值量很小，只有通过企业或平台对个人数据的汇集和处理，形成能刻画各类用户特征的数据池，数据的价值才能得到体现。在数据市场，用户对数据量、数据种类、数据完整性、数据时间跨度、数据实用性、数据深度、数据覆盖度以及数据稀缺性都有要求，只有专业的数据服务公司才能提供相应的数据产品，换句话说，公司对数据产品价值的贡献远远超过单个用户的贡献。另一方面，数据交易主要在提供数据服务的企业和最终数据需求方之间进行，数据所有者很难直接参与。例如，主要的数据交易定价方式包括平台预设定价、协商定价、拍卖式定价等，数据主体对价格的影响力很小。

二是通过数据银行等方式提升数据主体在数据收益分配中的地位。从国外实践来看，数据银行是数据主体更多参与数据收益分配的有效方式。用户可以将个人数据存入数据银行，数据银行在获得用户同意的情况下，将其提供给有需要的公司。这些公司基于对这些数据的分析，洞察市场，提升业务能力，同时，也可以开发出满足用户需求的应用，直接为数据银行的用户提供服务。以 Alre 数据银行为例，它会首先要求用户将数据存入数据银行，然后帮助用户最大化其数据价值。当数据需求方访问数据银行的用户数据时，需要支付代币。这些代币可以给用户激励，同时，AIre 也可以捕获其中的部分价值。为了激励用户输入更多高质量的数据，该数据银行会根据用户输入数据的质量和被使用的频次，给予不同数量的代币奖励。基于高质量的数据，如来自用户智能手机的位置数据、医疗保健数据、支付数据、网络浏览数据、搜索历史数据等，会获得更多的收益。这种商业模式让数据主体的数据资源资产化，并提供了数据主体直接参与数据收益分配的方式，有利于提升数据主体在收益分配中的地位。

（三）创新思路工具，优化数据反垄断监管体系

数字经济正在加速改变许多行业和领域的产业组织和商业规则，也给传

统的竞争秩序和规制方式带来了挑战，引起了全球主要反垄断辖区的普遍关注。尽管多数国家反垄断立法都强调防止超大型平台排除或限制竞争效果，以提高竞争性和保护消费者权益，但在具体执法实践中有不少差异。不同国家在反垄断规制理念及数字经济发展水平、平台企业的国际竞争力、产业制度环境等方面的差异对反垄断规制产生了重要影响。

以包容审慎为原则提升对数字经济领域的监管效率。目前大部分国家在数字经济反垄断执法中都力求在保护创新和消费者权益之间实现最优权衡。美国数字经济高度发达，具有一大批以谷歌、微软、亚马逊、Facebook 为代表的国际大型平台。美国对超大型数字平台普遍采取审慎包容的监管态度，给予平台企业较大的成长空间，鼓励其在技术研发、商业模式、用户服务等方面不断创新发展。从 1890 年《谢尔曼法》颁布算起，美国的反垄断史已有上百年。尽管如此，美国国会和政府部门普遍认为现行反垄断法仍然适用于数字经济各领域。但在执法上，无论是美国联邦贸易委员会还是司法部，都拓展了传统以保护消费者和维护市场竞争为主的规制目标，即更加鼓励创新。2001 年的微软捆绑案中，法院最终撤销对微软的拆分要求而采纳和解方案，部分源于 IT 产业开始向互联网发展，个人电脑和操作系统不再成为阻碍产业创新的壁垒。2010 年，美国司法部和联邦贸易委员会联合发布了新版《横向合并指南》，首次将由损害创新竞争引发单边效应加入到合并审查的考虑之中。之后，美国司法部加大了对可能导致创新减少的并购交易的审查力度，如两大在线点评网站 Bazaarvoice 和 PowerReviews 的并购交易案，最终予以撤销。

不断创新分析工具和思路，营造公平有序的市场环境。反垄断分析指标充分考虑数字经济平台的特性。针对互联网平台免费服务的普遍特征，欧盟弱化了对价格因素的考察，转而对市场壁垒、用户多归属性、用户议价能力等供给或需求的替代性进行重点分析。在认定滥用行为时，尤其注重流量、算法、数据等新的互联网关键要素对产业发展的影响，并将其纳入对市场结构、产业环境、产业创新性等分析中。在谷歌搜索引擎及购物比较服务案中，详细分析了购物比较服务流量的变化与谷歌所采用的不同算法在时间上的关联度，从而认定反竞争效果的来源。新的指标分析体系成为支撑欧盟对互联网平台反垄断规制的基础。注重对平台垄断行为的经济分析。美国在规制互联网超大型平台时主要采取"合理原则"，即认定反竞争行为需综合评估经营者主观垄断意图和损害竞争后果，经济学分析方法在明确竞争评估分析思路、界定相关市场、确定竞争损害、明确平台支配力的传导效应、确定附条件有效性等诸多环节有重要的支持作用。在平台经济高发的垄断者捆绑销售、排挤竞争者、纵向固定价格、拒绝接入和其他阻止竞争等行为上，美国司法和竞争执法机构开始更多地考虑加强经济分析评估，减少误判或错判。

将数据集中等新问题及时纳入反垄断分析框架。欧盟高度关注数据驱动型并购、数据收集和处理行为对竞争的影响。在 Google 收购 Doubleclic、Facebook 收购 Whatsapp、Microsoft 收购 LinkedIn 等案件中，反垄断机构都高度关注数据集中的竞争。最终欧盟竞争委员会对 Facebook 违反其收购短信服务商 WhatsApp 所做出的数据共享和隐私保护承诺，被罚款 1.1 亿欧元。欧盟在审查 Microsoft 收购 LinkedIn 案时，详细评估了相关数据市场的界定、数据原料封锁、用户多归属与数据稀缺性、数据相关的隐私问题等，对数据与平台竞争力之间的关系进行了深入分析。类似地，德国联邦卡特尔局专门从隐私角度对 Facebook 展开反垄断调查，认定数据是企业核心竞争资源，Facebook 使用非法服务条款对用户施加不公平交易条件造成消费者福利受损，构成滥用行为。英国信息专员办公室、法国隐私保护部门（CNIL）和德国联邦卡特尔局也都对 Facebook 违反数据/隐私保护法律的行为进行了处罚。欧盟聚焦平台生态传导和数据集中效应，维护消费者权益。

（四）明确属性原则，建立完善的数据产权制度

随着数字经济向数据经济纵深发展，各国都意识到平衡好数据权属的有效保护与开放共享之间关系的重要性，即保护是必要的、开放是必需的。特别是对数据的类型化整理和分类标准的日益细化使得对数据权益保护的态度从静态走向动态，引申出了各类数据的流通与开放、深度挖掘与复次使用等归属于数据共享范畴的数据动态治理问题。对于数字经济领域的监管难题，国际社会没有形成共识和通行的规则。各国都是从实际情况、发展需要、法律传统、文化制度传统出发，分类界定和保护数据产权，逐步开启了数据保护与数据共享同步融合的新局面。

完善数据隐私保护的法律法规。根据联合国贸易和发展会议的全球网络规则追踪系统，107 个国家和地区已明确要保护数据和隐私。有些国家将隐私权认定为一项基本权利予以法律保护，有些国家认为侵犯个人隐私是民事法律责任，还有一些国家尚未采取隐私保护措施。欧盟在数据保护及消费者权益保护方面一直走在世界前列，《基本权利宪章》规定将个人数据作为一项单独的权利予以保护，同时 1995 年通过的《数据保护指令》（Data Protection Directive）要求对个人数据运用统一标准予以保护。2018 年正式生效的《通用数据保护条例》明确了最为严格的个人隐私保护等级。美国政府主要依托《公平信用报告法》（FCRA）、《金融隐私权法案》和《联邦贸易委员会法》（FTC Act），解决消费者信息的收集、转让和销售中所引发的隐私问题，针对大数据交易过程中出现的损害消费者行为，美国联邦贸易委员会 2014 年还发布了《数据经纪商：呼吁透明度与责任》，对数据经纪商组织和参与数据要素交易提出了明确的责任要求。日本公正交易委员会竞争政策研究中心于 2017 年 11 月发布了《数据与竞争政策研究报告书》，明确了运用竞争法对"数据相关的市场垄断"行为进行规制的主要原则和判断标准。澳大利亚、加拿大、日本、新西兰、波兰和俄罗斯等修改了数据保护的相关法律，重点是取消豁免、建立独立的数据保护机构，并将数据保护与国家安全挂钩。

分类监管以平衡数据保护和高效利用之间的关系。严格保护个人数据。欧盟首先制定了个人数据的识别标准，且规定个人数据的搜集必须符合合法目标。对个人可识别数据进行保护的规则需要在促进数据高效利用和个人权益保护之间寻求平衡，避免个人信息保护绝对化。强化政府数据共享。世界主要国家对数据资源的开发和管理正走向开放共享。充分发挥数据的公共属性优势，通过数据开放共享，不断提升政府公共服务和治理能力。2009 年，美国奥巴马政府正式发布《开放透明政府备忘录》和《开放政府令》，并上线数据门户网站 data. gov，为此，全球掀起了开放数据运动。2011 年 9 月 20 日，美国、英国、巴西、印度尼西亚、墨西哥、挪威、菲律宾、南非八国联合签署《开放数据宣言》，成立开放政府合作伙伴（Open Government Partnership，OGP）。截至 2019 年 5 月，全球已有 79 个 OGP 参与国和 20 个国家以下各级政府加入 OGP，并作出了 3100 多项承诺，使其政府更加开放和负责，并向公民和企业等提供方便、易用、高价值的数据集。鼓励企业数据共享。欧洲各国采取了各种政策举措来促进企业之间、企业与政府之间的数据共享、交易和再利用，有效发挥了企业数据资源成本效益，改善政府决策和公共服务能力。欧盟委员会先后制定了《欧洲单一数字市场战略》《建立欧洲数据经济》《迈向共同的欧洲数据空间》等，推动单一数字市场建设，促进企业之间增进信任、强化供需对接、建立伙伴关系、简化共享机制和明确法律政策框架，通过数据货币化、数据市场、行业数据平台、技术支持者和开放数据策略等形式，促进企业之间、企业与政府之间加强数据资源的获取和共享。将数据分为结构化数据和非结构化数据。日本的《人工智能和数据利用指南》从数据质量和隐私的角度进行结构化分类。其中结构化数据是符合特定数据库结构要求的数据，如消费者数据和销售数据，非结构化数据则是范围更宽泛、来源更广的非标准化数据，如网络数据、传感器识别的数据等。个人数据指包含个人信息的数据，包括特征、运动、行为、购买历史，以及可穿戴设备搜集的个人信息。值得强调的是，《人工智能和数据利用指南》尽管认为匿名化处理的个人数据依然属于个人数据，但强调在传播和应用方面适用的规制要求不应像非匿名个人数据那么严格。

完善跨境数据传输和流动规则。欧盟与美国签订了《隐私盾协议》，欧盟内部则通过了 GDPR 的约束性公司章程（Binding Corporation Rule）。2018 年初，美国通过的《澄清境外数据的合法使用法案》（Clarify Lawful Overseas Use of Data，简称 "Cloud 法案"）对执法机构调取别国个人信息进行了规定，同时允许 "合格的" 外国机构调取美国公民信息，判断 "合格"

标准是"外国政府的立法和国内法执行是否给予隐私和公民权利提供了稳健的保护"。经发组织（OECD）1980 年制定的《隐私保护和个人数据跨境流通指南》、美国的《隐私权法》就遵循了这一法律传统。近年来，欧盟委员会一直致力于通过修订关于电子通信中数据和隐私保护的政策，审查基于数据的权利，以个人数据保护权为起点，在《通用数据保护条例》中创设了访问权（Right of Data Access）和可移植权（Right of Data Portability），构建了以数据访问权和可移植权为中心的隐私和数据保护制度框架，在个人数据保护方面，明确界定了数据主体、数据控制者、数据处置者的权利和责任关系，为个人数据经过不可识别化、匿名化、脱敏处理后的商业化利用、流转、交易、处置提供了法律依据。

二　适用性分析

（一）数据要素市场制度环境不同

与国外相比，我国数字经济监管相关规则仍需不断完善，涉及数据市场制度建设各个领域的法律法规还需整合优化。

一方面，我国对于数据平台等相关垄断问题缺乏具有可操作性的监管治理实施指南和细则。基于传统经济模式制定的《反垄断法》《消费者权益保护法》等不能完全适应数字经济新要求。在数据越来越成为基本生产要素的情况下，围绕着数据及其权益的竞争日益激烈，部分领域形成了数字垄断势力。在网络效应和轻资产等因素的共同作用下，数字经济极易出现"赢者通吃"的市场格局，资本市场又不断放大"赢者全得"的局面，强化数据垄断的结果。当拥有数据优势的企业形成市场支配地位并滥用其支配地位时，即构成数据垄断。一旦企业占有却不共享数据资源，并以垄断协议等形式阻碍数据的流动，或者通过并购等形式在更大范围内攫取数据资产，将推高数据要素的获取成本。但《反垄断法》几乎没有反映互联网市场特征的法律条款，对有效监管数据市场的垄断行为缺乏威慑力和指导性。

另一方面，部分领域如个人信息保护、数据安全、隐私侵犯等领域，现行监管治理规定仍需进一步整合，提升法律法规的统一性。用户的数据应归其本人所有并由其自主决定获益的边界，但实际中这些数据早已经成为各类平台企业争夺、掌控的"私产"，进而为数据利益冲突的大规模爆发埋下了隐患。数据产权界定不清、收益分配不合理降低了垄断的成本和风险，进一步增强了平台企业数据独占的战略偏好。长远来看，滥用数据垄断势力将扰乱相关行业的市场秩序，并且海量数据掌握在少数企业手中，限制其流动和共享，对国家大数据战略实施也会带来负面影响。但我国欠缺对数据资源及其收益的清晰法律归属界定，难以对数据隐私、数据安全和数据交易进行有效的保护。

（二）数据要素市场开放程度不同

现阶段我国数据要素开放仍处于萌芽状态，与国外相比，路径、办法尚未明晰，理念、重心和管理体系仍存在差距。

一是不同地区政府数据开放深度参差不齐，呈现明显"头尾效益"，多数省份涉及政府数据开放的政策以倡导性、计划性居多，体系化政策较少，政府数据向社会开放的专项政策法规更少。

二是数据要素开放管理体系有待优化。只有部分省份政府官网上有政府数据开放宣传报道、政策文件等信息，还有一些省份政府官网没有涉及。政府网站在宣传数据开放信息中与普通民众的黏合度不足，相关关联政府数据开放平台联合推广力度不够，社会公众对政府数据开放关注度、参与度仍处于"预热"阶段，政府数据开放话题热度地域性差异明显。实际上，"数据获取壁垒""数据应用障碍"仍然是政府数据无法得到深度应用或复用的主要原因。

三是不同层级和部门间数据要素对接度不足。目前我国"数据孤岛"问题尚未得到有效化解，存在政府与政府间、部门与部门间、中央与地方间、政府与企业间数据要素无法有效开放和对接的问题。

（三）数据要素市场交易模式迥异

与国外相比，我国数据交易以集中式交易为主，而国外是基于契约的分散式交易模式。因此，国外数据要素市场的规则主要是针对市场主体，我国则是针对数据交易平台，规则完善的重点和模式存在差异。从各地数据交易机构的实践来看，目前我国形成了两种最主要的交易模式。

一是数据撮合交易模式。这种模式类似传统的商品集市，因而又被称为"数据集市"。在这种交易模式下，数据交易机构以交易粗加工的原始数据为主，不对数据进行任何预处理或深度的信息挖掘分析，仅经过收集和整合数据资源后便直接出售，很多交易所或交易中心在发展初期都是以这种交易模式为基本发展思路。

二是数据增值服务模式。数据交易机构不是简单地将买方和卖方进行撮合，而是根据不同用户需求，围绕大数据基础资源进行清洗、分析、建模、可视化等操作，形成定制化的数据产品，然后再提供给需求方。从各地实践效果来看，大部分数据交易机构经过多次探索之后，选择了提供数据增值服务的交易模式，而不是基础数据资源的直接交易。

表 2　全国主要大数据交易中心

数据交易中心	简介
贵阳大数据交易所	涵盖 30 多个领域，成为综合类、全品类数据交易平台
西咸新区大数据交易所	全面运营大秦大数据银行线上服务平台和陕西省社会数据服务大厅线下服务平台
东湖大数据交易中心	业务涵盖数据交易与流通、数据分析、数据应用和数据产品开发等，聚焦"大数据＋"产业链
华东江苏大数据交易平台	在实施"国家大数据战略"大背景下，经国家批准的华东地区首个领先的跨区域、标准化、权威性省级国有大数据资产交易与流通平台
哈尔滨数据交易中心	由黑龙江省政府办公厅组织发起并协调省金融办、省发改委、省工信委等部门批准设立。结合政府数据资源、企业数据资源，打造成为立足东三省、辐射全国的大数据交易市场，构建围绕数据的生态系统支撑平台

续表

数据交易中心	简介
上海数据交易中心	经上海市人民政府批准,上海市经济和信息化委、上海市商务委联合批复成立的国有控股混合所有制企业,承担着促进商业数据流通、跨区域的机构合作和数据互联、政府数据与商业数据融合应用等工作职能
华中大数据交易所	经湖北省政府批准,由北京东华软件股份公司等3家IT企业注资1亿元成立的全国首个跨区域、标准化、综合性的大数据交易平台
重庆大数据交易市场	由北京数海集团和重庆大数据交易市场共同出资成立的,致力于建设重庆大数据交易市场
浙江大数据交易中心	遵循国有控股、政府指导、市场化运营的指导方针,致力于打造具有公信力、开放、客观、独立的全国第三方数据交易中心
青岛大数据交易中心	山东地方金融监督管理局批准设立的省内唯一大数据交易中心,是立足青岛、辐射全国的创新型数据交易场所
成都大数据股份有限公司	成都市大数据资产运营商,协助政府汇聚数据资源,通过专业化的市场运营,积极推动各行各业依托大数据资源,创新商业模式,实现融合发展;智慧城市投资、建设、运营服务商,深度参与新一代通讯、数据处理和信息管理基础设施建设,运营基于大数据与人工智能的新型城市智慧中心

资料来源:笔者整理。

三　对我国的启示

(一)完善法规,健全数据要素市场的相关制度体系

首先,加强数据要素市场相关法律法规的优化整合。持续完善以《反垄断法》《反不正当竞争法》为主体的数字经济监管法律法规体系,制定分领域分行业数字经济监管相关指南和实施细则,提高数字要素市场法律法规的针对性和协调性。其次,尽快填补数据要素市场相关法律法规的空白。适应数字经济新技术、新模式、新业态层出不穷的态势,结合数据、人工智能、区块链等重点领域治理问题,建立相关法律法规监管体系。尽快出台

《个人数据保护法》，明确个人数据产权的边界和责任。结合各行业数据的敏感程度、数据脱敏与否、数据可用性要求等对大数据资产进行分类分级，采取不同级别的安全防护策略。规范大数据运营企业的资质要求，涉及国计民生、国家公共安全、能源、交通等敏感行业的大数据，需要具备国内涉密资质要求的企业才可开展采集、汇总分析、存储等大数据运营工作，并严格控制其应用及传播范围。再次，加快确权和立法夯实数据市场产权基础。厘清数据主体与数据收集者的权利边界，加快确权。进行准确的数据性质判定和分类分级，为数据权利的设定和相应的保护奠定基础。参考日本《人工智能和数据利用指南》的做法，在缺少数据产权法律的阶段，在考虑产业特点和数据类型的前提下，按照贡献度和联系紧密度等因素来判定数据产权边界。对于衍生数据，首先明确数据收集者享有数据处置权，当衍生数据涉及个人数据时，该部分数据主体享有个人数据权，同时，从鼓励创新的角度来看，可参考欧盟的做法，将匿名数据产生的衍生数据的产权界定给企业。最后，建立健全个人数据保护法律体系以激励数据利用。

（二）创新手段，优化数据要素市场的相应监管模式

一方面，充分发挥智慧监管的综合治理效能。适应新一轮科技革命和产业变革趋势，深入把握数字平台市场主体活跃、跨界融合发展、生态系统竞争的特点，完善数字经济基础设施，充分发挥新科技在市场监管中的作用，依托 5G、互联网、大数据、AI、区块链等新一代信息技术推进监管创新，打造数字平台市场监管治理大数据平台，大力推进"互联网＋监管"和"大数据＋监管"等新兴智慧监管新方式新方法，降低监管成本，促进数字平台市场监管治理网络化、智能化、敏捷化、精准化，提高监管和治理的针对性、科学性和时效性。另一方面，进一步提升信用监管的功效。从根本上破除社会信用体系发展中的体制机制障碍，健全企业信用监管体系，强化数字平台等数字经济市场主体的责任意识。完善信息公示制度，提高信息透明度，增强企业之间的交易安全，降低市场交易风险。同时，健全信用约束和失信联合惩戒机制，全面推行"双随机、一公开"监管模式。

（三）协同推进，注重发挥不同部门和机构间的合力

一是根据发展实际加强数字经济监管资源整合，增强特殊的人事管理和经费保障。应以多种形式吸纳经济学、计算机技术、法学及公共管理等专业人才参与数字经济监管治理，并保证人事与经费的独立性，从而全面提升数字经济治理水平和公平公正性。二是完善数字要素市场的多元共治监管体系。科学界定数字平台等数字经济相关利益主体治理责任，探索形成"政府管平台、平台管企业"等协同治理新模式，推动数字平台等数字经济市场主体提升规则和行为透明度，加强自我监管和行业自律，促进政府和社会形成监管合力，促进部门监管向现代治理转变。三是健全数字要素市场的外部监督机制。成立专门的监督委员会或第三方监督机构，加强对相关数字经济监管治理机构的监督，确保各监管治理机构依法履职。

（四）夯实基础，促进数据要素市场交易的有序开放

一是加快交易数据标准化。建立和完善跨部门、跨行业的数据标准体系，建立包括国家、行业、组织在内的多层级数据管理标准。围绕重点行业，例如人工智能、可穿戴设备、车联网、物联网等领域的数据，优先开展数据标准化工作。围绕各地大数据综合试验区和大数据产业集聚区，开展标准应用示范工作。二是丰富数据交易业态。借鉴美国经验，积极发展数据经纪产业，推动数据交易市场扩容增效。鼓励地方、行业组织、企业先试先行，探索符合市场需求、有利于数据市场发展的交易模式和交易规则，在保障数据安全和用户隐私前提下，提高容错度。三是推动数据要素安全跨境流动。围绕"不危害国家安全利益、不危害企业商业利益、不危害个人信息"三个原则，进一步完善数据跨境流动法律体系。充分利用上海合作组织、金砖国家、东盟地区论坛、中非合作论坛等平台，建立健全跨境数据流动对外合作推进机制。在当前各种双边、多边贸易谈判中，增加数据跨境流动的谈判内容，在加强统筹的前提下，实现数据跨境流动规则的统一。

（五）保障收益，推动数据要素市场分配机制合理化

一是保障政府数据收益权。政府数据开放既要坚持公益原则也要坚持合理收益原则，一方面，要不以盈利为目的扩大基础数据的开放和共享，另一方面，应在提供数据的深度挖掘、分析适配、可视化等配套服务时适当收费，从而弥补过程中投入的大量成本，并更好地激发政府开发数据，打造服务型政府。二是保障企业数据收益权。明确企业对其收集、加工、整理的数据享有财产性权益，确保企业基于依法获取的各类数据而开发的衍生数据产品受到法律保护。三是保障个人参与分享数据红利。企业（特别是平台企业）收集涉及用户重要隐私或财产数据时，应向用户支付一定的费用，分享收益或补偿人格权或财产权可能遭到威胁的风险；积极发展数据银行等数据交易模式，为数据主体直接参与数据收益分配提供市场化的途径。此外，要通过完善数据定价规则提高数据收益分配合理性。一方面要逐步标准化各类交易客体和相应的数据定价规则，构建数据成本和收益的计量模型；另一方面要建立交易中介以解决信息不对称等问题，增强数据交易的透明性和有效性，使市场成为指导数据定价的"无形的手"。

参考文献

阿里巴巴数据安全研究中心：《全球数据跨境流动政策与中国战略研究》，2019年3月。

方禹：《数据流通领域法律政策问题》，中国信息通信研究院研究报告，2018年4月。

郭凯天：《如何解放数据生产力？》，https：//www.tisi.org/14255，2020年4月。

华尔街俱乐部：《美国的数据交易产业是怎样发展的？》，https：//posts.careerengine.us/p/5824bba051d8030edd57c25c，2016年11月11日。

《加密时代的数据银行》，https：//www.sohu.com/a/385188919_489821，2020年4月3日。

普华永道：《打造透明数字政府 建设多元数据生态 发展活力数字经济》，https：//

www. pwccn. com/zh/research - and - insights/greater - bay - area/publications/digital - government - diversified - data - ecosystem - digital - economy. html，2019 年 11 月。

睿午参：《美国数据经纪商的发展状况及监管趋势分析》，https：//www. sohu. com/a/153233274_654915，2017 年 6 月 30 日。

数法联盟：《GDPR VS CCPA：欧美这两部个人数据保护法规有什么差异?》，https：//www. chainnews. com/articles/378403798890. htm，2019 年 10 月 17 日。

数据交易商业模式探究项目组：《数据交易的商业模式研究报告》，2019 年 3 月。

《加密数据银行：下一代银行流行新趋势》，https：//www. tuoluocaijing. cn/article/detail - 10005880. html，2020 年 5 月 15 日。

张莉：《将数据纳入生产要素要求加快解决数据产权问题》，http：//www. kepu. gov. cn/www/article/ed13e5f9e2104a05a8b47cebc8475e6a，2020 年 4 月 28 日。

张莉：《数据治理与数据安全》，中国工信出版集团，2019。

张亮亮、陈志：《培育数据要素市场需加快健全数据产权制度体系》，《科技中国》2020 年第 5 期。

王磊、马源：《新兴数字平台的"设施"属性及其监管取向》，《宏观经济管理》2019 年第 10 期。

中国信息通信研究院：《平台经济与竞争政策观察》，2020。

European Union, "General Data Protection Regulation," See：https：//gdpr - info. eu/，2016.

Geospatial World, "Onemap：One-stop Geospatial Solution," See：https：//www. geospatialworld. net/article/onemap - one - stop - geospatial - solution/，2010.

Ministry of Economy, "Trade and Industry：Contact Guidelines on Utilization of AI and Data：Data Section," See：https：//www. meti. go. jp/press/2019/04/20190404001/201904044001 - 1. pdf，2018.

"State of California Department of Justice：California Consumer Privacy Act of 2018," See：http：//leginfo. legislature. ca. gov/faces/codes_ displayText. xhtml? division = 3. &part = 4. &lawCode = CIV&title = 1. 81. 5，2018.

数据要素市场亟须完善基础性制度

  中国共产党第十九届中央委员会第四次全体会议审议通过的《中共中央关于坚持和完善中国特色社会主义制度 推进国家治理体系和治理能力现代化若干重大问题的决定》（以下简称《决定》）提出，要"健全劳动、资本、土地、知识、技术、管理、数据等生产要素由市场评价贡献、按贡献决定报酬的机制"，同时要"建立健全运用互联网、大数据、人工智能等技术手段进行行政管理的制度规则"和"推进数字政府建设，加强数据有序共享，依法保护个人信息"。《关于构建更加完善的要素市场化配置体制机制的意见》（以下简称《意见》）也提出，要构建和完善数据要素市场化配置的体制机制。《决定》和《意见》的这些内容对于我国数字经济治理给出了明确方向，特别是对于数据市场的建设和管理提出了更高要求。为了全面落实《决定》和《意见》提出的各项战略任务，促进我国数据市场规范发展，需要从顶层设计的角度加快统筹市场政策体系，优化市场管理规则，推进基本制度建设，形成体系完备、规则合意、执行有效的制度框架，为我国数据市场发展提供重要的制度性基础条件。

一　构建和完善数据要素市场基础性制度势在必行

  十九大报告提出，经济体制改革必须以完善产权制度和要素市场化配置为重点，实现产权有效激励、要素自由流动、价格反应灵活、竞争公平有序、企业优胜劣汰。十九届四中全会明确将数据提升成为与劳动、资本、土地、知识、技术、管理同等重要的市场经济的基础生产要素。但是，从现实的数据市场运行来看，由于在法律设立、规则制定和政策规范等方面的缺失，我国数据市场存在准入政策不到位、产权制度不健全、交易规则不明晰、报酬机制不合理、监管体系不完善等亟待解决的一些问题，严重阻碍了数据要素市场的发育，既不利于要素市场的拓展与发展，也不利于市场秩序的改进和改善。因此，从准入政策、产权制度、交易规则、报酬机制、监管体系等层面入手，全方位设计、建立和完善数据市场的基础性制度，有利于促进培育数据市场发展，同时也有利于推动完善数据市场监管机制。

二　基础性制度将促进各类各层数据资源有效利用

由于我国数据市场体系还不完善，数据产权、交易、监管等层面的制度还不健全，政府部门公共数据与社会各类海量数据统筹、集成、利用难度大。特别是在新冠肺炎疫情应对中，突出表现为"数据难协同、资源难整合、使用难高效"，导致各方面的数据难以汇合和融合，各类各层数据难以形成应用合力，不利于数据资源的开发使用。《意见》明确提出，要"推进政府数据开放共享"和"提升社会数据资源价值"。鉴于我国数据市场长期以来的矛盾，特别是针对此次疫情防控过程中出现的问题，应尽快研究完善数据市场基础性制度，从制度设计和激励相容的角度，建立符合保密、平等和激励三大原则的制度体系，从要素产权、数据开放、流动交易和市场监管等环节加快数据市场建设。通过构建竞争机制合理、自主流动合宜、配置效率合意、报酬分配合情、治理监管合规的数据市场，强化数据市场的合作激励和权益保护，促进政府数据与市场数据的双向开放，推动政府数据与市场数据的高效"统筹、整合、配置"，逐步构建和完善政企合作的大数据协同决策治理机制，促进数据要素的有效开发和利用。

三　市场基础性制度将保障数据要素报酬合理分配

十九届四中全会提出，要形成数据要素由市场评价贡献、按贡献决定报酬的机制。但是，由于数据市场相关制度和机制不完善，数据要素的报酬机制很不健全，主要表现为以下几个方面。一是受立法滞后和认知分歧等因素影响，数据要素产权规则不清晰，法律对数据要素所有权及相应的使用权和收益权均没有明确的界定，相关法律规章仍处于空白状态，现有的《合同法》《反不正当竞争法》《反垄断法》等法律均不能明确界定数据要素产权并进行充分保护，也不能有效保障收益权利得到合理实现。二是由于法律法规不完善、权利边界不清晰、标准规范较滞后和技术手段局限性等原因，数据要素流转机制不健全，普遍存在数据要素开放、共享和交易"不愿、不敢、不易、不能"等问题，造成数据要素交易机制和交易技术链条不完善，难以形成合理的数据要素市场价格，制约数据要素收益权利的实现。三是由于数据要素交易法律法规不完善等原因，数据要素治理效能还较低，造成数据要素在流动、交易和配置过程中面临数据泄露、个人隐私侵犯、不正当竞争和垄断滥用行为等诸多安全风险，可能造成数据要素收益损失和数据要素收益分配不公平、收入差距过大等问题。因此，通过构建和完善数据市场的基础性制度，不断完善产权制度、交易规则和监管体系，才能真正形成数据要素由市场评价贡献、按贡献决定报酬的机制。

四　基础性制度将引领数字市场抢占国际规则制高点

经过长期的全球化过程，全球性的商品市场逐步成熟，跨境的要素市场也逐步形成。因此，现代社会的数据要素流动不仅是跨市场，而且是跨国界。从世界范围来看，全球性的数据市场尚处于孕育阶段，各国的数据基础性制度建设仍处于起步阶段。比如，美国和欧盟在数据立法方面先行一步，美国已经颁布了《2018 加州消费者隐私法案》《电子政务法》《信息技术管理改革法》《数据质量法》等与数据市场相关的法律法规，欧盟则形成了以《通用数据保护条例》《公共部门信息再利用指令》《数字议程》等为主体的法律法规体系。我国即将颁布和实施《个人信息保护法》和《数据安全法》，从权益保护和数据安全角度为数据市场健康发展提供了法律基础。但是，全球主要国家数据市场的制度框架还处于探索阶段，各国数据立法的协调性也不够，世界范围内融合、适配的数据市场基础性制度还未建立。因此，强化我国数据市场基础性制度建设，尽快形成数据市场法律法规框架，加快制定准入政策、产权制度、交易规则、报酬机制、监管体系等层面的管理制度，并积极与世界主要国家数据市场制度形成动态衔接，不仅有利于我国占据全球数据市场规则制定的制高点，也有利于我国数据市场对外开放和与国际数据市场的高效沟通。

五　四个方面推动构建和完善数据市场基础性制度

一是，确立数据要素的产权制度。首先，尽快制定相关法律法规，对数据所有权、数据占有权、数据支配权、数据使用权、数据收益权、数据处置权等进行规则化明确。其次，进一步细化数据要素产权保护的政策体系，关键是形成一支专业素质较高的数据产权保护人才队伍，并通过规则进一步加强针对侵害数字要素产权的执法力度。最后，加快数据要素分配制度的建设，在明确产权的基础上形成数据要素按市场评价贡献、按贡献决定报酬的初次分配基本框架，同时制定通过财税工具完善再分配的政策体系。二是，健全数据开放的管理制度。首先，加快建立统一的政府数据共享开放平台，逐步开放政府层面非敏感数据的使用，鼓励社会各类主体参与政府数据的采集、开发和应用。其次，建立政府与市场数据合作行政垂直化和领域水平化的平台，完善政商数据合作的激励规则。最后，强化开放数据的负面清单管理，在确保风险可控的条件下实现政府开放数据最大可能性的开发应用。三是，完善数据流动的交易制度。首先，研究制定符合国情和实际的数据市场准入制度，将其纳入市场负面清单管理，破除各种形式的不合理准入技术限制和制度性隐性壁垒。其次，加快交易数据标准化，推动元数据、数据元素、数据字典、数据目录以及数据交易与共享产品标准化，加强标准化制度的建设。最后，推动数据交易平台建设，整合现有各级各类大数据交易市场，制定统一的交易规则，形成统筹性管理。四是，完善数据市场的监管制度，首先，尽快完善我国的《反不正当竞争法》和《反垄断法》，制定数据市场竞争政策的专门法律法规，以适应双边市场特征明显的数据市场监管需要，并推进数据市场反垄断工作常态化。其次，强化数据市场中垄断领域与环节的价格与服务等层面的规制，对不同领域、不同类型的平台，应当建立跨部门的综合协调机制，创新规制手段，制定有针对性的管理办法。最后，完善数据市场的日常监管，制定数据行业经济性监管和社会性监管的专门法规和规定，探索构建数据市场的安全审查机制，有效保护政府、企业和个人的数据信息安全。

健全完善基础性制度
打造强大数据要素市场

　　加快培育发展数据要素市场、构建以数据为关键要素的数字经济，是以习近平同志为核心的党中央深刻洞悉全球新一轮科技革命和产业变革趋势，立足国情世情，作出具有全局性、战略性、长远性的重大战略部署。深入落实这一重大战略，应深刻认识数据作为新的关键生产要素的现实意义和重大作用，发挥优势、挖掘潜力，完善制度，加快打造强大数据要素市场，夯实我国数字经济发展的市场基础，助推经济高质量发展。

一　深刻认识数据要素是国家发展重要的
基础性和战略性资源

　　与传统的土地、资本、劳动等生产要素相比，数据要素以独有的技术、经济和市场特性，对数字经济时代国家经济发展更具关键性，成为驱动国家发展重要的基础性和战略性资源。数据要素的基础性和战略性主要体现在其是数字经济时代经济高质量发展的创新引擎和国家治理现代化的核心动力。

（一）数据要素创新性驱动经济高质量发展

　　作为新的关键生产要素，数据要素可以供需多个方面提升经济发展效率，对经济高质量发展发挥倍增器作用。

首先，数据要素直接参与生产和服务过程，提升供需对接水平。依托工业互联网、大数据、人工智能等数字基础设施和技术，数据要素可以从多个维度来实现生产效率的提升。一是数据要素可以优化企业生产流程，促进企业间资源高效优化配置，促进产业链生产能力协同，提升产业整体竞争力。二是数据要素可以帮助企业精准把握用户需求，促进供需有效对接，实现个性化定制，提升服务水平。

其次，数据要素可以降低交易成本，提升市场运行效率。数据要素从微观和宏观两个层面降低市场经济运行成本，提升市场经济运行效率。一是数据要素显著突破信息传递和获取的时空约束，大幅降低用户搜寻成本、信息成本、议价成本、运输成本、监督成本、违约成本等众多经济活动的交易成本，扩大了用户选择范围，促进强大国内市场建设。二是数据要素和大数据分析技术显著降低国民经济运行决策成本，提升宏观决策效率，优化市场营商环境。

再次，数据要素及其载体融合互促，刺激投资消费双增长。数据要素与工业互联网、数据中心、人工智能、云计算等数字基础设施相互促进，从投资和消费两个领域为经济增长注入新动力。一方面数据规模快速扩展需以数字基础设施为载体，带动数字基础设施投资增长，另一方面数字基础设施完善将更有效释放数据要素动能，激活数据、信息等新兴消费。

此外，数据要素降低知识获取和学习成本，增加全社会人力资本和知识存量。数字技术快速发展，促进新数据、新信息在全球传播和扩散，便利了知识获取，有助于增进人力资本，缩小"数字鸿沟"，促进经济发展。

最后，数据要素赋能提质，优化提升经济结构。数字经济包括数字产业化和产业数字化两部分，两者都以数据为关键性投入要素。数据要素市场快速发展，在推动数字产业化，催生诸多新产业、新模式和新业态的同时，还通过与传统产业深度融合，加快产业数字化步伐，培育壮大数字经济，实现经济结构优化升级，提升国家综合经济实力。

（二）数据要素革命性助推国家治理现代化

经济形态的变革势必对国家治理提出新要求。数字经济及其关键要素数据，给政府和社会治理现代化带来了全方位、系统性的深刻变革，推动着国家治理能力和治理体系现代化进程。

一是促进行政体制和政府管理模式优化。数据要素以新一代信息技术为支撑，以大数据驱动的数字政府和公共服务平台为纽带，促进了政府管理模式和组织架构扁平化柔性化重塑，提升政府纵向联动、横向协同、线上线下一体化水平，让数据跑腿成为广泛共识。

二是全面提升国家治理能力。智慧城市、数字政府、"互联网＋监管"积极运用大数据、云服务、人工智能、区块链等数字技术，以数据和数据智能为关键决策和治理工具，不仅可以创新公共服务供给模式，提升公共服务质量，促进公共服务高效化便利化，还可以实现政府、市场和社会三者边界优化调整，促进政府职能转型，使政府更加有为有效，更可以全面提升国家经济和社会治理能力和水平，增强国家治理效能。

二　我国加快培育和发展数据要素市场　　具有良好条件

作为世界人口最多的数字经济大国，充分发挥数据的基础资源作用和创新引擎作用，打造强大数据要素市场，不仅非常必要，而且有巨大的优势、空间和潜力。

（一）庞大网民规模为数据要素市场壮大提供了潜力基础

我国人口规模超过全球发达经济体的总和，网民规模更是独步全球。截至 2020 年 3 月底，我国网民规模达 9.04 亿人，互联网普及率达 64.5%，其中农村地区互联网普及率为 46.2%，主要指标在全球均位居前列，"数字鸿沟"持续缩小。海量的互联网用户为我国数据要素市场成长提供了巨大的潜力。一方面，互联网用户的网络使用，为数据资源快速积累提供了便利条件，推动我国迅速成为全球数据资源大国，预计到 2025 年我国数据规模将占全球数据资源总量的四分之一；另一方面，庞大的互联网用户巨大的数据、信息和知识等新型消费需求，也为数据要素市场发展壮大提供了强大内生动力，推动数据要素市场规模不断拓展。

（二）数字技术积累为数据要素市场成长提供了现实可能

当前，我国企业积极抢占全球新一轮科技革命和产业变革潮头，大力推进5G、人工智能、区块链、超高清视频等新一代信息技术研发创新，在若干领域已经达到甚至领先于国际先进水平。2019 年，我国在区块链存储、智能合约、共识算法、加密技术、底层平台等关键技术及应用方面取得显著进展，在 5G 标准必要专利数量上世界领先，在语音识别、计算机视觉、自动驾驶等人工智能技术、人工智能芯片和车联网系统等方面有了长足进步。这一系列数字关键技术不断创新演进和应用深化，进一步凸显了数据要素及其市场体系在我国产业发展中的基础性和战略性作用，且为数据要素由潜力转化为现实生产力提供了强有力的技术支持，为数据要素市场体系提供了先进的技术架构。

（三）数字基础设施为数据要素市场建设提供了载体支撑

我国互联网、电信基础设施持续完善，5G、数据中心、工业互联网、物联网、人工智能等新型基础设施加快发展，为数据要素市场发展壮大提供了强有力的物质基础。截至 2019 年 12 月底，我国互联网宽带接入用户达4.49 亿户，其中 100Mbps、1000Mbps 及以上接入速率用户分别达 3.84 亿户和 87 万户，4G 用户达 12.8 亿户；农村宽带用户达 1.35 亿户；5G 商用城市 52 个，建成 5G 基站 13 万个。同时，"云、网、端"等数字基础设施不断完善，智能终端日益普及，用户触网、企业上云联网规模不断增加。这为完善数据要素生产、交易、流转和消费整个数据要素价值链，促进数据高效流动和优化配置，构建全国统一、联通全球的强大数据要素市场体系创造了关键性载体支撑和技术基础。

（四）国家高度重视为数据要素市场发展提供了制度保障

近年来，党和国家高度重视培育和发展数据要素市场。2017 年 12 月，习近平总书记在中共中央政治局第二次集体学习时强调，要"发挥数据的基础资源作用和创新引擎作用，加快形成以创新为主要引领和支撑的数字经济"，并指出，"要制定数据资源确权、开放、流通、交易相关制度，完善数据产权保护制度"。党的十九届四中全会首次将数据与劳动、土地、知识、技术和管理并列作为参与分配的生产要素。2020年颁发的《关于构建更加完善的要素市场化配置体制机制的意见》和《关于新时代加快完善社会主义市场经济体制的意见》均强调要"培育和发展数据要素市场，建立数据资源清单管理机制，完善数据权属界定、开放共享、交易流通等标准和措施，发挥社会数据资源价值"。党中央高度重视、国家顶层设计持续深化，为推进数据要素市场化配置，加快构建强大数据要素市场指明了方向和路径，并提供了良好的制度保障和政策支持。

三　以健全完善基础性制度为重点加快打造强大数据要素市场

构建强大数据要素市场，是促进数据要素高效流动和优化配置、壮大数字经济、提升数字经济全球竞争力的重要抓手。然而，数据要素市场基础性制度不完善，成为制约我国数据要素市场发展壮大的根本性因素。因此，应着眼于顶层设计，加快完善数据要素市场制度框架和支撑体系，培育壮大数据要素市场，提升全球数据资源配置力和竞争力，为数字经济发展提供强有力支撑。

（一）健全完善数据要素产权制度

产权清晰界定是打造强大数据要素市场的基础。一是在产权界定方面，在《民商法》关于信息、数据和隐私权利规定的基础上，加快制定出台《数据产权法》，对个人数据和非个人数据的所有权、使用权、处置权和收益权进行明确界定，加强数据产权侵权保护和执法，确保各类涉数利益主体的合法权益。探索制定非个人数据产权界定办法，明确非个人数据在数据产生、流转、交易、处理等过程中的产权边界。二是在个人信息授权管理方面，尽快制定出台《个人信息保护法》和《儿童信息保护法》，完善个人和儿童信息保护基本制度，建立个人信息授权许可制度，平衡信息主体、信息业者、国家机关三方主体之间的利益。三是在产权界定操作层面，完善数据溯源体系，制定应用区块链、数字签名、隐私计算、智能合约等新一代信息技术界定数据产权的操作方法和管理办法。四是在产权管理创新方面，建立数据资产知识产权管理制度，强化对数据资产的知识产权管理。

（二）健全完善数据开放共享制度

促进共享开放是打造强大数据要素市场的关键。一是加快建立国家数据资源目录和数据资产管理制度，推进国家数据资源价值评估和清查审计。二是积极推进政府数据开放共享。加快修订《政府信息公开条例》，制定《政府数据开放共享管理条例》，出台政府数据共享负面清单管理制度，明确各级政府数据开放共享责任清单。构建政府数据采集、质量保障和安全管理标准，完善统一的政府数据开放平台和标准体系。创新政府之间数据开放共享模式，加强政府数据开放的标准化，突破部门之间的信息壁垒和数据孤岛。三是加快完善政企数据资源共享合作制度。探索完善政府公共数据授权管理制度，推进国家经济治理基础数据库动态优化，打通政企数据库接口，稳步推进脱敏匿名化假名化公共数据社会应用。四是健全企事业单位数据开放共享制度。重点推进企事业单位、科研院所、社会大众之间数据开放共享利益分享制度建设，引导各方通过市场化行为，运用数据开放联盟、数据创新共同体等"物理分散、逻辑集中"新模式新机制实现数据共享，在自愿互信、互利共赢的基础上开展数据资源共享合作。五是引导培育公益性数据服务机构，探索政府机构、企事业单位、科研院所、社会大众等既确保多方数据所有权利又实现数据整合应用的商业模式。

（三）健全完善数据安全管理制度

确保数据安全是打造强大数据要素市场的前提。一是加快制定出台

《数据安全法》《个人信息保护法》等数据安全保护法律，加强与《网络安全法》《刑法》《民法典》等法律的衔接；完善信息采集和管控、敏感数据管理、数据交换、数据交易和合理利用等方面法规规章，形成比较完备的数据安全管理法律法规体系。平衡数据安全防护和高效利用的关系。二是加快建立数据分级分类标准体系，完善数据资源分类分级管理制度，重点制定分行业分领域数据安全管理实施细则，明确各类涉数利益主体分级分类安全管理主体责任。三是加紧研发和推广防泄露、防窃取、匿名化等数据保护技术，加强以人为中心的隐私和安全设计，建立统一高效、协同联动的数据安全管理体系。四是完善数据安全保障、评估体系及安全审查制度，运用人工智能、区块链、动态加密、隐私计算、可信硬件等技术，对数据开放共享、流动交易过程中的安全风险有效评估，强化数据安全技术防护和安全管理。五是完善数据泄露通知制度，加强数据安全执法，及时响应和保护数据主体安全。六是围绕数据要素资源全球高效配置，明确数据主权，完善跨境数据安全管理办法，平衡好数据本地化存储与数据跨境流动的关系，建立内外有别的跨境数据流动安全保障体系。

（四）健全完善数据要素交易制度

扩大交易规模是打造强大数据要素市场的核心。一是市场主体培育方面，探索建立正面引导清单、负面禁止清单和第三方机构认证评级相结合的数据要素市场准入管理制度，简化、规范数据要素市场准入管理。支持引导电信、金融、交通、信用、消费互联网、工业互联网等数据密集型行业平台和企业积极参与数据要素市场交易，形成一批合格的数据要素市场交易主体和数据服务中间商。二是交易标准建设方面，围绕数据的生产、采集、存储、加工、分析、服务，建立数据资源及应用分级分类标准化制度体系。加强数据标准研制、试验验证和试点示范，构建大数据标准化创新和服务生态，提升数据资源价值和数据产品质量。三是交易模式创新方面，建立分散与集中、线上与线下有机结合的数据交易组织方式，创新数据交易模式和运营机制，培育壮大一批综合性大数据交易中心和专业性大数据交易平台，开展面向场景应用的数据交易市场试点，鼓励大数据交易平台之间、产业链上下游之间进行数据交换和互联互通，最大限度激活数据资源潜在价值。四是交易规则健全方面，加快制定具有中国特色的数据交易规则，创新数据资产估值、数据交易定价以及数据成本和收益计量等方法，完善数据交易（共享）的技术保障、检测认证、风险评估、信息披露和监督审计等相关制度规范，规范数据资产交易流通行为。五是跨境流通规则建设方面，积极参与数据跨境流通市场相关国际规则制定，完善数据跨境贸易规则，逐步扩大数据跨境贸易规模，提升全球数据资源配置规模和能力。

（五）健全完善数据市场治理制度

强化市场治理是打造强大数据要素市场的保障。一是加强数据要素市场监管制度建设。进一步完善以《反垄断法》《反不正当竞争法》《电子商务法》《消费者权益保护法》等为核心的市场竞争监管法律规则体系，强化数据要素的市场监管和反垄断执法，坚决打击数据欺诈、数据垄断和各种数据不正当竞争行为，防范数据滥用和不当使用，逐步建立国内领先的市场监管体系，确保市场公平竞争和健康运行。二是探索建立可追溯、可审计的数据交易登记管理制度，构建线上线下无缝衔接的数据要素市场全流程全生命周期监管体系。积极运用大数据、区块链、人工智能等治理科技手段和信用监管强化数据交易流程治理，形成以数治数、以技治数、以信用治数的数据要素市场监管方法体系。三是逐步完善多元共治的数据要素市场治理体系。探索推动政府、平台、行业组织、市场主体以及个人多元参与、协同共治的新型数据要素市场监管机制，引导社会公众、新闻媒体参与数据要素市场治理，规范各类市场主体的数据资源利用行为，确保数据高效安全流通配置。

（六）健全完善数据收入分配制度

收入分配合理是打造强大数据要素市场的保障。一是在明确产权的基础上形成数据要素按市场评价贡献、按贡献决定报酬的初次分配基本框架，完善市场评价数据要素贡献、贡献决定数据要素回报的机制。二是加快改革税收制度，积极探索运用数字税收等财税工具，完善数据要素收入再分配和三次分配的政策体系，确保数据要素收入初次分配高效，再分配和三次分配更加公平，让企业和个人有更强激励和更大空间去利用数据要素来发展经济、创造价值和增加财富。

大数据反垄断：反什么？怎么反？

　　大数据成为企业成长的战略性资源，也是重要的竞争手段，对数字经济时代市场竞争方式具有深刻影响，大数据反垄断也随之成为社会各界和竞争监管机构关注的焦点。大数据垄断本质上是指垄断企业策略性运用大数据来排除、限制市场竞争的行为，反垄断监管聚焦的重点应是大数据相关垄断行为。鉴于大数据利用行为对市场竞争和社会福利影响的复杂性，应落实好中央经济工作关于强化反垄断和防止资本无序扩张的战略部署，科学设计大数据相关垄断行为治理策略，加强竞争监管，提升监管效能，坚决反对大数据相关的垄断和不正当竞争行为，促进各类平台和企业合法合理利用大数据，更好服务经济社会发展。

2020 年 12 月中央经济工作会议明确强调，"要完善平台企业垄断认定、数据收集使用管理、消费者权益保护等方面的法律规范。要加强规制，提升监管能力，坚决反对垄断和不正当竞争行为"。数字经济时代，大数据已成为互联网平台和数字企业发展的关键生产要素和重要竞争手段，深刻改变着市场竞争的性质和方式，显著提高市场效率和社会福利，然而，也要看到，大数据也衍生了一些争议和隐忧，如垄断、不正当竞争、隐私侵犯、贫富分化、歧视操纵等问题。其中，滥用大数据的相关垄断问题，引起了社会各界及竞争监管机构的广泛关注。因此，从竞争政策的角度，正确认识大数据对企业市场竞争的重要影响，全面辨析其竞争效果，明确大数据反垄断的核心内容，形成科学合理的大数据相关垄断行为治理策略，对更好落实中央经济工作部署，提高对平台及大数据反垄断问题的认识，发挥大数据关键变量效能，规范平台和企业大数据利用和竞争行为，维护公平竞争市场秩序，促进数字经济健康发展，提升国家数字经济竞争力具有重要作用。

一 大数据正深刻改变数字经济时代市场竞争范式

大数据及数据分析技术作为一种新的竞争手段，对数字经济时代的市场竞争的性质和运行方式产生深刻影响。

（一）催生竞争理念革新，动态跨界竞争替代静态原子竞争

传统市场经济下，企业之间的竞争更多依赖价格手段，以市场内竞争的方式来扩大市场份额，数据信息在竞争过程发挥的作用相对有限，企业之间竞争呈现出静态、原子式的特点。

数字经济时代，大数据成为经济发展和企业成长的关键生产要素。数字平台企业更多利用巨量的数据资源和数据分析技术，加快创新数字产品和服务，对现有行业和领域企业进行颠覆式创新竞争或者催生新产业新业态。如推特、谷歌、亚马逊、脸书网、苹果、微软（所谓"TGAFAM"）等企业利用其收集的大量数据，向人工智能、智能家居、生活服务等领域延伸，动态竞争、跨界竞争成为各类数据驱动市场上企业参与市场竞争秉持的新理念。

（二）改变市场竞争方式，生态系统竞争替代产品服务竞争

传统市场经济下，企业之间竞争方式相对单一，主要体现在产品和服务价格、质量、数量等维度，价廉物美是企业赢得市场竞争的重要方式。

数字经济时代，数字采集技术、存储能力以及处理技术均取得爆发性提升。平台和数字企业如谷歌、脸书网、苹果、亚马逊、腾讯、百度等，作为数字经济运行的枢纽和"看门人"（Gatekeepers），不仅拥有海量用户的注册信息，而且在为各类用户提供服务时汇聚了全流程实时在线数据。利用这些数据，这些数字平台企业可以依托其核心平台，向金融支付、物联网、人

工智能、生活服务等众多领域扩张开展跨界竞争和融通合作，打造根深叶茂的庞大"生态帝国"。由此，基于大数据和数据分析技术构建平台生态系统则成为数据驱动市场竞争的最重要方式之一。

（三）重塑竞争优势来源，数据成为企业价值和竞争优势源泉

根据传统的竞争优势理论，企业基于"经济人"的利己逻辑，对各种稀缺性投入和能力的控制或独占，通过成本领先和差异化策略，来构筑其竞争优势。

数字经济时代，大数据本身成为企业的核心资产。数字平台企业则是结合"利己"和"利他"逻辑，利用其源源不断积累的数据资源和数据技术能力以及独特的生态系统竞争方式，促进平台市场各类主体互动匹配，不断提升价值和创造竞争优势，打造企业发展的"护城河"。一方面，数字平台企业可以利用大数据及数据处理、分析能力，增强学习能力，提升管理和决策科学性，促进供需双方精准对接，从而获取更多的用户，抢占更多的市场份额。另一方面，数字平台企业还可以依托海量大数据汇聚所产生规模经济、范围经济来获得成本和差异化方面的领先优势，更是可以利用数据网络效应，发挥数据和平台赋能作用，促进接入平台的各方互动竞合，共同成长、共同增值，持续巩固其作为市场运行枢纽和价值创造中心的地位，进而在市场竞争中形成独特的优势。

（四）改变市场竞争格局，垄断市场结构替代竞争市场结构

历史上，受限于成本下降速度和市场空间约束，工业企业规模扩张速度相对缓慢，直到规模经济和范围经济发挥作用时，企业才获得垄断地位，因此，在大部分时间内，各类市场呈现出竞争性市场格局，但一旦企业获得垄断地位，这种垄断地位往往在一段时期内比较稳定，正如标准石油、IBM、AT&T 等企业垄断石油、计算机、通信等行业的历史所显示的。

相比之下，数字经济时代的互联网平台和数字企业，如谷歌、苹果、亚马逊、微软、脸书网、腾讯、百度、今日头条等，突破了时间和空间约

束，基于指数化增长数据资源和平台组织模式，释放数字经济特有的各类网络经济和正反馈效应，拓宽规模经济和范围经济的边界，通过在全球范围扩张，在很短的时间内就发展到极大的规模，在核心业务领域处于领导地位，并不断向相关领域延伸，实现"赢者通吃"。市场集中化甚至垄断成为数字时代市场结构的"新常态"，如谷歌对全球搜索引擎、移动操作系统等多个领域垄断，脸书网对社交网络、在线广告等众多领域寡占甚至垄断。

二 大数据对市场竞争秩序和社会福利有着复杂影响

大数据在深刻改变数字经济时代市场竞争范式的同时，对市场竞争秩序和社会福利也产生比较复杂的影响，且这些影响并不总是有益的。

（一）合理利用大数据可从多个维度促进竞争、增进福利

主要体现在以下方面。一是从增进市场动态性的角度来看，数据资源更丰富和分析应用能力更强的数字平台或企业通常可以依托海量的数据资源，持续跨越诸多市场上在位者设立的各种进入壁垒，开展跨界竞争，从而全方位增强市场可竞争性，提升市场动态效率。二是从促进企业创新竞赛的角度来看，更多的数据让数据密集型企业能比竞争对手更好进行学习改进和数字创新，进行学习能力竞争和创新竞赛，改善供给和服务方式，满足用户个性化、多元化的需求，增加社会福利。三是从加强企业之间成本和质量竞争的角度来看，与竞争对手相比，拥有更多数据资源的优势平台或企业可以利用大数据及数据处理技术，对用户进行"大数据画像"，为用户提供成本更低、质量更高的服务，减少供需对接不畅产生的各种效率损失，创造更高的经济效益。四是从平衡买卖双方力量的角度来看，大数据汇聚了市场上各类信息，不仅提高了市场透明度，降低用户信息和搜寻成本，还在一定程度上改善了其与平台和企业之间存在的信息不对称程度，增强其议价能力和"抗衡力量"，改善其在与卖方博弈中地位。

（二）策略性运用大数据可能产生损害竞争和福利的效果

作为赋能企业成长、促进市场竞争、激发技术创新的关键要素——大数据，也有可能被部分成长起来的垄断平台或数据巨头滥用作为排除、限制市场竞争，为自己谋取私利，攫取垄断利润，损害消费者利益的工具。比如，垄断平台或企业可能策略性运用其独有的大数据资源及数据应用能力，制定更具攻击性、掠夺性的竞争策略，构筑较高的进入壁垒或者拒绝数据访问，对潜在进入者进行威慑，阻止后者进入市场的动机，以维持和巩固其市场支配地位。又如，具有市场支配地位的垄断平台或企业可能利用其收集的用户偏好、习惯等方面的数据，借助用户画像技术和信息优势，对这些用户锁定，实行垄断高价或价格歧视（所谓的"大数据杀熟"），以攫取绝大部分甚至全部消费者剩余。再如，处于市场支配地位的企业可能通过观察到的竞争对手行为数据和信息，通过机器学习和自动化算法，与后者达成隐蔽的默契合谋。此外，垄断平台或企业还可能设置各种限制性的数据访问、使用的条款，如数据搭售、基于数据的纵向约束条款等，减少所面临的竞争压力，巩固自身领导地位。

如上所论，作为战略性重要性日益凸显的资源，大数据既可以被平台或企业用来改善经营管理，提升服务质量，增加市场动态效率，进而发挥竞争促进和福利增进效应；也可以被平台或企业作为打击竞争对手、抑制市场竞争、攫取垄断利润的战略工具，进而造成消费者和社会福利受损。因此，对大数据对市场竞争和社会福利的影响，要进行个案分析和全面评估，避免得出片面的、不客观的结论，从而造成政策执行偏差，干扰市场正常运行。

三 大数据相关垄断行为应是反垄断监管聚焦的重点

近年来，各国在推进互联网市场反垄断监管时多有提及大数据相关的垄断问题，但该问题并非是这些案件的焦点，也始终没有上升至比较高的位置。对如何判定大数据垄断行为以及如何进行监管也尚未达成共识，以至于各方处于"雾里看花、自说自话"的状态。因此，必须拨开大数据垄断的面纱，洞悉问题的本质，明确竞争监管机构所关注的重点。

（一）大数据垄断本质上是指处于市场支配地位的垄断企业策略性运用大数据来排除和限制市场竞争的行为

依据现代反垄断执法传统和实践，反垄断监管的对象是企业的"垄断行为"，而非垄断结构或垄断状态。推而论之，所谓的大数据垄断，既不是指企业拥有大数据规模和市场份额占比，也不是指市场上利用大数据的企业数量多寡，而是指具有市场支配地位的垄断平台或企业以大数据作为策略性竞争手段来削弱甚至消除市场竞争，损害消费者和社会福利的行为。

具体而言，一方面，伴随智能终端快速普及、数据基础设施日益完善以及万物智联水平显著提升，数据采集、存储和处理能力飞跃提升，数据资源无时无刻、源源不断地生成，众多科技企业都收集和积累了丰富的数据，单纯看企业拥有的数据量或者是否利用大数据，既不能判定该其是不是垄断企业，也不能判定其利用数据的行为是不是属于垄断行为。另一方面，在法律操作层面，反垄断法对垄断地位和垄断行为的判定需要经过比较严格的论证程序。而大数据多源、异质的特点，使得其很难简单地被界定为产品层面或者地理边界上比较清晰的相关市场，判定平台或企业在大数据市场上是否具有垄断地位既不容易也不可行。因此，提及大数据垄断，出发点应立足于垄断平台或企业的大数据利用行为，深入分析行为本身对竞争自由和社会福利的影响，根据结果来判断行为是否属于垄断行为。

（二）竞争监管机构推进大数据反垄断重点应是对大数据相关各类垄断行为的监管

尽管随着数字采集和处理技术水平的提升，数据资源总量快速增长，但对部分互联网平台和数字企业而言，获取和利用数据并不是没有成本的，其在生成、采集、存储和处理数据过程，如绑定智能终端设备、开发软件和App、研发数据采集和处理技术、数据存储中心建设以及向用户提供服务等都会产生费用和成本。因此，为了确保和巩固自身的数据利益和优势地位，处于市场支配地位的垄断企业可能会以大数据为武器来排除限制市场竞争。

涉及大数据垄断行为的具体类别可从反垄断法一窥。垄断协议、滥用市场支配地位和经营者集中构成了现代反垄断的三大支柱。垄断平台或企业可以运用垄断协议、拒绝交易、纵向约束等方式，策略性设置数据访问和数据共享壁垒，增加用户转换成本，提高其竞争对手进入市场的门槛和成本，防止后者以此来跨越市场壁垒，进入其所在的市场内并展开竞争。垄断平台和数字企业也可能通过收购各类数据密集型企业，即"杀手型收购"，排除其竞争对手在以网络效应为特征的市场中获得必要的数据和用户规模，直接将竞争扼杀于萌芽当中，抢占未来市场竞争位势。欧盟竞争委员会在对脸书网并购瓦次普（Whatsapp）进行审查时着重提到这一点。此外，地位稳固的垄断平台或企业还可以运用大数据分析和用户画像，对不同的用户群体进行歧视对待，以获取垄断收益，损害用户利益。因此，竞争监管机构推进大数据反垄断的重点应是对大数据相关的垄断协议、滥用市场支配地位的以及经营者集中等行为的监管。

四　科学设计大数据相关垄断行为监管治理框架

作为新的竞争手段，部分平台或企业可以利用大数据来促进竞争和增进社会福利，同时处于市场支配地位的垄断平台或企业确实也有可能利用在大数据方面的优势，滥用市场支配力来维持和巩固自身的垄断地位。中央经济工作明确指出，"反垄断、反不正当竞争，是完善社会主义市场经济体制、推动高质量发展的内在要求"，强调"要加强规制，提升监管能力，坚决反对垄断和不正当竞争行为"。因此，应落实中央经济工作会议关于强化反垄断和防止资本无序扩张的战略部署，科学设计大数据相关的反垄断政策，构建符合大数据及数字经济发展特点的竞争监管体系，加强对垄断平台和企业策略性滥用大数据行为的监管，提升监管效能，促进各类企业依法依规搜集和合理利用数据资源，更好服务经济社会发展。

（一）要深化对大数据垄断本质和问题的认识

时代会变迁，技术会进步，但经济规则及法律问题不变。无论是工业经济时代，还是数字经济时代，反垄断监管的对象始终都是垄断行为。尽管大数据以及数据相关的竞争策略，使得垄断问题外在的表现形式以及对市场竞争和社会福利的影响更加复杂，更加难以甄别和理解。因此，需要深入研判、加深认识、审慎监管。特别是要充分认识到数据驱动市场本身市场竞争的特征，全面分析和评估大数据对市场竞争的实质效果，综合权衡行为潜在的收益和损害以及监管收益和成本，确保监管干预措施不会干扰市场正常运行、减损大数据创造的价值和市场运行的动态效率以及改变市场参与者之间的分配公平。此外，还应回归反垄断传统，明确大数据反垄断监管针对的不是数据的"大"或者"多"，也不是大数据的合理利用，而是策略性运用大数据滥用其市场支配地位的限制竞争行为，故而，加强反垄断监管政策的目标则是维护市场竞争秩序，促进数据合理利用和数字创新，提升整个社会福利水平。

（二）要完善涉大数据垄断行为监管规则体系

法律规则通常滞后于商业实践。我国反垄断法实施十多年来，基于大数据的竞争策略和商业模式大量涌现，使得反垄断法在应对大数据垄断行为时面临较大挑战，相关法律条款显得过于原则以至于在实际执法过程很难操作。因此，应与时俱进，加快推进《反垄断法》及相关操作指南的修订、制定和完善工作，将数据、算法等相关的相关市场界定、垄断行为判定标准及监管举措纳入法律框架下，并且在实施过程中，既要考虑到大数据滥用可能产生效率损失，也要充分考虑大数据利用所产生效率提升和创新促进作用，明确相关效率抗辩条款，为大数据垄断行为监管提供法律依据。

（三）要创新涉大数据垄断行为监管理念思路

理念是先导，思路决定举措。一方面，大量数据的生成和使用正在重新定义我们的认知能力和创新方式，刺激新技术、新产品、新模式和新业态加速涌现，不断重塑国家和企业竞争新优势。有鉴于此，推进大数据垄断行为监管要妥善处理好严格监管和创新发展的关系。另一方面，反垄断立法的目的是预防和制止垄断行为，保护市场公平竞争，维护消费者利益和社会公共利益。考虑到可能出现的滥用大数据限制市场竞争的行为，确保及时干预也很重要。此外，考虑到反垄断法目标多元，推进大数据垄断监管应坚持全球视野，遵循发展大势，全面权衡监管与发展的关系、短期经济利益与长期战略目标的关系，坚持包容审慎理念，引入监管成本收益评估机制，增强监管效能。

（四）要创新涉大数据垄断行为监管方法体系

数据驱动市场具有主体活跃、动态创新、生态竞争的特点。针对大数据垄断行为的监管，应加快优化创新反垄断监管方法体系，提升监管能力。一方面，要推进"互联网＋监管""信用＋监管""大数据＋监管""区块链＋监管"等新型智慧监管方法，实现"以科技治数、以信用治数、以数治数"，提高大数据垄断行为监管的精度和效能。另一方面，应加强与学界和第三方机构合作，深化对大数据垄断问题的竞争政策理论和市场调查研究，提高对大数据利用行为和方式及其效果的认识，更好发挥政策分析和调查研究对市场主体大数据利用行为的规范引导作用。同时，要科学把握反垄断监管的时机和力度，借鉴欧盟等经验，创设临时性竞争干预工具，提高救济手段的时效性，增强反垄断监管方法的敏捷性和适应性。此外，还应尽可能减少"本身违法原则"对大数据开发利用行为的适用，慎用"必要设施原则"强制数据开放共享，避免侵犯企业数据产权，降低市场主体竞争自由，削弱其投资和创新激励，损害长期动态效率和社会福利。

把握重点　突破难点　有效治理
数字垄断和资本无序扩张

强化反垄断和防止资本无序扩张，是以习近平同志为核心的党中央作出的重大决策部署，是完善社会主义市场经济体制、推动供给侧结构性改革、实现高质量发展、构建新发展格局的内在要求，特别是促进平台经济、共享经济健康发展的现实需要。"十四五"时期，应针对数字垄断和资本无序扩张的主要危害，把握监管重点，突破监管难点，加快构建更加安全、更加公平、更具活力、有效竞争的现代数字经济市场体系。

一　数字垄断和资本无序扩张造成的危害不容忽视

一是严重危害市场竞争秩序。数字垄断平台及资本无序扩张产生的最直接的危害是损害市场有效竞争。部分大型数字平台采取扼杀式并购（Killer Acquisition）、滥用市场支配地位、垄断协议等行为，如电商"二选一"、"3Q大战"、捆绑支付工具、封杀链接及第三方支付工具等均属此类，肆意限制、排斥和干扰市场竞争，消灭（潜在）竞争对手，构筑"护城河"，提高进入壁垒，妨碍动态创新和市场效率，降低消费者福利，损害社会公共利益。

二是加剧收入分配差距和不平等。数字垄断平台利用其卖方垄断地位获取高额垄断租金；同时，还利用其劳动力市场买方垄断地位，提高劳动强度，推行"996""007"等职场文化，加快财富向"1%"的科技精英阶层集中。此外，数字平台还通过技术大量替代劳动力，也加剧了中低端劳动力市场逐底竞争，造成低保障或无保障的"零工经济"泛滥，减少劳动者收入，进一步扩大收入差距和社会不平等。

三是影响社会稳定和国家安全。部分超大型数字平台同时拥有网络守门人（Gatekeeper）和市场支配地位，叠加数据、算法、资本、生态的力量，无边界的野蛮扩张，操纵经济、政治和舆论，如P2P金融诈骗、长租公寓暴雷、肆意挪用用户押金资金池交易、脸书—剑桥公司事件以及科技公司对美国前总统特朗普的"社交性死亡"事件等，激化社会矛盾，加剧社会撕裂、暴力和仇恨言论的传播，严重影响社会安全和国家安全。

二 治理数字垄断和资本无序扩张应明确重难点

（一）紧扣三大重点强化数字垄断和资本无序扩张行为监管

重点之一是加强数字垄断行为监管。一是加强数字资本扼杀式并购监管。初创企业和中小微企业是市场活力的重要源泉和就业创造的基础力量。近年来，部分超大型数字平台利用数据、资本优势，大量并购初创企业和中小微企业，形成规模堪比国家的庞大"数字经济体"。一方面消灭直接或者潜在的对手，持续巩固其市场优势地位；另一方面延伸市场势力，提高进入壁垒，对潜在或新进入者产生强的"寒蝉效应"，对竞争产生持久的损害。此外，部分数字平台和资本还通过并购等行为向诸多关乎国家安全和社会稳定的领域野蛮扩张，引发各类金融和社会风险。二是加强对数字平台滥用市场支配地位行为及垄断协议监管。滥用市场支配地位行为类型多样且行为复杂。数字经济背景下，技术、算法、数据等成为数字平台新的策略性竞争手段，以谋求和巩固自身的市场支配地位，获取高额垄断利润。例如，部分垄断数字平台策略性运用交叉补贴、自我优待、反向支付协议、捆绑/搭售、拒绝交易或不兼容、独家协议等排他性行为，以排斥和限制市场竞争，维持和巩固自身垄断地位。

重点之二是加强对数字平台不正当竞争行为监管。互联网、电子商务、直播平台等数字经济新兴领域不正当竞争行为表现形式多样且呈频发高发态势，比较典型的包括恶意诱导消费者、商业欺诈、虚假宣传、强制交易、不正当有奖销售、销售假冒伪劣等直接侵害消费者的不正当竞争行为，以及侵犯商业机密、商业诋毁、刷单和虚假交易、恶意爬取数据和流量劫持和利用身份关系、技术手段来限制、干扰或者破坏其他经营者的经营自由的新型不正当竞争行为。这些行为不仅直接损害其他经营者和消费者的合法权益，而且也扭曲和破坏了正常的市场竞争机制，破坏市场营商环境。全国人大调查数据显示，2018年至2020年10月，涉及网络不正当竞争行为的判决案件占全部反不正当竞争法判决案件的3．6%，但其社会关注度高达72%。

重点之三是强化对数字经济重点领域的行业监管。部分数字平台和资本打着"互联网＋"、创新或改造传统产业之名，向资讯媒体、金融保险、社会征信以及部分关乎国计民生的领域跨界扩张，绕开了众多行业所需的准入条件和经营资质等监管要求，搞各类资金池等违规资本运作或从事相关的金融和风险业务，大肆监管套利，从而引发众多负外部性问题和后遗症，引发新的城市病和系统性风险。

（二）围绕两大难点突破数字垄断和资本无序扩张行为监管

一是探索推进对算法、数据相关的垄断及排他性行为的监管。与传统的垄断和不正当竞争手段不同，数字经济时代，数字平台更多的运用规则、算法、数据、AI、技术等新手段来实施各种垄断和不正当竞争行为，如算法合谋、算法操纵、算法歧视、大数据杀熟、深度伪造、技术性屏蔽等。这些行为通常比较隐蔽且竞争损害往往难以判别，可以在极短的时间内对市场竞争产生颠覆性影响甚至永久性损害。对此类行为监管难度较大，亟须监管部门提升规制能力，提升监管效能。

二是推进对可变利益实体等数字资本控制和扩张行为监管。数字平台和资本可能利用共同所有权（Common ownership or Cross – ownership）、可变利益实体（Variable Interest Entities，VIEs）等新型股权和中介控股架构作为卡特尔和合谋行为的组织方式，控股和参股众多彼此竞争的企业，实施中心和辐条合谋、竞争敏感信息交流以及平行封锁行为，从而造成巨大的竞争损害。然而，对于此类行为及其竞争损害的因果关系和传导机理仍需进行深入分析，对其监管执法也是一大难点。

三　确保数字垄断和资本无序扩张有效治理的着力点

（一）坚持"三个统筹"，处理好数字监管所涉各项关系

统筹严格监管与创新发展。坚持包容审慎原则，促进平台经济创新发展的同时，注重处理好发展和安全的关系，严格监管执法，明确数字平台和资本扩张的边界，严防垄断和资本无序扩张造成社会稳定和国家经济安全风险，杜绝监管真空和监管套利。统筹反垄断与反不正当竞争。强化平台反垄断执法与反不正当竞争执法的协调，明确彼此分工，更好发挥两者对竞争秩序的维护作用，夯实竞争政策基础性地位。统筹反垄断与行业监管。推动数字平台反垄断与行业监管部门各司其能，加强彼此协同，构建事前、事中与事后全流程的新型数字经济监管框架，形成监管闭环和"大监管"格局。

（二）坚持有的放矢和分类施策，科学设计数字监管方案

着力打造数字垄断和不正当竞争行为治理攻坚战。数字经济新业态新模式众多，应结合行业特点和行为特征及其产生不良影响，针对重点和难点，分类设计监管方案，把握好监管力度，提高监管针对性、及时性和精准性。重塑行业监管体系加强对"互联网＋"行业专项监管。对金融、数据、安全等新兴"大而不能倒"及民生就业等竞争损害严重和风险较大的领域，探索设计规则与原则相结合的监管方案，明确监管最低标准和底线，根据需要适时采取回溯性审查等监管举措，以执法促普法，提升监管效能。

（三）加快健全数字监管规则，创新数字监管方式方法

完善基础性数字监管规则。完善以《反垄断法》《反不正当竞争法》《电子商务法》《网络安全法》为主体的数字监管规则体系，健全金融、数据、安全及民生就业等领域的风险监管制度，强化社会性监管规则建设，加强规则协调整合。加紧制定数字监管相关细则和指南。完善公平竞争审查制度，健全市场准入管理制度和事中事后监管规则，明确监管标准，探索实施数字监管清单制度。引导数字平台制定并遵循相关的道德伦理规范。推动数字平台制定数据、人工智能、算法等相关的道德伦理规范，形成正确的数字伦理价值观，提升平台治理规则透明度。创新和扩展数字监管工具箱。构建数字监管影响评估方法体系，积极运用监管科技（Reg‑tech）、监管沙盒等新型智慧监管手段以及信用、标准等监管工具，强化线上监管（非现场监管）与线下监管（现场监管）无缝衔接，提高监管网络化、智能化和敏捷化水平。

（四）推进监管理论和实践创新，深化数字治理体系研究

加强对数字监管重大理论和实践问题研究。重点加强数字监管的依据、内涵、原则和方法等研究，抓紧研究形成有中国特色、科学有效的数字监管战略和治理框架，打造现代化监管型政府，切实提高监管效能。推进与第三方机构合作加强数字市场调查研究。加强数字经济发展形势研判，深化对数字经济发展规律和特点的认识，提高对新型数字垄断和不正当竞争行为的甄别能力，更好发挥调查研究的监管决策依据和治理工具功能。

加快推进互联网平台竞争监管现代化

　　当前，强化互联网平台竞争监管已是大势所趋。继而，在初步梳理我国互联网平台竞争监管现状的基础上，深入剖析我国监管机构在推进互联网平台竞争监管中面临的不足。最后，针对问题和不足，建议结合国际及我国竞争监管实践，与时俱进创新监管理念，完善监管规则，丰富监管方式，构建与国际潮流相适、与我国实际相符的互联网平台新型竞争监管模式，不断推进互联网平台竞争监管现代化。

一　全球主要反垄断辖区纷纷强化对互联网平台竞争监管

　　针对全球互联网平台市场均呈现日益集中的态势，受国内外政治经济新思潮影响，同时为了维护市场公平竞争和动态效率，增进消费者福利，全球主要反垄断辖区纷纷加强对超大型互联网平台的竞争监管。

（一）欧盟：持续对超大型互联网平台进行强监管

　　作为全球主要反垄断辖区，为促进欧洲单一数字市场建设，保护欧盟中小企业，2010 年以来，欧盟及成员国针对超大型互联网平台开展了一系列反垄断执法，并在超大型互联网平台相关市场界定、平台垄断行为认定、数字市场竞争调查、反垄断执法标准等领域持续创新，重点加强对滥用市场支配地位、市场势力跨市场延伸以及经营者集中过程中的数据集中行为的反垄断执法，并将隐私保护、平台规则以及数据安全等更多因素纳入竞争监管范畴，积累了比较丰富的互联网平台竞争监管方法和经验，为全球互联网平台竞争监管树立了典范。

（二）美国：逐渐由宽松放任走向强化审慎监管

作为拥有数量众多的全球领先超大型互联网平台的反垄断辖区，美国竞争监管机构自微软反垄断案以来，始终坚持促进动态创新和维护消费者利益，重视经济分析在竞争政策实施过程中的作用，对互联网这类创新市场反垄断保持着比较宽松放任的竞争政策取向。然而，2019年以来，美国对超大型互联网平台的竞争监管态度发生重大转变，开始走向审慎严格监管，标志性的事件是2019年6月联邦贸易委员会（FTC）、司法部（DOJ）、众议院以及多个州的总检察长相继宣布，针对谷歌、苹果、脸谱网、亚马逊（即GAFA）四大超大型互联网平台展开反垄断调查，包括对历史性并购进行再审查；同年9月，美国参众两院连续举行了多次针对互联网平台企业有关隐私保护、数据使用以及反垄断等问题的听证会。

（三）英、德、澳、日等国：高度警惕互联网平台垄断滥用

近年来，英国、德国、澳大利亚、日本等发达国家均高度关注互联网平台企业市场公平竞争问题，以发布政策咨询报告和市场调查报告为主，实际竞争监管案例相对较少。在各国发布涉及互联网平台竞争的报告中，各国主要对互联网平台市场发展面临的竞争形势、监管挑战、是否成立新的数字竞争监管部门以及未来关注的监管重点领域和方向进行了深入探讨，重点聚焦平台规则透明度、数据集中及其影响、算法操纵与算法合谋、平台市场势力延伸等问题。

各国强化互联网平台竞争监管有其深层次原因。总体来看，以欧盟为龙头，美国、英国、德国等全球主要发达国家对互联网平台竞争监管的态度均发生重大转变，加强对互联网平台竞争监管逐步成为全球互联网平台监管的

主流。之所以出现这种监管转向，有多方面原因：首先，从市场格局来看，20世纪70年代放松管制浪潮以来，无论是美国等发达国家，还是发展中国家，包括众多传统行业和数字经济行业在内，几乎绝大部分行业的市场集中度都呈现上升态势，引起了人们对大企业垄断行为的警惕和不满。其次，从思想基础来看，芝加哥学派及后芝加哥学派以及新自由主义放松对大企业监管的理念和自由放任的市场竞争观，日益受到各界质疑，人们对传统反垄断主流价值观的认知发生转变。再次，从政治压力来看，发达国家民众普遍对全球化和技术进步衍生的国内不平等问题表示不满，导致国内民粹主义与新进步运动者崛起，要求对大企业和互联网平台企业进行严格监管的呼声此起彼伏。最后，从监管竞争来看，欧盟及其成员国持续加强对互联网平台的竞争监管，这对各国具有一定的示范传导效应，进一步加强各国民众对强化互联网平台监管的呼声，引发潜在的制度之争，导致各国更有可能采取针对互联网平台的竞争监管竞赛。

二　我国互联网平台竞争监管取得积极进展，但仍有提升空间

在我国互联网平台经济发展过程中，也出现了部分平台企业涉嫌滥用市场支配地位，排除、限制市场竞争的行为。此外，数据集中、隐私侵犯、不正当竞争等问题也引起了社会的广泛关注。在此背景下，我国相关监管部门也在积极推进互联网平台竞争监管。

一是加快完善互联网平台竞争监管规则。修订完善的《反不正当竞争法》、出台的《电子商务法》以及正在修订中的《反垄断法》，均对互联网平台领域的竞争监管提出了更加明确的要求。例如，《电子商务法》第二十二条明确规定，"电子商务经营者因其技术优势、用户数量、对相关行业的控制能力以及其他经营者对该电子商务经营者在交易上的依赖程度等因素而具有市场支配地位的，不得滥用市场支配地位，排除、限制竞争"。又如，《反垄断法》（征求意见稿）明确提出，"认定互联网领域经营者具有市场支配地

位还应当考虑网络效应、规模经济、锁定效应、掌握和处理相关数据的能力等因素"。此外，国家市场监管总局颁布的《禁止垄断协议暂行规定》《禁止滥用市场支配地位行为暂行规定》《制止滥用行政权力排除、限制竞争行为暂行规定》等规章，也针对性地对互联网领域竞争监管做了相应规定。

二是加强对平台经济竞争监管的顶层设计。为促进平台经济规范健康发展，提升平台经济发展活力和市场竞争力，2019 年 8 月，国务院办公厅发布《关于促进平台经济规范健康发展的指导意见》（以下简称《指导意见》），提出要构建适应平台经济发展特点的新型监管机制，着力营造公平竞争市场环境。《指导意见》明确提出，要探索适应新业态特点、有利于公平竞争的公正监管办法；同时，要制定出台网络交易监督管理有关规定，依法查处互联网领域滥用市场支配地位限制交易、不正当竞争等违法行为，严禁平台单边签订排他性服务提供合同。此外，针对互联网领域价格违法行为特点，要制定相应的监管措施，以规范平台市场价格秩序。

三是对互联网平台竞争监管秉持包容审慎原则。针对互联网平台竞争监管，我国监管部门一直以来秉持包容审慎原则，初步形成以私人执行为主、公共执行为辅的竞争监管格局。其中，反垄断私人执行方面，2018 年 11 月 16 日，最高人民法院召开纪念反垄断法实施十周年座谈会，将奇虎 360 诉腾讯滥用市场支配地位纠纷上诉案作为反垄断民事诉讼第一大典型案，在该案中，最高人民法院创新性地对相关市场界定、SNNIP 测试的作用及其适用条件、垄断行为认定、竞争损害等问题进行了研判，为我国互联网行业竞争监管提供了思路和方向。反垄断公共执行方面，2019 年 1 月，国家市场监督管理总局反垄断局开始调查腾讯音乐与环球、华纳、索尼三大国际唱片公司签署音乐版权独家授权协议行为是否违反《反垄断法》，并为此约谈网易、阿里巴巴、苹果、百度、小米等公司。相关涉互联网平台重大反垄断案件和调查及部分反不正当竞争诉讼案件审判，都表明我国正在积极维护互联网平台市场公平竞争秩序，探索构建新型互联网平台监管新体制。

在看到成绩的同时，我们仍需要看到，作为后起的全球重要反垄断辖区，在互联网平台竞争监管的理念、规则、手段以及能力等方面，我国仍存在不足，有很大提升空间。

首先，监管理念方面，包容审慎与依法及时监管往往难以平衡。为促进互联网平台新经济、新模式、新业态的发展，我国明确提出了包容审慎的竞争监管理念。毫无疑问，这一理念对促进互联网平台经济的快速发展作用重大。然而，需要注意的是，不应过度强调包容审慎原则，包容审慎监管与依法及时监管在时机和力度上比较难以平衡：一方面，可能导致监管机构对部分互联网平台企业垄断或不正当竞争行为"包容审慎不监管"①、选择性执法、多头执法或者监管标准不一等，从而出现"企业无所适从、用户利益受损"的局面；另一方面，可能导致监管部门无法及时为各类损及市场竞争和消费者利益的垄断和不正当竞争行为提供救济，造成对市场动态竞争过程和消费者福利不可恢复性的损害，出现"事后诸葛亮"的现象。

其次，监管规则方面，互联网平台竞争监管相关规则仍需完善。当前，互联网平台经济发展日新月异，平台企业各类策略性竞争行为也处于频发高发时期，我国现行的《反垄断法》和《反不正当竞争法》等竞争监管法律还不能完全适应互联网平台竞争监管新要求，主要体现在：一方面，《反垄断法》等上位法规定过于原则，反映互联网市场特征的法律条文相对较少，且法律效力有待进一步强化；另一方面，缺乏更具可操作性的互联网平台竞争监管实施指南和细则，监管机构自由裁量权较大。此外，相关竞争监管规定仍散见于众多法律和规章，需进一步整合，提升法律法规的统一性。

再次，监管手段方面，"互联网＋竞争监管"等方式需进一步加强。

互联网平台经济跨界融合性、跨地域性、全球可达性的特点，使得以属地监管和线下巡查为主要手段的传统监管方式越来越不适应。一方面，互联网平台企业注册地、服务器所在地、竞争行为发生地等相互分离，互联网跨界融合竞争频繁，传统地分级管理、分片管理、分业管理等竞争监管体制难

①《全国政协委员李守镇：完善〈反垄断法〉应对数字经济垄断》，http：//news. workercn. cn/32843/202005/24/200524195159807. shtml，2020 年 5 月 24 日。

以适应；另一方面，互联网平台企业策略性竞争行为更加隐蔽、复杂，算法操纵、算法合谋、大数据企业、技术性拒绝交易等更加难以发现，单纯依靠传统监管手段，已经很难对互联网平台企业的垄断行为或不正当竞争行为进行识别。

最后，能力建设方面，监管人才储备和综合素质亟待进一步增强。互联网平台竞争监管是典型的专家治理领域，需要一批顶尖的法学、经济学、计算机技术人才，组成监管团队，以有效应对互联网平台企业的垄断行为和不正当竞争行为。然而，相比互联网平台企业以优厚的待遇吸引全球及国内顶尖的专业人才，在现行的行政管理体制下，由于竞争监管机构是部委的内设机构，我国竞争监管机构人才储备不足和执法人员专业素质有待提升。一方面，受到编制与预算的限制，监管人员规模比较少，专业性人才储备相对不足；另一方面，无论是来自行政机构内部的执法官员还是新晋公务员，专业素质都亟待增强。在这种情形下，监管者也容易被产业利益集团"牵着鼻子走"，甚至产生"监管俘获"问题。实践中，由于竞争监管力量和专业性不足，监管机构被动执法的现象比较普遍，通过直接下政令叫停、强制性罚款等措施进行监管，引起企业的普遍抵触。

三 多措并举推进互联网平台竞争监管现代化

推动互联网平台竞争监管效能提升是一项长期而复杂的系统工程。应结合国际及我国竞争监管实践经验，与时俱进创新监管理念，完善监管规则，丰富监管方式，构建与国际潮流相适、与我国实际相符的互联网平台新型竞争监管模式，不断推进互联网平台竞争监管现代化。

一是创新理念，夯实互联网平台竞争监管的认知基础。首先，应明确包容审慎监管不等于不监管少监管，也不等于监管就是负担，避免对包容审慎理念绝对化、片面化。其次，明确监管本身就是制度创新，良好的监管有助于促进平台经济规范、健康、有序发展。最后，总结国际及我国竞争监管经验，与时俱进创新我国互联网平台竞争监管原则和理念，重点推进依法监管、科学监管、审慎监管、协同监管、智慧监管和敏捷监管，处理好做大做强互联网平台企业、提升国际竞争力和维护公平竞争市场秩序的关系。

二是健全规则，完善互联网平台竞争监管的制度规范。首先，以规则整合为抓手，持续完善以《反垄断法》《反不正当竞争法》为主体的互联网平台竞争监管法律法规体系，制定分领域分行业平台竞争监管相关指南和实施细则，提高竞争监管效能。其次，以市场监管规划为引领，推动互联网平台竞争监管有序开展和产业健康发展。在市场监管规划中，进一步明确互联网平台竞争监管主体、内容和发展方向。最后，进一步加强竞争法与《电子商务法》等相关法律法规以及产业政策的协调，并根据发展阶段和发展趋势，动态调整相关政策法律关系。

三是丰富手段，创新互联网平台竞争监管的方式方法。适应新一轮科技革命和产业变革趋势，深入把握互联网平台市场主体活跃、跨界融合发展、生态系统竞争的特点，充分发挥新科技在市场监管中的作用，依托 5G、互联网、大数据、AI、区块链等新一代信息技术推进监管创新，打造互联网平台市场竞争监管大数据平台，大力推进"互联网＋竞争监管"和"大数据＋竞争监管"等新兴智慧监管新方式新方法，降低监管成本，促进互联网平台市场竞争监管网络化、智能化、敏捷化、精准化，提高竞争监管针对性、科学性和时效性。

四是加大保障，汇聚互联网平台竞争监管的要素资源。首先，为适应竞争监管独立性和专业性需要，应加强互联网平台竞争监管资源整合，增强特殊的人事管理和经费保障。应以多种形式吸纳经济学、计算机技术、法学及公共管理等专业人才参与互联网平台竞争执法，并保证人事与经费的独立性，从而全面提升竞争监管能力和公平公正性。其次，完善政府、平台和社会多元主体多元参与竞争治理体系，推动平台提升规则和行为透明度，加强自我监管，促进政府和社会形成监管合力，提升互联网平台监管效率。最后，强化对竞争监管机构的监督。应成立专门的监督委员会或第三方监督机构，加强对竞争监管机构的监督，确保竞争监管机构依法履职。

数据基础设施规制：挑战与对策

　　数据是数字经济时代的关键生产要素。与土地、劳动、资本、技术等生产要素不同，数据要素的供给更多地依赖于通信网络等基础设施。这些数据基础设施为数据成为新生产要素提供基础，是经济社会数字化转型的重要支撑。在5G、云计算等新一代信息技术快速发展的背景下，传统数据传输、存储等设施与新技术融合发展，数据基础设施不断出现新业态、新模式。建立健全与新型数据基础设施（简称"数据基础设施"）相适应的规制制度，是数据要素高质量供给的内在要求，是构建和完善数据市场基础性制度的重要内容。

一　数据基础设施规制的必要性和主要内容

　　新型数据基础设施，是指在数字经济新时代背景下，基于新一代信息技术演化生成的，用于提供数据感知、采集、传输、存储和管理服务的设施，主要包括5G通信网络、物联网通信网络、卫星互联网、数据中心和云计算服务等。其中较为特殊的是云计算服务，其利用分布式计算和虚拟资源管理等技术，通过服务器、存储设备、网络设备、数据中心成套装备等硬件设施，以及资源调度和管理系统、云平台软件和应用软件等软件设施，提供各类数据服务。

　　数据基础设施需要规制，原因在于作为一种生产要素，数据要素的供给直接关系到公共利益。与此同时，数据要素的供给不同于土地、劳动、资本、技术等其他要素，需依赖大量投资运营存在一定程度市场失灵的基础设施。数据基础设施规制属于经济性规制中的电信业务规制范畴，主要内容包括业务许可（准入规制）、网间互联、网络接入、资费、服务质量和安全、普遍服务以及促进公平竞争的反垄断规制等。

二　我国数据基础设施规制面临的主要挑战

总体上看，现行规制制度不能适应新型数据基础设施特点和快速发展的要求，是我国数据基础设施规制面临的主要挑战。

（一）适应5G网络共建共享要求的规制制度尚未建立

我国5G网络发展仍处于初期，亟须大力推动"共建共享"，降本增效，快速实现网络覆盖。但是，目前适应5G网络共建共享要求的规制制度尚未建立，协调成本高、进展慢。

首先，在电信行业内部，基础电信企业（中国移动、中国电信、中国联通）共享铁塔企业5G基站的租赁费用管制缺位。除铁塔等国家强制要求必须共建共享的设施外，基础电信企业共建共享积极性不高。

其次，在电信行业与其他基础设施行业和公共部门之间，互利共赢、可持续的共建共享机制尚未建立。特别是与电力、铁路、高速公路等具有较好共享效益和实施条件的行业间的沟通合作，亟须各方加强。

（二）网间互联互通和网络公平接入规制较为薄弱

网间互联互通涉及不同基础电信运营商之间的关系，网络公平接入则涉及基础电信运营商与增值电信企业之间的关系。随着电信市场的逐步开放，基础电信企业之间、基础电信企业与增值电信企业之间的竞争不断加剧，网间互联互通和接入服务领域暴露的问题和矛盾也日益突出。

互联协议规范缺位，对主导运营商缺乏约束力，不利于弱小运营商互联互通的实施。网间结算标准一直延续以电信资费为基础核定的传统做法，未采用国际上通行的基于成本的网间结算体系，且调整不及时，不能适应各类电信业务快速发展的需要。基础电信企业可能以过高价格变相拒绝交易，对互联网服务提供商实行价格歧视。

（三）部分经营者许可证注册地与实际经营地分离加大规制难度

云计算等新技术的广泛应用改变了传统数据中心业务形态，部分增值电信服务经营者的注册地与实际经营行为分离。比如，增值电信服务经营者可能在异地数据中心租用机柜、部署服务器，或同一业务的不同模块位于不同地区。注册地与经营地不一致，同时事中事后规制主要依赖日常现场检查和年检，手段单一，颁发许可证机构难以对用户和网站备案、信息安全等实施有效规制。

（四）服务质量和资费透明度等问题亟须规范

在质量标准方面，部分技术标准和产品服务质量标准修订滞后于行业发展，服务质量和通信质量规制手段缺乏。在电信资费方面，基础电信企业资费信息公开不及时，有时存在单方面改变服务条款但未充分告知消费者的行为。基础电信企业用户（含下游增值电信企业）在用户服务、网络质量和收费争议方面的投诉时有发生。在违规处罚方面，经营者违规成本过低，缺乏约束力。

（五）新技术新模式为反垄断规制带来新挑战

5G 网络基础设施共建共享有助于加速 5G 网络形成。目前，初步形成的"2+2"市场格局（即中国联通与中国电信合作、中国移动与中国广电合作），可能导致竞争弱化，甚至产生双寡头联合垄断，运营商提质降费的动力可能大幅下降。而中国电信、中国移动、中国联通除从事 5G 网络建设和经营业务外，还经营物联网、数据中心、云计算服务等业务。5G 网络共建共享新格局，可能导致基础电信企业在 5G 业务以及其他数据基础设施市场垄断行为认定难度的增加。除此以外，云计算服务是互联网和 IT 产业融合产物，上下游产业联系紧密，服务商凭借市场支配地位滥用市场支配力的行为更加隐蔽、形式更为复杂、认定更加困难。

三　建立健全数据基础设施规制制度的对策建议

为实现数据要素的高质量供给，为经济社会数字化转型提供支撑，需尽快适应新型数据基础设施的特点和快速发展的需求，建立健全数据基础设施规制制度。

（一）建立5G网络共建共享约束与激励制度

一是强化基础电信企业、铁塔企业在 5G 网络共建共享中的责任和义务。加强共建共享考核指标落实，探索建立激励机制。二是建立垄断性共建共享设施租赁费规制制度。明确租赁费制定标准，实行基于成本、与共享率挂钩的收益率机制，加强对铁塔企业垄断业务的成本规制，建立铁塔业务及其租赁费信息公开制度。三是建立市场化跨行业共享机制与规制制度。鼓励电信企业加强与电力、高速公路、铁路等具有较大共享潜力基础设施企业的沟通合作。相关费用可由企业协商确定，协商不一致时再由政府协调，相关企业因此获得的收入的一定比例用于降低其主营业务价格。

（二）完善网间互联互通和网络公平接入规则

在网间互联互通层面，建立健全相关标准和信息公开制度，加强对主导电信运营商的约束。建立完善互联协议标准文本格式和互联协议报批制度，避免主导电信运营商利用其优势地位设置不合理互联条件。完善互联争议解决机制，引入举证责任倒置制度。建立互联互通年度报告制度，要求运营商报送互联协议签订、履行及争议解决等情况。引入以成本为基础、公平合理的成本分摊方法和网间结算价格（标准），促进网间互联和公平竞争。

在网络公平接入层面，建立健全网络接入服务标准和资费标准公开制度，防止基础电信企业对增值电信业务竞争对手实施价格歧视、降低服务质量。

（三）创新规制手段加强跨地区协同规制

一是丰富互联网数据中心等业务事中事后规制的手段。利用大数据、区块链等技术建立全国统一信息平台，实现信息共享、实时查询，解决属地之间信息割裂和规制不协同的问题。二是完善年检管理制度。联合多部门开展定期整治，严厉打击无证经营、超范围经营等违规行为，将违规经营的企业纳入信誉不良名单。贯彻"两个随机"精神完善重点抽查制度，对诚信度较低的企业增大抽样比例。

（四）加强质量规制与消费者保护

在质量规制层面，根据数据基础设施行业发展定期评估电信服务质量指标和通信质量指标并适时修订完善。利用大数据等信息手段加强服务和通信质量监测。要求电信业务经营者按规定的时间、内容和方式向规制机构报告服务质量保障情况，并向社会公布。完善《电信服务质量通告》，提高通告信息的详尽程度，补充违规企业整改落实情况。

在电信资费等消费者（含增值电信企业作为基础电信企业用户的情形）保护层面，一是保障消费者知情权和选择权。要求基础电信业务经营者在其营业场所、网站显著位置提供各类电信服务的种类、范围、资费标准和时限。规制机构定期对电信资费信息等进行监测比较并向社会公开，为用户选择提供便利。二是加强事中事后执法，加大对违规行为的处罚力度。三是在规制机构内部设立专职的消费者保护部门，负责受理消费者服务质量和资费等方面的投诉建议，跟踪监测消费者保护相关情况并定期发布报告。

（五）强化反垄断规制保障市场公平竞争

一是要求基础电信企业定期提交其开展基础电信业务、增值电信业务情况的全面报告。跟踪监测评估 5G 网络共建共享新模式对基础电信企业之间、基础电信企业与下游增值电信企业之间公平竞争的影响，研究建立事前防范不正当竞争行为的规制制度。二是加强行业规制与反垄断机构协同。加快研究云计算服务等融合型业务不正当竞争行为判定标准，加快出台云计算服务等重点市场经营行为规范，探索对不正当竞争行为高发领域制定专门规则。三是以跨行业、跨上下游产业链视角衡量大型服务商的规模与市场支配力，重点加强对基础电信企业、大型互联网企业市场份额及相关业务开展情况的监测。

如何让政府有数可转、愿意开发、能够利用

——地方公共数据资源开发利用存在的问题及建议

通过对贵阳、上海、深圳、成都、青岛等五地公共数据资源开发利用情况的调研发现，当前地方政府在积极推动公共数据资源开发利用。然而，由于制度、观念、标准和场景等方面原因，各地在推进公共数据资源开发利用时仍面临"四重四轻"问题。建议加强顶层设计，完善基础制度；提高思想认识，打破观念藩篱；推进标准研制，完善技术规范；鼓励应用创新，促进供需对接。

《中共中央关于制定国民经济和社会发展第十四个五年规划和二〇三五年远景目标的建议》明确提出，要"健全要素市场运行机制，完善要素交易规则和服务体系"，并特别指出要"推动数据资源开发利用"和"扩大基础公共信息数据有序开放"。我国地方政府在履行行政管理职能、推进经济社会治理的过程中采集和储存了大量数据资源。如何最大限度地开发利用这些公共数据资源，释放数据效能，激发创新活力，创造更多价值，既是许多地区面临的共性问题，也是党和国家高度重视的重大问题。为破解这一难题，探讨如何促进地方政府有数可转、愿意开发、能够利用，实现公共数据资源高效配置，加快数字化发展步伐，国家发展改革委市场与价格研究所重点课题组于 2020 年 10～11 月先后三次前赴贵阳、上海、深圳、青岛、成都等 5 地开展调研。课题组先后与上述各地发改、经信、大数据局等相关部门、公共数据开放平台、大数据交易中心（所）、大数据企业等相关单位进

行座谈，并走访了部分公共数据开放平台、大数据交易中心（所）和大数据企业，了解情况和诉求，希望通过"解剖麻雀"式的研究，为促进公共数据资源融通利用探寻路径。

一 地方政府积极推进公共数据资源开发利用

近年来，贵阳等五地以制定规则、搭建平台、培育主体、强化支撑等为突破口，深入推进公共数据资源开发利用。

（一）定规则，出清单，夯实公共数据配置制度保障

在安全的基础上，最大限度实现公共数据资源高效配置，必须做到有法可依，有据可循。调研发现，在推进公共数据资源开发利用过程中，各地均高度重视建章立制工作。

一方面，各地纷纷制定相关条例和办法，为促进公共数据资源开发利用提供了法律遵循。例如，针对公共数据开发利用，作为全国率先开始公共数据资源开放城市，上海市制定了国内首部政府规章——《上海市公共数据开放暂行办法》，明确了本市公共数据开发利用的总体要求；又如，作为全国大数据开发利用重镇，贵阳市则出台了全国首个地方条例——《贵阳市政府数据共享开放条例》，通过专门立法为公共数据开发利用提供全面的制度保障，以激励相关部门加大公共数据开放力度，提升公共数据共享开放和开发利用水平；深圳、青岛、成都也都制定了相关的政策文件（见表1）。

表1　各地出台的促进公共数据开发利用相关文件

调研地区	政策文件	出台时间
贵阳	《贵阳市政府数据共享开放条例》	2017 年 4 月
上海	《上海市公共数据开放暂行办法》	2019 年 8 月
深圳	《深圳经济特区数据条例(征求意见稿)》	2020 年 7 月
青岛	《青岛市公共数据开放管理办法》	2020 年 9 月
成都	《成都市公共数据管理应用规定》	2019 年 4 月
	《成都市公共数据运营服务管理办法》	2020 年 10 月

资料来源：课题组整理。

另一方面，为推动规则落地，各地还制定了公共数据开放清单，对公共数据资源配置实施清单管理。例如，上海、贵阳、青岛、深圳、成都等都在本市公共数据资源目录范围内，制定了公共数据开放清单、需求清单、责任清单，并建立了开放清单动态调整机制，不断扩大公共数据开发利用的范围和边界。

（二）搭平台，汇资源，做大公共数据资源规模基础

公共数据开放平台是实现公共数据存储、发布、访问、获取、处理的关键载体，是促进公共数据资源"全面汇聚、共享互通、创新应用"的中心枢纽。调研发现，贵阳、上海、深圳等市都注重数据平台建设，都搭建了全市统一的公共数据开放平台。依托统一平台，各地都加强对公共数据资源"聚通用"的整体部署，完善公共数据资源 APIs 接口，构建"横向联通、纵向贯通"的公共数据资源管理中台，形成透明化、可审计、可追溯的全过程管理机制，着力实现公共数据"可用不可见"和痕迹统计管理，提升公共数据开发利用的服务能力。

并且，以统一平台为开放渠道，各地公共数据资源"聚通用"迈出实质性步伐。截至 2020 年 11 月，贵阳等五地推进公共数据开放的市级部门在 44 个及以上，开放数据目录 2715 个及以上，汇聚数据条数 0.34 亿条及以上，建立数据接口数达到 81 个及以上，重大创新应用 3 个及以上（见表 2）。这些数

表 2　各地公共数据平台运行总体情况

调研地区	政府部门（个）	数据目录（个）	数据条数（亿条）	数据接口（个）	创新应用（个）	上线时间（年）
贵阳	44	2715	1.45	382	23	2013
上海	49	2432	1.15	1951	39	2012
深圳	46	2430	3.82	2400	31	2016
青岛	56	6360	0.34	5659	22	2018
成都	60	2752	1.21	81	3	2018

资料来源：课题组整理。

据在教育医疗、金融信用、旅游服务、交通治理等领域得到广泛运用，让群众同享大数据红利。

（三）育主体，促创新，丰富公共数据资源应用生态

公共数据资源蕴含巨大经济和社会价值，其价值激活离不开政企协同和大数据开发利用企业。调研发现，近年来五地都着力发挥政府引导作用，加强市场主体培育和应用生态建设。

一方面，各市通过政企合作，引导社会资本，加强大数据企业和人才培育。例如，深圳市及各区政府与华为合作举办"华为云杯"开放数据应用创新大赛，拓宽公共数据社会化应用渠道，开放高价值公共数据资源，吸引市场主体参赛，支持社会资本对胜出的优质企业优秀项目进行投资；又如，贵阳、上海等地则将数据创新应用大赛打造成公共数据资源开发利用领域的品牌赛事（见表3），培育出数联铭品（BBD）、七牛云等一众大数据"独角兽"企业。

表3　各地举办的品牌数据应用创新大赛

地方	比赛名称
贵阳	贵阳开放数据应用创新大赛
上海	上海开放数据应用创新大赛
深圳	深圳开放数据应用创新大赛
青岛	山东省数据应用（青岛）创新创业大赛
成都	成都开放数据应用创新大赛

资料来源：课题组整理。

另一方面，五地政府还通过产业政策引导、社会资本引入、应用模式创新以及优秀服务推荐、联合创新实验室等方式，推动公共数据资源"产、学、研、用"协同发展，形成了良好的数据应用创新生态。各市在金融、信用、交通、卫生、医疗、就业、社保、地理、文化、教育、科技、资源、农业、环境、安监、质量、统计、气象、商事管理、市场监管等重要领域形成了一些应用场景。

（四）筑基础、立标准，强化公共数据配置技术支撑

数字新型基础设施和统一标准规范是推进公共数据资源开发利用的技术前提。调研发现，近年来，五地大力推进新型基础设施建设和公共数据资源开发利用标准规范建设。

基础设施方面，仅 2020 年，深圳市就确立了总投资达 2452 亿元的 28 个重大数字新型基础设施建设项目，其中包括 5G、绿色数据中心、云计算设施等，从而为公共数据资源全网络、全链路、全周期配置提供物质支撑。上海、贵阳、成都、青岛等地也反映，它们为落实数字中国战略，纷纷加大了对数字新型基础设施建设支持力度。

标准规范方面，为促进公共数据和非公共数据便捷融通，各市积极推动数据开放标准体系、技术规范建设，助力公共数据资源高效配置和价值实现。例如，成都市制定了《公共新型资源开放数据集梳理规范》（第 1 部分：总体框架）和（第 2 部分：技术规范）等地方标准，上海市则制定了《政务信息资源共享与交换实施规范 第 1 部分：目录元数据》等地方标准。

二 地方公共数据资源开发利用存在"四重四轻"问题

从深化数据资源配置、实现数据赋能应用、创造更大创新价值的目标来看，贵阳、上海、深圳等 5 地公共数据开发利用仍面临一些突出问题，主要体现为"四重四轻"，导致公共数据资源价值释放程度有限。

（一）重载体，轻用户，供需衔接程度欠佳

理论上讲，平台是公共数据资源供需实现对接的枢纽，是促进公共数据资源大规模开发利用的重要支撑，然而，调研发现，各地在推进公共数据资源开放平台建设过程中，过于强调平台建设，由于过于重视平台的功能设置，忽略平台的运营和商业化用户的培育，平台与用户之间的互动反馈和供需对接衔接不够，导致平台运行访问量、API 调用量和下载量相对较低，公

共数据资源配置整体不够活跃（见表4）。调研过程中，某些企业反映，"部分平台对其提出的有条件开放数据的申请、对未开放数据的请求、意见建议和数据纠错等要求，响应不够及时，回复率偏低，不能满足其对公共数据资源开发利用的需求"。部分政府部门和平台运营单位也反映，"无论是从总量来看，还是从平均来看，平台访问量偏低，下载次数偏少，部分平台处于'聊胜于无'的状态"。

表4　各地公共数据应用情况

调研地区	平台总访问量 （次）	累计下载数量 （次）	APIs 调用总数 （次）	注册用户中企业占比 （％）
贵阳	3756997	1352297	51095	0.46
上海	5804405	1476693	28644	32.00
深圳	37679162	369548	19632347	93.90
青岛	1492407	566466	7199	1.40
成都	4669858	153977	56768	4.15

资料来源：课题组根据 2021 年 2 月 28 日访问时官网数据更新。

（二）重安全，轻配置，数据畅通水平有限

公共数据类型多样、全网通达，涉及部门和利益主体众多，很多数据可能涉及公民个人敏感信息、企业商业机密或者国家机密。在公共数据资源的所有权、管理权、使用权、共享开放和开发利用的主体责任没有在制度层面予以清晰界定的情况下，作为数据收集和保管的公共部门往往更加注重数据安全管理，担忧公共数据资源开发利用潜在的泄密风险和需承担的责任，不敢也不愿意推进共享开放，使得公共数据资源配置的范围和规模很难扩大。并且，部分公共部门为了保障本部门对公共数据资源的控制权和话语权，往往缺乏内在动机与外部激励推进公共数据资源的共享开放和开发利用，出现公共数据资源部门垄断化、利益化的现象。调研中，公共数据开放平台运营者及相关企业都反映，在促进公共数据资源汇聚、整理、共享、开放和利用

的过程中，许多部门都表现出对安全和责任的顾虑，从而极大地影响了公共数据资源汇聚的规模以及在全社会畅通配置的水平。

（三）重数量，轻质量，资源配置效能较低

公共数据开发利用的目的是挖掘其价值，促进创新，更好服务经济社会发展，而要实现公共数据的价值，数据资源质量非常关键。公共数据资源共享开放和开发利用整体还处于起步阶段，受多种因素影响，各地在当前推进过程中更加侧重于数据资源的汇聚，而对数据资源质量关注不够，以至于数据质量不高，数据资源流通规模无法扩张，数据价值也难以得到有效开发利用。调研中，部分大数据企业指出，地方公共数据开放平台开放数据资源普遍呈现出标准化、碎片化、高缺失、不连贯、数据更新频率低等特点，很难满足进一步开发利用的要求，使得企业"空怀热情却遭冷遇"，无法真正推进公共数据与社会数据之间的融通利用，限制了最大限度实现公共数据资源配置效能，从而创造更多的经济和社会价值的可能。

（四）重硬件，轻应用，创新应用能力不强

公共数据资源价值实现高度依赖场景需要和应用生态。然而，调研发现，各地都在积极推动数字城市、城市大脑、数据中心以及平台建设，对公共数据资源类 App 程序开发和推广投入不足，应用推广能力迟迟难以提升，导致 App 应用数量少、领域窄、水平低、使用少、无法形成生态等问题，在很大程度上制约了公共数据资源配置的效率。具体来看，一是五地公共数据资源开放平台上开发的应用程序数量都比较少，部分甚至在个位数；二是绝大部分应用程序质量不高，部分应用程序既无人浏览，也无人下载，没有发挥其价值；三是个别平台不加筛选将一些无关或者并不成熟的应用放在平台上，存在并非基于公共数据开发的应用来"滥竽充数"的情况；四是开发的应用程序基本没进行维护和更新，应用功能也没有持续完善，用户体验也无法提升。

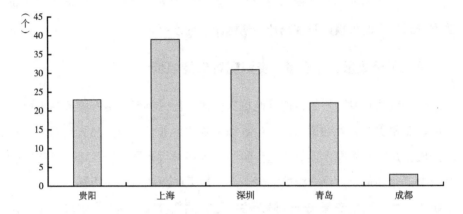

图1　各地公共数据开放平台开发的创新应用数量

资料来源：课题组整理。

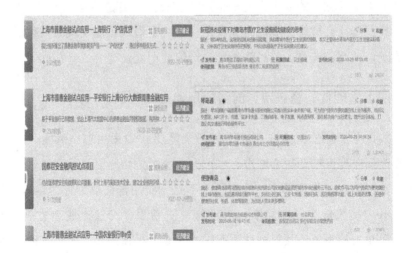

图2　部分平台上 App 浏览及下载情况

资料来源：课题组整理。

三　制约地方公共数据资源开发利用的四大原因

调研发现，制度、观念、标准和场景是引发公共数据资源开发利用各类问题的主要因素。基础制度不完善、观念认识不到位和标准规范不健全、应用场景不丰富，严重妨碍地方公共数据资源价值的实现。

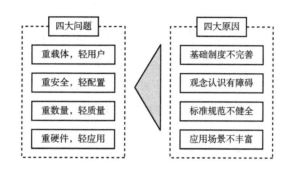

图3 当前地方公共数据资源开发利用存在的问题及成因

资料来源：课题组绘制。

（一）原因一：基础制度不完善

产权制度和安全制度是推进公共数据资源开发利用的两大基础制度。当前，公共数据资源开发利用基础制度不完善主要表现在以下方面：一是公共数据资源产权归属仍不清晰。公共数据资源是政府部门在履行职能、推进治理过程中采集和存储下的，许多都包括个人敏感信息和企业商业机密，其产权是否完全归属为政府，当前尚存在较大的争议。并且，各部门对其所收集的公共数据资源是否具有产权目前也有待法律确认。二是数据安全管理制度还有待健全。公共数据资源分级分类管理制度还不完善，安全管理责任不清晰，缺乏相应的容错纠错机制，造成相关部门不敢共享、不愿共享，从而制约配置规模和效能提升。

（二）原因二：观念认识有障碍

科学的观念和清晰的认识有助于公共数据资源高效配置。观念认识有障碍会影响公共数据资源配置、增加配置过程中的制度性交易成本。一是相关主体对公共数据作为基础性资源的观念还没有真正树立。调研发现，尽管在国家层面，数据要素作为一种新型关键生产要素，是一种基础性和战略性资源，对此已经基本形成共识，但仍有部分地方政府部门和市场主体对公共数据的资源属性的认知不够高，它们认为公共数据与商业数据和个人数据不同，不能等同视为稀缺的、有价值的资源。二是部分部门对公共数据资源价值实现方式和路径缺乏清晰的认识。调研发现，由于公共数据资源的价值属性还处于初步认知阶段，对如何推进公共数据资源社会化应用，促进数据融通开发，相关部门还处在"摸着石头过河"的阶段，还没有形成比较明确的认识，公共数据资源价值实现能力方面的信息还不足。

（三）原因三：标准规范不健全

统一的标准和合理的规范是推进公共数据资源高效配置的基础条件。标准不一致和规范不合理，既增加了数据采集者和管理者的成本，也增加了数据需求方的成本，降低数据资源供需双方交易、流通和配置的意愿，不利于提高公共数据资源配置规模和效率。公共数据资源在技术经济方面呈现出如下特点：来源多样，内容多元，既包括经济数据也包括社会数据和生态数据，还包括时间维度和空间维度的数据；结构异质性强，既包括结构化数据也包括非结构化数据，既包括过程数据也包括结构数据。如果按照统一的标准规范，对数据进行格式化处理和清洗，无法满足用数方的需要，其价值不可能体现出来。调研发现，尽管各地公共数据开放平台在积极推进公共数据资源相关标准和规范研制，但总体进展仍较缓慢，导致平台汇聚的数据资源总量仍相对有限，质量也不够高。

（四）原因四：应用场景不丰富

丰富场景是挖掘公共数据资源价值、推动数据价值释放的关键手段。近年来，随着数字经济的发展，经济发展和社会治理的场景不断丰富，对公共数据资源的需求不断增加。然而，调研发现，公共数据资源应用场景总体还不够丰富，在很大程度上制约了公共数据资源配置进程。一方面，应用场景少，会降低用数方的有效需求，降低了其深度挖掘公共数据资源价值的意愿和努力，同时，也不利于发挥需求刺激供给的效应，激励供给方扩大数据资源，对此供给，提高公共数据资源配置规模。另一方面，应用场景偏少，公共数据资源供给方可能难以准确把握用数方的真实需求，从而不能针对性地提供后者所需要的数据，也不利于数据供需双方之间的对接。

四　进一步促进地方公共数据资源开发利用的政策建议

瞄准数字化发展战略目标，针对调研发现的公共数据资源开发利用中存在的突出问题及其成因，坚持循证施策，建议如下。

（一）加强顶层设计，完善基础制度

一是完善公共数据资源产权的相应法律制度。加快制定和完善公共数据资源开发利用的相关条例，对公共数据资源的所有权、管理权和使用权以及信息共享的责任主体等通过法律的方式明确下来，积极推进公共数据共享流程的标准化、规范化和高效化，实现公共数据资源开发利用的法治化，让公共数据资源开发利用在法律的保护下有序推进。同时，完善公共数据资源授权管理制度，提高公共数据资源汇聚规模和质量，促进公共数据资源开发利用"有数可开、有数可用"。

二是强化公共数据资源开发利用的安全保障。高度重视公共数据资源开发利用过程中的数据安全问题，妥善处理好公共数据资源开发利用与安全规范的关系，完善公共数据资源分级分类安全管理制度，积极运用人工智能、区块链、动态加密、隐私计算、可信硬件等技术，对数据开放共享、流动交易过程中的安全风险有效评估，确保公共数据资源安全。同时，通过厘清公共数据资源开发利用的边界、原则和流程，建立基于数据全生命周期的安全保障措施，打造安全可控的公共数据资源流通配置空间，实现公共数据价值最大化。

（二）提高思想认识，打破观念藩篱

一是提高对公共数据资源属性的思想认识。地方政府掌握了大量有价值的数据资源，应着力提高相关部门数字素养，提高对公共数据资源属性的认

识，树立起新型数据资源观，从落实数字中国战略的角度，有效提升数据共享开放服务能力，拓展数据共享开放覆盖范围，拓展公共数据资源开发利用的深度和广度。

二是以观念创新打破公共数据配置壁垒。公共数据资源开发利用离不开各级政府部门的支持，也离不开相关数据主管人员的参与和配合。公共数据资源共享开放、安全管理、开发利用等相关职责最终落实到具体的部门和负责人头上，单纯依靠绩效评估、监督考核和司法仲裁来推进公共数据资源共享开放和开发利用，力度远远不够。因此，必须打破传统的封闭的行政文化，与时俱进更新观念，提高认识，建立容错纠错免责机制，培育开放透明、依法行政的数据管理文化，营造公共数据资源共享开放和开放利用的良好氛围，推进数据依法依规开发利用。

三是提高公共数据资源开发利用政策和制度执行力。应明确各部门的数据治理机构和职能，完善激励相容机制，确定本部门的数据管理专员，细化数据管理专员工作职责，保持人员稳定性，提升数据共享开放和利用服务能力，推动公共数据资源的社会化应用。

（三）推进标准研制，完善技术规范

一是积极推进公共数据资源标准研制，打造统一高质量的数据资源标准体系。应依托公共数据开放平台，加快建立统一的平台数据管理标准体系，对数据字典、数据格式、数据标准规范进行明确和规范，从源头上保证来自不同系统的公共数据资源标准和格式的统一。同时，针对不同数据资源平台之间数据异构异质的特点，探索建立一套统一的 APIs 接口规范，保障数据之间流通配置渠道畅通，便于公共数据资源汇聚。

二是完善公共数据资源开发利用的相关技术规范，明确和规范公共数据资源配置流程。完善公共数据资源采集、汇聚、存储管理的相关技术规范，加强数据共享申请、授权、协调、仲裁、数据反馈核准、互动交流等业务流程优化，逐步实现公共数据资源开发利用的自流程化、智能化，实现"聚通用"共驱动，提高公共数据资源配置效能。

（四）鼓励应用创新，促进供需对接

一是努力构建良性循环的公共数据应用开发网络和生态系统。应瞄准经济发展、社会治理、人民福祉等需求，以需求为导向，激励相关部门共享开放高质量的数据资源，支持公共数据开放平台、数据应用开发者加快应用创新，丰富应用场景，打造供需对接有效、良性循环的数据创新生态体系。

二是进一步提高公共数据开放平台的数据开发利用服务能力。加快优化和完善公共数据开放平台各项功能，重点加强基础库、主题库、APIs 调用接口等功能建设，拓展数据共享开放覆盖范围，提高数据更新频度，强化数据实时更新工作，实现数据目录编目和数据更新自动化，加强数据应用运营维护和管理，走好公共数据资源应用服务"最后一公里"，将平台打造成为公共数据资源配置的"中枢"或"中台"。

三是建立引导公共数据产品及应用服务创新的长效工作机制。结合"互联网＋政务服务"和公共信息资源开放等试点任务，以"让企业和群众少跑腿、好办事、不添堵"为根本出发点，充分运用云计算、区块链等新技术，支持平台或企业使用开放的公共数据直接开发应用产品和服务，并积极宣传推广，提高公众认识，吸引更多潜在用户，切实解决数据开发利用成本高、用户下载少、服务效能低等问题。同时，还可组织各类综合性和专业性数据应用创新创业类比赛，联合企业等探索公共数据和社会数据的融合利用模式，加大对相关企业的支持力度，促进公共数据资源供需双方的有效对接，畅通数据开发应用循环。

提升区域性数据要素配置枢纽功能
——对张家口市培育和发展数据经济的调查研究

以习近平同志为核心的党中央高度重视数据要素资源配置,明确提出发挥数据的基础性资源功能和创新引擎作用,构建以数据为关键要素的数字经济。《中共中央关于制定国民经济和社会发展第十四个五年规划和二〇三五年远景目标的建议》明确提出要"健全要素市场运行机制,完善要素交易规则和服务体系",并特别指出要"建立数据资源产权、交易流通、跨境传输和安全保护等基础制度与标准规范,推动数据资源开发利用"。作为京津冀大数据综合试验区建设的关键支撑节点,张家口市在全力打造京津冀大数据新能源示范区过程中,数据资源汇聚规模不断扩大、能力也得到了不断提升,数字化发展基础不断夯实,"中国数坝"走上发展快行线,成为全国范围内继贵安新区以后数据经济发展的又一颗"超新星"。面向未来,张家口有望通过制度建设、设施支撑、产业发展与场景培育"四轮驱动",进一步成长为北方地区特别是环首都重要的区域性数据要素配置枢纽。

一 现状研判:主动作为,积极谋划,发挥优势,持续夯实大数据产业及数据经济发展基础

近年来,张家口市多措并举,持续夯实数据资源汇聚的基础条件,推动大数据产业及数据经济发展壮大。

（一）强化规划引领，加强数据经济发展的顶层设计

为落实京津冀协同发展及大数据综合试验区建设要求，近年来，张家口市出台了《中国数坝·张家口市大数据产业发展规划（2019～2025年)》（以下简称《发展规划》），辖区内部分辖区如张北县、怀来县等也纷纷制定了大数据、云计算等相关的产业发展规划。《发展规划》明确了张家口市大数据产业及数据经济发展路径及整体设计，强调要按照超前谋划、基础先行、绿电消纳、三站合一、全链发展的原则，以京张高铁为轴，围绕数据存储、研发、应用和大数据装备制造等重要环节，构建坝上存储核心功能区、中心城区研发应用及大数据装备制造核心功能区、邻京大数据创新创业示范核心功能区，打造以张北云计算产业基地、怀来大数据产业园区等为核心平台的"一带三区多园"大数据产业发展空间布局。

（二）加大政策扶持，搭建数据经济发展的"四梁八柱"

良好的政策和制度环境是促进数据经济发展的重要前提条件。张家口市出台了《支持大数据产业发展十项措施（试行)》等文件，不断完善数据产业发展支持政策，强化招商引资和人才保障，提高项目审批效率和项目服务质量，持续优化产业发展环境。例如，为推进大数据产业项目建设，全市定期组织召开项目调度会，及时了解项目最新进展情况，帮助协调解决企业运营中存在的问题和困难，全力为企业提供多方位服务；同时还积极督导在建项目，保障项目顺利推进。落实在建项目责任主体，加强日常监管力度，做好全过程跟踪服务。

（三）强化基础支撑，增强数据经济发展的保障能力

电力、电信等基础设施是大数据产业及数据经济发展的重要支撑条件。电力保障方面，张家口市积极协调冀北电力有限公司、张家口供电公司构建电力"绿色通道"，加快建设配套专用变电站，全力保障大数据项目供电需求。同时，充分利用国家可再生能源示范区扶持政策，创新云计算数据中心

供电保障机制，首创可再生能源市场交易"四方协作机制"（四方指政府、电网公司、发电企业、用电大户），将数据中心用电纳入可再生能源电力交易系统，通过市场化交易实现绿电企业以优惠价格为数据中心直供绿色电力，并形成了长期低电价供电机制，有效推动高耗能的大数据产业实现绿色发展，极大降低数据中心的运营成本，受到国务院、河北省政府的表扬和推广。目前，张家口市已投入运营的数据中心项目 PUE（Power Usage Effectiveness 数据中心能源效率评价指标）数值均在 1.19 以下，已达国外先进数据中心水平；并且绿色电力占总能源消耗比值也在 40% 以上。电信设施方面。5G 网络试点城市成功创建，开通国际互联网数据专用通道顺利获批，多个产业园区具备直连京呼银兰、京呼太西武、京呼太西三条国家干线条件，张北县、怀来县等重点园区已开通多条张家口至北京光纤直连通道，市级移动、联通、电信三大电信运营企业直联北京的骨干路由均已建成。

（四）做实发展平台，激发数据经济发展的潜能动力

张家口市以大数据存储为切入点，以张北云计算产业基地、怀来大数据产业基地等多个核心产业园区为载体，张家口市大数据及数据经济发展平台持续做实。截至目前，全市已经投入运营数据中心项目 9 个，投入运营服务器 72 万台；在建数据中心项目 5 个；中国电信、中国移动、中国联通等一批重大签约项目正在积极推进前期工作。张北云计算基地和怀来数据中心分别被评为第八批和第九批国家新型工业化产业示范基地，张家口智慧城市综合能源大数据云平台应用试点示范评为国家京津冀大数据综合试验区优秀案例，爱泊车（AIpark）智慧停车被评为工业和信息化部人工智能与实体经济深度融合创新项目。2020 年 10 月 1 日，秦淮数据集团成功在美国纳斯达克上市，成为全市首家境外上市公司。张家口已成为国内大数据产业发展速度最快的地区之一。截至 2020 年 10 月底，以大数据为核心的信息服务业实现营业收入和利润总额分别为 53.1 亿元和 5 亿元，同比增长分别为 46% 和 5.5 倍。

表 1　张家口市数据基础设施建设代表性项目

项目	总投资额	占地面积	备注
阿里云数据中心	180 亿元	650 亩	分三期建设,建设 1 个示范点、3 个相互备份数据中心、共 30 万台服务器规模
中国教育云数据中心(张北)园区	41.8 亿元	230 亩	一期投资 3 亿元,容纳 8000 台服务器
上海数据港	15 亿元	100 亩	分两期实施,其中一期 4 万台服务器规模
河北长城网数据灾备中心暨运营型数据中心	3 亿元	60 亩	分三期实施,容纳 2 万台服务器
跨国云端数据中心	60 亿美元	900 亩	全球最大的云端数据中心
京北云谷云计算与智慧产业基地	100 亿元	500 亩	建成 20 栋数据中心机房及配套设施
秦淮数据中心	120 亿元	—	—
腾讯数据中心	200 亿元	700 亩	服务器规模达到 60 万台
亿安天下数据中心	15 亿元	—	服务器规模达到 20 多万台

资料来源：课题组根据调研材料整理。

二　问题诊断：制度不完善、支撑保障弱、产业层次低、场景不丰富，制约大数据产业发展量质提升

张家口市大数据产业及数据经济从无到有，迈出了坚实步伐，但实现做大做优做强，仍面临诸多制度性、机制性困难，数据资源配置整体能力偏弱。

（一）制度体系不健全，政策环境有待优化

调研发现，张家口市促进大数据产业及数据经济发展的政策设计主要侧重于产业政策设计，更强调供给层面的制度设计，在相关需求、市场和场景培育层面所需的政策和制度设计关注度亟须增强，制度和政策的体系化建设、系统化水平还有待提升。一是促进大数据及数据经济发展的政策重点仍聚焦数据中心、云计算基础设施建设，对从供需两侧对大数据及数据经济发

展的纲领性文件和相关制度建设还相对滞后，特别是对数据资源配置、大数据全产业链构建的制度性、机制性支持政策不够完善。二是对数据中心的投资额度、建设期限、就业承诺等市场准入条件的管理尚未出台明确的办法和操作细则，大数据产业及场景建设项目招商、人才引进、要素供给等相关优惠政策还不够系统，并且部分支持政策都只停留在纸面上，落实不到位，妨碍了大数据全产业链发展和数据经济生态化系统的建设。

（二）基础设施待升级，保障能力亟须加强

相对张家口市大数据产业及数据经济迅猛发展的客观形势，其发展所需的基础设施和要素保障能力存在较大的瓶颈，亟待升级和加强。一是基础设施保障能力需加强。从两头看坝上地区基础设施薄弱、网络传输功能不强、电力配套建设不完善，坝下地区存在光纤通信网络供给不足、供电设施保障紧张等条件的制约。二是绿色电力供应能力比较紧张。数据存储项目是用电大户，尽管实行了可再生能源电力"四方协作机制"，但是由于可再生能源发电企业上网交易电量有限，加上数据中心规模逐步扩大、数据存储项目企业激烈竞争，折合后电价成本仍然较高，大数据发展能源成本高企及基础设施不足现象突出。三是土地要素保障能力相对较弱。全市土地规模和指标不足，县区普遍存在国土空间规划不超前、不到位和建设用地储备不够的"三不"问题。四是能耗增量指标相对不足。大数据项目特别是数据存储项目属于高耗电项目，现在运营的数据存储项目通过"四方协作机制"使用了绿色电力，约占总消耗电力的40%，能耗增量指标已经成为制约项目落地的一个严重问题。五是专业人才特别是高端人才缺口较大。张家口市本地大数据服务业链条不健全，大数据产业创新创业氛围不浓，大数据领域高层次、创新型、技能型、服务型领军人才缺口较大，人才成为制约大数据产业全面发展的"瓶颈"。调研中有企业反映本地难以招到适合的员工。

（三）产业层次相对低，产业链条还不完善

经过近年来的投入和发展，张家口数据大数据产业发展有了长足发展，

但由于底子薄、发展时间短，大数据产业及数据经济发展水平整体仍偏低，对全市经济贡献水平还不高。一是大数据产业及数据生态体系尚未形成。全市大数据产业的主体形态是数据中心基础设施，这些投产的数据中心主要以存储为主，缺乏对数据的加工、分析和深度应用，产业形态较为单一，并且数据中心建设所需的计算服务器、存储设备、网络设备、机电等配套设备依赖外地采购，没有形成本地化配套，影响产业链构建。二是大数据产业对本地整体经济社会贡献度偏低。一方面，企业自用型数据中心为企业内部成本中心，仅为自身业务提供要素服务，缴纳税收少，拉动就业较弱，不能有效带动数据应用、装备制造等关联产业发展。另一方面，数据中心基础设施是典型的资本密集型和劳动节约型大数据产业业态，其所创造的就业贡献相对偏低，研发投入贡献也较低，难以对当地经济高质量发展形成高水平拉动。

（四）应用场景不丰富，发展内生动力不强

丰富场景是推动大数据产业发展、挖掘数据资源价值、推动数据价值释放的关键手段。张家口市经济发展基础弱，人均地区生产总值是全省平均水平的3/4、北京市的1/5，数字经济企业数量偏少，数据要素市场交易平台缺乏，大数据与实体经济融合发展水平较低，数据资源应用场景总体还不够丰富，在很大程度上制约了全市大数据产业和数据资源配置进程。具体而言，应用场景少会降低用数方的有效需求，抑制了其深度挖掘数据资源价值的意愿和努力，同时，也不利于发挥需求刺激供给的效应，激励供给方扩大数据资源供给，提高数据资源配置规模。此外，由于应用场景偏少，数据资源供给方可能难以准确把握用数方的真实需求，从而不能针对性的提供后者所需要的数据，也不利于数据供需双方之间对接和畅通，壮大数据经济，带动大数据产业发展。

三 政策举措：制度＋产业＋设施＋场景"四轮驱动"

针对张家口大数据产业及数据经济发展存在的问题，应循症施策，创新思路，破解制约，释放大数据产业及数据经济高质量发展的内生动力。

（一）总体思路

以习近平新时代中国特色社会主义思想为指导，全面贯彻党的十九大和十九届二中、三中、四中、五中全会精神，全面落实习近平总书记视察张家口重要指示精神，围绕党中央赋予张家口首都"两区"和"河北一翼"的战略定位，瞄准数字化发展战略目标，牢牢把握京津冀协同发展、冬奥会、国家级可再生能源示范区建设等一系列重大机遇，充分挖掘大数据产业及数据经济发展的综合优势，以京张大数据走廊建设和张家口京津冀大数据新能源示范区为抓手，以数据中心等新型基础设施建设为突破点，坚持制度、产业、设施、场景"四轮驱动"，形成产业与市场联动耦合新动力，推动张家口大数据产业实现"四个转变"（由"后台中心"向"配置中心"转变、由"存储中心"到"创新中心"、由"硬件中心"向"服务中心"转变、由"资源中心"向"价值中心"转变），构建大数据全产业链发展体系和数据经济生态系统，努力将张家口打造成环首都重要的区域性数据要素配置枢纽。

（二）发展路径

发展平台＋金融资本。强化张北云计算产业基地、桥东区"北方硅谷高科新城"、宣化区南山产业园、怀来县京北生态科技新城等产业发展平台或数据交易平台在产业集群、企业集聚、要素集约、服务集成和治理集中等方面功能，打造设施配套齐全、服务便捷优化的大数据产业社区，把这些平台建设成为数字经济新动能培育的孵化器、企业成长的加速器、招商引资的新平台。鼓励支持各类产业和科技金融机构积极与产业发展平台进行对接，为大数据产业发展及数据资源配置提供资本支持。

创新创业＋"双招双引"。探索举办高水平的大数据应用创新创业大赛，激发各类数字人才和大数据企业创新创业动力，丰富大数据应用生态和场景，推动大数据与实体经济融合发展。大力推进招商引资、招才引智工作，吸引更多金融、能源、云计算、人工智能等数据密集型企业和高端人才到张家口创新创业，加快培育成长一批高质量的大数据企业和领军型人才。

龙头引领＋配套协作。引导大数据企业大中小企业融通发展，支持阿里巴巴、腾讯、移动、联通、电信等大数据大企业和优势企业利用技术优势、人才优势和市场优势，带动更多大数据中小微企业创新发展。鼓励本市大数据企业和优势企业通过专业分工、服务外包、订单生产等形式进入全球及我国顶尖的大数据企业发展体系，提供产业链配套，实现借力发展。

政策支持＋营商服务。进一步完善扶持大数据产业及数据经济发展的政策体系，构建大数据产业发展政策框架，加大对大数据企业资金、人才引进、项目落地、要素保障方面的支持力度，推动大数据企业创新加速发展。纵深推进"最多跑一次"数字营商环境改革，实施数字企业和项目全生命周期便利化改革，梳理登记开办、不动产交易、水电气接入、员工招聘、设备购置、生产销售、获得信贷、并购重组、清算注销等"一件事"，完善"标准地＋区域评估＋承诺制"改革。

（三）对策建议

1.加强顶层设计，完善基础制度

一是完善促进大数据产业发展的制度体系。借鉴贵阳及贵阳新区大数据发展制度设计经验，制定促进大数据产业发展的政策规章，形成以专项规划为引领，重大制度、重大政策、重大平台、重大项目为抓手支撑，新的"1＋X"产业政策体系，对招商引资、财税支持、金融服务、人才服务、电力供给、要素保障以及场景培育等政策进行系统设计，构筑支撑大数据及数据经济发展的制度框架。

二是优化企业服务并确保优惠政策落实到位。深化数字营商环境改革，优化大数据相关重大项目审批流程，完善市场准入条件。按照统筹项目规划、统筹要素保障、统筹项目立项、统筹资金资源平衡、统筹组织实施、统筹调度督办要求，全力确保大数据产业重大投资项目落地实施。同时，建立政策实施后评估制度，破解政策堵点，切实提高工作的积极性和主动性，确保已有优惠政策落实到位。要对大数据初创企业在企业开支减免、税收优

惠、贷款利率减免、水电价格折扣、网络基础设施保障等方面，有针对性地配套制定新的优惠政策，有效降低初创企业的生产成本，扶持初创企业做大做强。

三是强化大数据产业政策机制化建设。强化对国家、省大数据及数字经济相关领域政策追踪研究，密切跟踪国家、省关于大数据产业项目审批、招商引资、生态环保等宏观政策变化，争取国家有关部委和省上对口支持，对张家口大数据产业实施差异化政策，争取更大发展空间。聘请具有较深专业知识、有较高知名度的大数据研究专家和学者以及龙头企业的企业家等组成张家口市大数据产业发展专家咨询委员会，设立大数据产业情报信息系统，建立大数据发展评估体系。

2. 升级基础设施，强化要素保障

一是持续加强数据中心建设。落实《中国数坝·张家口市大数据产业发展规划（2019～2025年）》，加快推进阿里庙滩数据中心项目、秦淮新媒体大数据产业基地等9个已经投入运营项目扩容建设，积极推动腾讯华北云计算总部基地、中国电信、中国移动、中国联通等数据中心重大项目运行或落地。全面推进5G部署，加快互联网协议第六版（IPv6）规模部署，提高国际互联网数据专用通道的效能，保障数据中心需求和安全需求。

二是强化电力保障能力建设。充分利用国家可再生能源示范区扶持政策，进一步强化电网等电力基础设施建设。创新云计算数据中心供电保障机制，增强"四方协作机制"交易电量对数据中心的保障能力。深化电价形成机制改革，创新体制机制，有效降低数据中心用电成本及各项要素成本。

三是强化土地和能耗指标保障。加强大数据产业规划与国土空间规划的协调，超前谋划，做好数据中心等新型基础设施和产业项目的土地储备。同时，推广复制秦淮公司新一代集约化数据中心基础设施建设技术以缓解土地指标紧张的问题。加快数据中心冷却或恒温技术攻关，创新应用自然冷却技术，降低数据中心能耗，减轻能耗指标制约。

四是切实做好人才引进和培养工作。进一步优化大数据发展环境，发挥毗邻首都的优势，借力引进和培养一批高端技术性大数据人才，对符合条件的大数据产业领军人物来投资和创业给予资助和奖励，为符合条件的大数据产业领军人才办理引进人才入户提供"绿色通道"。设立大数据人才培养基金，加快大数据人才高地建设，重点培育一批大数据人才，推动大数据人力资源整体性开发。深化与京津冀地区高校、科研院所、专业培训机构深度合作，培育跨界复合型、实用型和创新型大数据人才。此外，以园区为载体，围绕大数据存储、技术研发、创新应用和信息安全四个重要环节，加大项目招商引资工作力度。

3. 构筑产业集群，打造活跃生态

一是加快发展数字经济产业集群。围绕数据中心全生命周期，以阿里巴巴、秦淮、腾讯等数据中心项目为牵引，打造一流运维体系，持续壮大数据中心产业，加快发展大数据设备制造业，完善大数据装备制造等数据中心的上下游产业链，实现数据设备的全生命周期本地化生产、制造、维护。以数字经济产业园建设为抓手，加快延伸产业链条，大力发展云计算、人工智能、区块链、软件及信息服务等新一代信息技术，创新发展金融数据、农业大数据、工业大数据、旅游大数据、教育大数据、交通大数据等融合业态，实现"大数据＋新能源"联动发展，构建数据存储、装备制造、应用服务为一体的区域数字经济生态体系，提升数字化发展质量。

二是探索建立产业和区域协作利益分享机制。把握大数据、信息资源、人工智能等关键因素引导龙头企业加快将区域总部、区域营销中心、区域结算中心等安置在张家口，探索与龙头企业共建总部经济基地、飞地经济、园区共建等合作模式，建立互利共赢税收分享机制。建立成本分担和利益共享机制，支持通过共同组建市场化开发建设主体等形式，以资金、品牌、管理等参与合作，完善合作利益分配模式，提高产业生态本地化水平，形成大数据产业发展长效机制，增强大数据企业对张家口经济发展的贡献度。

4. 加强场景培育，促进供需互促

一是共建跨区域大数据应用场景。落实京津冀协同发展战略，以服务京津冀大数据综合试验区为突破口，将大数据应用场景培育作为推动京津冀协同创新的重要内容，加强与北京、天津、雄安、廊坊等地区对接，聚焦各地重点行业大数据应用需求，支持张家口市企业参与跨地区大数据应用场景建设，搭建相关大数据网络平台，加强数据基础设施和平台互联互通，强化区域大数据产业链价值链战略协同，共建跨区域大数据产业应用场景体系。

二是围绕重点领域培育大数据应用场景。瞄准金融、电商、能源电力、互联网、交通、医疗、体育等重点领域以及冬奥会等重大事件，探索数据融合发展新模式，推动大数据等领域相关企业参与具体实际应用场景的共同建设，形成一批具有较大规模量级和较强示范带动作用的大数据应用场景。

三是探索建立大数据创新场景新机制。推广"政府搭台、社会出题、企业答题"模式，通过市场化机制、专业化服务和资本化途径，有序推动发布大数据应用场景建设需求，广泛征集大数据创新场景解决方案，依规遴选其中"可用解"和"最优解"。鼓励大数据企业开展同台竞技和技术产品公平比选，形成具有内生动力的多方参与大数据场景建设长效机制。

图书在版编目（CIP）数据

数据市场治理：构建基础性制度的理论与政策／曾
铮等著. -- 北京：社会科学文献出版社，2021.4（2022.1 重印）
ISBN 978 - 7 - 5201 - 8168 - 6

Ⅰ.①数⋯ Ⅱ.①曾⋯ Ⅲ.①数据管理 - 研究 - 中国
Ⅳ.①TP274

中国版本图书馆 CIP 数据核字（2021）第 053143 号

数据市场治理：构建基础性制度的理论与政策

著　　者／曾　铮　王　磊　等

出 版 人／王利民
责任编辑／吴　敏
责任印制／王京美

出　　版／社会科学文献出版社
　　　　　地址：北京市北三环中路甲 29 号院华龙大厦　邮编：100029
　　　　　网址：www. ssap. com. cn
发　　行／市场营销中心（010）59367081　59367083
印　　装／北京虎彩文化传播有限公司

规　　格／开本：787mm × 1092mm　1/16
　　　　　印张：22. 75　字数：341 千字
版　　次／2021 年 4 月第 1 版　2022 年 1 月第 3 次印刷
书　　号／ISBN 978 - 7 - 5201 - 8168 - 6
定　　价／69. 00 元